华章图书

一本打开的书，一扇开启的门，

通向科学殿堂的阶梯，托起一流人才的基石。

Dive into Distributed Transaction

深入理解分布式事务

原理与实战

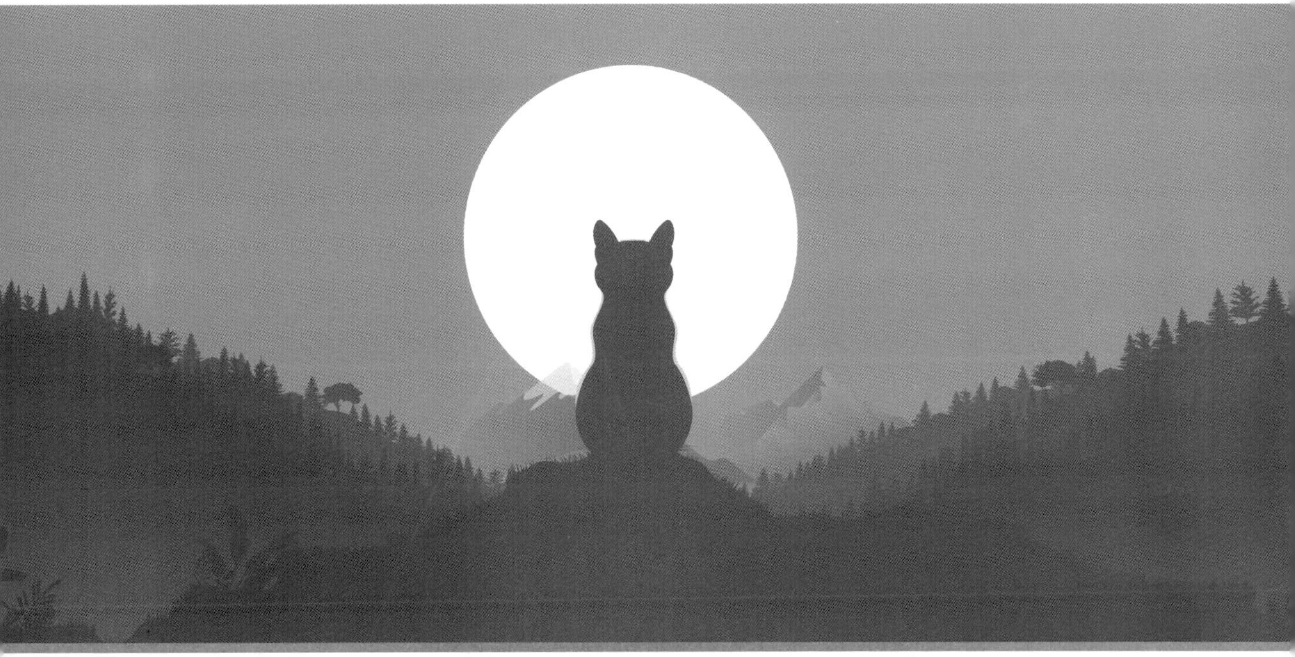

肖宇 冰河 著

图书在版编目（CIP）数据

深入理解分布式事务：原理与实战 / 肖宇，冰河著 . -- 北京：机械工业出版社，2021.10（2021.11 重印）
ISBN 978-7-111-69223-2

I. ①深… II. ①肖… ②冰… III. ①分布式操作系统 IV. ① TP316.4

中国版本图书馆 CIP 数据核字（2021）第 194423 号

深入理解分布式事务：原理与实战

出版发行：机械工业出版社（北京市西城区百万庄大街 22 号 邮政编码：100037）

责任编辑：韩 蕊　　责任校对：马荣敏

印 刷：北京诚信伟业印刷有限公司　　版 次：2021 年 11 月第 1 版第 3 次印刷

开 本：186mm×240mm 1/16　　印 张：24

书 号：ISBN 978-7-111-69223-2　　定 价：119.00 元

客服电话：（010）88361066 88379833 68326294　　投稿热线：（010）88379604

华章网站：www.hzbook.com　　读者信箱：hzjsj@hzbook.com

Foreword 推荐语

在分布式应用系统中，特别是在金融相关的场景下，分布式事务是大家都关注的核心技术，同样也是系统的技术难点。本书从数据库和服务的分布式基础开始，由浅入深阐述了分布式事务的原理、解决方案。这种以框架开发者视角分享的分布式事务实现的源码和实践用例，对于应用架构师和开发者都有极大的价值。

——郑灏　京东科技高级技术总监

分布式事务是伴随分布式数据库架构发展而衍生出的关键技术，是影响分布式数据库市场竞争力的关键。本书深入浅出地讲解了分布式事务的基本原理和应用实践，具有很好的指导意义，适合数据库研发人员、数据库架构师和 DBA。

——高新刚　京东科技数据库研发负责人

本书深入浅出、通俗易懂，不论是对入门型还是进阶型的微服务爱好者都有一定的指导和借鉴意义。

——沈建林　京东科技中间件团队负责人

如今，越来越多的企业开始面向广阔的数字生态搭建企业应用，而对这些需要升级技术底座的企业来说，分布式事务成为要解决的关键性技术问题，相信这本书一定能很好地帮读者答疑解惑！

——付晓岩　IBM 副合伙人、资深企业级业务架构专家、
《企业级业务架构设计：方法论与实践》和《银行数字化转型》作者

本书从事务的基本概念、数据强一致性模型的 2PC 与 3PC 实现，到 Base 补偿式事务等方面，详细描述了分布式事务的应用场景以及多种分布式系统架构的演进。这是一本深入讲解分布式事务原理和丰富应用的很好的参考书。

——刘勋　滴滴大数据高级技术专家，Apache Hadoop/Zeppelin 提交者、
Submarine 提交者及 PMC

本书由浅入深地介绍了各分布式事务的优缺点和适用场景，理论结合实践，大大减少了事务相关资料阅读与理解的难度，对于想深入学习事务的读者来说非常值得入手！

——代立冬　Apache DolphinScheduler PMC 主席、Apache Incubator PMC

本书以开源分布式框架作者的视角，全面总结了事务的核心技术，内容涵盖了广泛使用的 MySQL 和 Spring 的事务机制、业界分布式事务架构理论以及源码与实战，适合希望深入理解事务机制、提升软件设计与架构经验的读者阅读。

——杨晓峰　腾讯专家工程师、腾讯硬件委员会执委、开源联盟主委会成员、大数据专家团成员、OpenJDK 提交者

专门以事务为主题的图书并不常见。本书系统地梳理了事务的概念，针对数据库到中间件和框架类的事务实现，带领读者抽丝剥茧，帮助读者从全景到细节，建立对事务的深入理解，是工程师深度探索技术的优质读物。

——张亮　Apache ShardingSphere PMC 主席、SphereEx CEO

本书由浅入深、由点到面，完整地将分布式事务相关理论、解决方案以及源码实战呈现在读者面前。推荐给正在寻求突破和快速成长的技术人。

——曾波（波姐）资深互联网架构师、《Java 性能优化实践》译者

本书不仅包含了肖宇和冰河积累多年的实战经验，更从多种场景出发，详解可落地方案，而且从多种分布式事务框架的使用和原理入手，带领读者一步步揭开分布式事务的面纱。这本书非常不错，强烈推荐大家阅读学习。

——程超《高可用可伸缩微服务架构》作者

本书作者在微服务领域深耕多年，拥有深厚的分布式事务开发经验，不仅在公司主导一线开发，同时也是开源分布式事务框架 Hmily 项目的作者。本书字里行间蕴含着作者对分布式事务独到的见解，内容上不仅有原理和业界主流的解决方案，还包含了一线项目的实战和源码解析。无论是刚入门的开发者，还是从事开发和研究工作多年的资深工程师，本书都会让你受益匪浅。

——张永伦　Apache ShardingSphere PMC/ Apache ShenYu PPMC

本书从 MySQL InnoDB 引擎的事务实现讲起，逐步扩展到分布式事务场景，从原理到工程实践，理论结合实践，是分布式事务领域的经典之作，无论是对分布式事务的初学者还是具有一定开发实践经验的工程师或架构师，都有一定的参考和借鉴意义。

——于雨　蚂蚁金服 dubbo go 项目负责人

冰河是一个对技术非常严谨和有追求的人，尤其对分布式领域的分布式事务有着深刻的理解和丰富的架构经验。本书把分布式事务的基础、原理、解决方案和实战都讲得非常透彻，强烈推荐每一位程序员阅读。

——程军　公众号“军哥手记”维护者，前饿了么技术总监

无论是传统的单体架构，还是目前主流的分布式架构，事务都是绕不开的技术难题。本书从基本概念到原理介绍，再到主流的解决方案，系统地梳理了分布式事务的核心知识，既有理论，又有实战，对于微服务设计有很好的指导意义，也是市面上围绕这一主题少见的有深度的好书。

——骆俊武　京东新零售业务机构负责人

序 Foreword

无论使用什么样的开发语言，无论软件运行在何种操作系统上，无论架构采用的是单体应用架构还是分布式微服务架构，只要我们开发复杂的交易型业务系统，必然就有一个困扰诸多开发人员的技术难题无法绕开，那就是事务。

许多作者在讲解架构模式与设计模式，或者介绍软件开发方法与理论，抑或剖析业界与社区主流的开发框架时，大多会用一定篇幅介绍事务这一概念，由此可见它的重要性。奇怪的是，据我所知，整个技术社区却没有一本专门讲解事务的图书。

这是因为事务涉及的知识面既广且深，这些知识的叠加对作者的能力提出了极高的要求，即至少要在事务领域实践多年，真刀真枪地写过底层事务框架。作为一名业务系统的架构师和程序员，我对事务的认识也只是一知半解。虽然我也曾在书中用相当一部分篇幅详细介绍事务的相关知识，但是很惭愧，我并未建立对事务的系统认知。究其原因，是我获取的事务相关知识皆来自散落于各种文献的片言只语。幸运的是，肖宇看到了这一关键空白，与他的朋友冰河共同创作了本书，为我们推开了认识并了解事务的一扇窗。

本书可谓事务，尤其是分布式事务的极佳学习与实战宝典。书中首先介绍了事务的基本概念、MySQL 事务和 Spring 事务的实现原理。在夯实这些基础知识后，进而向分布式事务迈进，相继介绍了分布式系统架构的演进、分布式事务场景与分布式事务的理论知识。在读者具备了足够的事务知识后，书中陆续抛出干货，相当深入地介绍和分析了强一致性与最终一致性分布式事务的解决方案，高屋建瓴地剖析与总结了各种分布式事务模式的原理，将 XA 强一致性、TCC、可靠消息最终一致性、最大努力通知型等事务模式一网打尽，各种技术知识的讲解精彩纷呈。即便如此，作者尤嫌不足，进一步引出源码分析，先后对 ShardingSphere、Atomikos、Narayana、Hmily-TCC 等框架的源码进行剖析，并给出了实战演练的案例。

本书的结构安排体现了作者的匠心独运，充分证明了作者的事务知识已经烂熟于胸，因而下笔才能游刃有余。何以证明？肖宇是 Apache ShardingSphere 的贡献者之一，也是 Hmily、RainCat、Myth 等分布式事务框架的作者，毫不夸张地说，事务这门技能已经融入他的技术血液中了！而他的朋友冰河，也是深耕分布式事务领域多年的高级技术专家和资深架构师。

倘若你对国内开源社区有所关注和了解，就一定感受到了Dromara开源社区的影响力，而肖宇作为该社区的创始人，正在默默地为推动中国开源技术的发展贡献自己的力量。肖宇还是微服务网关ShenYu框架的创始人，在他的努力下，该框架目前已经成功进入Apache基金会的孵化阶段。在认真拜读过ShenYu框架的源代码后，我认为该框架的代码质量与设计能够在众多开源框架中名列前茅。肖宇在开源方面已经取得了如此斐然的成绩，没想到他还笔耕不辍，携手冰河历经近两年的时间为大家贡献了如此具有深度的技术书。

很荣幸受肖宇兄所邀为本书作序，我已经能够预见，随着本书的出版，必定会有越来越多的同行将目光投向事务，并愿意沉下心去理解事务，认真地学习事务，努力掌握事务编写的技巧，进而熟练地运用事务，为推动事务发展贡献一份力量。

张逸　场量科技联合创始人、《解构领域驱动设计》作者

前 言 Preface

为什么要写这本书

随着互联网的不断发展，互联网企业的业务在飞速变化，推动着系统架构也在不断地发生变化。总体来说，系统架构大致经历了单体应用架构→垂直应用架构→分布式架构→ SOA 架构→微服务架构的演变。如今微服务技术越来越成熟，很多企业都采用微服务架构来支撑内部及对外的业务，尤其是在高并发大流量的电商业务场景下，微服务更是企业首选的架构模式。

微服务的普及也带来了新的问题。原本单一的应用架构只需要连接一台数据库实例即可完成所有业务操作，业务方法的逻辑在一个事务中即可完成，涉及的所有数据库操作要么全部提交，要么全部不提交，很容易实现数据的一致性。而在微服务架构下，原本单一的应用被拆分为一个个很小的服务，每个服务都有其独立的业务和数据库，服务与服务之间的交互通过接口或者远程过程调用（Remote Procedure Call，RPC）的方式进行，此时，服务与服务之间的数据一致性问题就变得棘手了。

因为微服务这种架构模式本质上就是多个应用连接多个数据库共同完成一组业务逻辑，所以数据一致性问题就凸显出来了。除此之外，多个应用连接同一个数据库和单个应用连接多个数据库也会产生数据一致性问题。可以这么说，在互联网行业，任何企业都会或多或少地遇到数据一致性问题。业界将这种数据一致性问题称为分布式事务问题。为了解决分布式事务问题，业界提出了一些著名的理论，比如 CAP 理论和 Base 理论，并针对这些理论提出了很多解决方案，比如解决强一致性分布式事务的 DTP 模型、XA 事务、2PC 模型、3PC 模型，解决最终一致性分布式事务的 TCC、可靠消息最终一致性、最大努力通知型等模型。不少企业和开源组织，甚至个人都基于这些模型实现了比较通用的分布式事务框架。

深入掌握分布式事务已然成为互联网行业中每个中高级开发人员和架构师必须掌握的技能，而熟练掌握分布式事务产生的各种场景和解决方案也成为各大互联网公司对应聘者的基本要求。

尽管对于分布式事务这个话题，业界有不少成熟的解决方案，但是纵观整个图书市场，几乎找不到一本系统深入讲解分布式事务的图书。本书从实际需求出发，全面且细致地介绍了有关分布式事务的基础知识、解决方案、实现原理和源码实战。每章根据需要配有相关的原理图和流程图，并提供完整的实战案例源码。书中的每个解决方案都经过了高并发大流量生产环境的考验，可以直接拿来解决实际生产环境中的分布式事务问题。通过对本书的阅读和学习，读者可以更加全面、深入、透彻地理解分布式事务的基础、解决方案、原理和应用，提高应对分布式事务问题的处理能力和项目的实战能力。

读者对象

本书适合以下几类读者阅读：

- 互联网从业者，如中高级开发人员、架构师、技术经理、技术专家；
- 需要系统学习分布式事务的开发人员；
- 需要提高分布式事务开发水平的人员；
- 需要时常查阅分布式事务技术资料和开发案例的人员。

本书特色

1. 大量图解和开发案例

为了方便读者理解，我们在介绍分布式事务的基础、解决方案、原理、源码与实战章节中配有大量的图解和图表，同时在源码与实战章节配有完整的分布式事务案例，读者可以参考本书的案例进行学习，并运行本书的案例代码，以更深入地理解和掌握分布式事务。这些案例代码和图解的 draw.io 源文件收录于随书资料里，读者可以从下面的链接获取相关内容。

- GitHub：https://github.com/dromara/distribute-transaction。
- Gitee：https://gitee.com/dromara/distribute-transaction。

2. 技术点全面

本书全面且细致地介绍了分布式事务的各项知识，包含分布式事务的基础、解决方案、原理、源码与实战。通过阅读本书，读者能够全面掌握分布式事务的原理和应用。

3. 案例应用性强，具备较高的实用价值

本书关于分布式事务的各项技术点都配有相关的案例，都是实现分布式事务相关技术的典型案例，具有很强的实用性，方便读者随时查阅和参考。

另外，这些实战案例大都是我们实际工作的总结，尤其是书中涉及的分布式事务框架，均是业界知名的开源分布式事务框架，稍加修改与完善便可应用于实际的生产环境中。

本书内容

本书分为如下四个部分。

第一部分　分布式事务基础（第 1～5 章）

首先介绍事务的基本概念，然后介绍 MySQL 事务和 Spring 事务的实现原理，最后介绍分布式事务的基本概念和理论知识。

第二部分　分布式事务解决方案（第 6～7 章）

以大量图解的方式详细介绍了分布式事务的各种解决方案，包括强一致性分布式事务解决方案和最终一致性分布式事务解决方案。

第三部分　分布式事务原理（第 8～11 章）

以大量图解的方式详细讲解了分布式事务的原理，包括 XA 强一致性分布式事务、TCC 分布式事务、可靠消息最终一致性分布式事务和最大努力通知型分布式事务。

第四部分　分布式事务源码与实战（第 12～17 章）

首先详细讲解了业界比较知名的 ShardingSphere 框架实现 XA 分布式事务的源码，然后详细剖析了 Dromara 开源社区的 Hmily 分布式事务框架实现 TCC 分布式事务的源码，最后分别对 XA 强一致性分布式事务、TCC 分布式事务、可靠消息最终一致性分布式事务和最大努力通知型分布式事务进行了实战案例讲解。

如何阅读本书

- 对于没有接触过分布式事务的读者，建议按照顺序从第 1 章开始阅读，并实现每一个案例。
- 对于有一定 MySQL 和 Spring 开发基础的读者，可以根据实际情况，有选择性地阅读分布式事务的相关章节。
- 对于书中涉及的每个分布式事务案例，读者可以先自行思考实现方式，再阅读相关的案例讲解，了解各技术对应的原理细节，以加深理解，达到事半功倍的学习效果。

勘误和支持

本书是肖宇和冰河（排名不分先后）联合撰写的。由于水平有限，编写时间仓促，书中难免会出现一些错误或者不准确的地方，恳请读者批评指正。为此，我们特意在 Dromara 社区的 GitHub 上创建了一个单独的仓库用来记录本书的勘误信息，仓库地址为 https://github.com/dromara/transaction-book。读者可以将书中的错误发布在 Bug 勘误中，如果遇到任何问题，也可以记录在这个仓库中，我们将尽量在线上为读者提供最满意的解答。如果有更多宝贵的建议或者意见，也可以联系我们。

肖宇的联系方式如下。

- 微信：xixy199195。
- 邮箱：xiaoyu@apache.org。
- 公众号：Dromara 开源组织。

冰河的联系方式如下。

- 微信：hacker_binghe。
- 邮箱：1028386804@qq.com。
- 公众号：冰河技术。

如果想获得更多有关分布式事务或者开源框架的最新动态，可以关注微信公众号“Dromara 开源组织”和“冰河技术”。

致谢

首先感谢张逸为本书作序。感谢郑灏、刘启荣、高新刚、沈建林、付晓岩、史少锋、刘勋、张亮、代立冬、杨晓峰、于君泽、孙玄、沈剑、曾波、程超、张永伦、于雨、程军和骆俊武（排名不分先后）等专家为本书撰写推荐语。

感谢 Dromara 开源社区的兄弟姐妹们，感谢你们对社区的长期支持和贡献。你们的支持是我们写作的最大动力。

感谢机械工业出版社华章公司的杨福川老师和董惠芝编辑、韩蕊编辑在这一年多的时间里始终支持我们写作，是你们的鼓励和帮助引导我们顺利完成了全部书稿。

感谢家人在我们写作期间默默给予我们支持与鼓励，并时刻为我们传递着信心和力量！

最后，感谢所有支持、鼓励和帮助过我们的人。谨以此书献给我们最亲爱的家人，以及众多热爱开源事业和关注 Dromara 开源社区的朋友们！

肖宇、冰河

目 录 Contents

第一部分 Part 1

分布式事务基础

- 第 1 章　事务的基本概念
- 第 2 章　MySQL 事务的实现原理
- 第 3 章　Spring 事务的实现原理
- 第 4 章　分布式事务的基本概念
- 第 5 章　分布式事务的理论知识

第 1 章 事务的基本概念

事务一般指的是逻辑上的一组操作，或者作为单个逻辑单元执行的一系列操作。同属于一个事务的操作会作为一个整体提交给系统，这些操作要么全部执行成功，要么全部执行失败。本章就简单地介绍一下事务的基本概念。

本章涉及的内容如下。

- 事务的特性。
- 事务的类型。
- 木地事务。
- MySQL 事务基础。

1.1 事务的特性

总体来说，事务存在四大特性，分别是原子性（Atomic）、一致性（Consistency）、隔离性（Isolation）和持久性（Durability），如图 1-1 所示，因此，事务的四大特性又被称为 ACID。

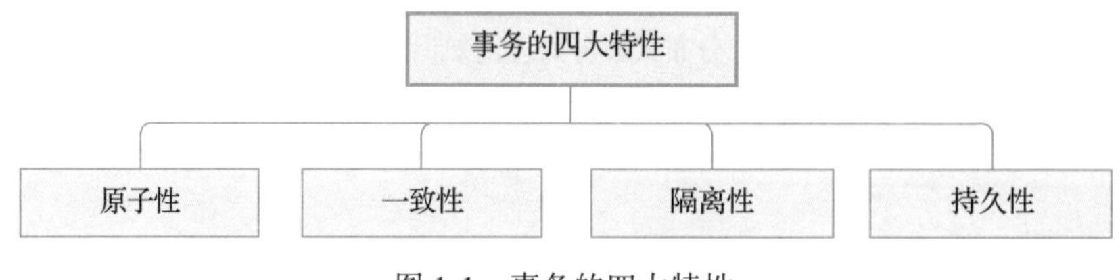

图 1-1 事务的四大特性

1.1.1　原子性

事务的原子性指的是构成事务的所有操作要么全部执行成功，要么全部执行失败，不可能出现部分执行成功，部分执行失败的情况。

例如，在转账业务中，张三向李四转账 100 元，于是张三的账户余额减少 100 元，李四的账户余额增加 100 元。在开启事务的情况下，这两个操作要么全部执行成功，要么全部执行失败，不可能出现只将张三的账户余额减少 100 元的操作，也不可能出现只将李四的账户余额增加 100 元的操作。

1.1.2　一致性

事务的一致性指的是在事务执行之前和执行之后，数据始终处于一致的状态。例如，同样是转账业务，张三向李四转账 100 元，且转账前和转账后的数据是正确的，那么，转账后张三的账户余额会减少 100 元，李四的账户余额会增加 100 元，这就是数据处于一致的状态。如果张三的账户余额减少了 100 元，而李四的账户余额没有增加 100 元，这就是数据处于不一致状态。

1.1.3　隔离性

事务的隔离性指的是并发执行的两个事务之间互不干扰。也就是说，一个事务在执行过程中不能看到其他事务运行过程的中间状态。例如，在张三向李四转账的业务场景中，存在两个并发执行的事务 A 和事务 B，事务 A 执行扣减张三账户余额的操作和增加李四账户余额的操作，事务 B 执行查询张三账户余额的操作。在事务 A 完成之前，事务 B 读取的张三的账户余额仍然为扣减之前的账户余额，不会读取到扣减后的账户余额。

注意　MySQL 通过锁和 MVCC 机制来保证事务的隔离性。

1.1.4　持久性

事务的持久性指的是事务提交完成后，此事务对数据的更改操作会被持久化到数据库中，并且不会被回滚。例如，在张三向李四转账的业务场景中，在同一事务中执行扣减张三账户余额和增加李四账户余额的操作，事务提交完成后，这种对数据的修改操作就会被持久化到数据库中，且不会被回滚。

注意　数据库的事务在实现时，会将一次事务中包含的所有操作全部封装成一个不可分割的执行单元，这个单元中的所有操作要么全部执行成功，要么全部执行失败。只要其中任意一个操作执行失败，整个事务就会执行回滚操作。

1.2 事务的类型

事务主要分为五大类，分别为扁平事务、带有保存点的扁平事务、链式事务、嵌套事务和分布式事务。本节就简单介绍一下事务的五大类型。

1.2.1 扁平事务

扁平事务是事务操作中最常见，也是最简单的事务。在数据库中，扁平事务通常由 begin 或者 start transaction 字段开始，由 commit 或者 rollback 字段结束。在这之间的所有操作要么全部执行成功，要么全部执行失败（回滚）。当今主流的数据库都支持扁平事务。

扁平事务虽然是最常见、最简单的事务，但是无法提交或者回滚整个事务中的部分事务，只能把整个事务全部提交或者回滚。为了解决这个问题，带有保存点的扁平事务出现了。

1.2.2 带有保存点的扁平事务

通俗地讲，内部设置了保存点的扁平事务，就是带有保存点的扁平事务。带有保存点的扁平事务通过在事务内部的某个位置设置保存点（savepoint），达到将当前事务回滚到此位置的目的，示例如下。

在 MySQL 数据库中，通过如下命令设置事务的保存点。

```
savepoint [savepoint_name]
```

例如，设置一个名称为 savc_uscr_point 的保存点，代码如下所示。

```
savepoint save_user_point;
```

通过如下命令将当前事务回滚到定义的保存点位置。

```
rollback to [savepoint_name]
```

例如，将当前事务回滚到定义的名称为 save_user_point 的保存点位置，代码如下所示。

```
rollback to save_user_point;
```

通过如下命令删除保存点。

```
release savepoint [savepoint_name]
```

例如，删除当前事务中名称为 save_user_point 的保存点，代码如下所示。

```
release savepoint save_user_point;
```

从本质上讲，普通的扁平事务也是有保存点的，只是普通的扁平事务只有一个隐式的保存点，并且这个隐式的保存点会在事务启动的时候，自动设置为当前事务的开始位置。也就是说，普通的扁平事务具有保存点，而且默认是事务的开始位置。

1.2.3　链式事务

链式事务是在带有保存点的扁平事务的基础上，自动将当前事务的上下文隐式地传递给下一个事务。也就是说，一个事务的提交操作和下一个事务的开始操作具备原子性，上一个事务的处理结果对下一个事务是可见的，事务与事务之间就像链条一样传递下去。

> 注意　链式事务在提交的时候，会释放要提交的事务中的所有锁和保存点，也就是说，链式事务的回滚操作只能回滚到当前所在事务的保存点，而不能回滚到已提交事务的保存点。

1.2.4　嵌套事务

顾名思义，嵌套事务就是有多个事务处于嵌套状态，共同完成一项任务的处理，整个任务具备原子性。嵌套事务最外层有一个顶层事务，这个顶层事务控制着所有的内部子事务，内部子事务提交完成后，整体事务并不会提交，只有最外层的顶层事务提交完成后，整体事务才算提交完成。

关于嵌套事务需要注意以下几点。

1）回滚嵌套事务内部的子事务时，会将事务回滚到外部顶层事务的开始位置。

2）嵌套事务的提交是从内部的子事务向外依次进行的，直到最外层的顶层事务提交完成。

3）回滚嵌套事务最外层的顶层事务时，会回滚嵌套事务包含的所有事务，包括已提交的内部子事务。

在主流的关系型数据库中，MySQL 不支持原生的嵌套事务，而 SQL Server 支持。这里，笔者不建议使用嵌套事务。

1.2.5　分布式事务

分布式事务指的是事务的参与者、事务所在的服务器、涉及的资源服务器以及事务管理器等分别位于不同分布式系统的不同服务或数据库节点上。简单来说，分布式事务就是一个在不同环境（比如不同的数据库、不同的服务器）下运行的整体事务。这个整体事务包含一个或者多个分支事务，并且整体事务中的所有分支事务要么全部提交成功，要么全部提交失败。

例如，在电商系统的下单减库存业务中，订单业务所在的数据库为事务 A 的节点，库存业务所在的数据库为事务 B 的节点。事务 A 和事务 B 组成了一个具备 ACID 特性的分布式事务，要么全部提交成功，要么全部提交失败。

1.3　本地事务

1.2 节简单介绍了事务的 ACID 特性。本节主要介绍本地事务的基本概念及优缺点。

1.3.1 基本概念

在常见的计算机系统和应用系统中，很多事务是通过关系型数据库进行控制的。这种控制事务的方式是利用数据库本身的事务特性来实现，而在这种实现方式中，数据库和应用通常会被放在同一台服务器中，因此，这种基于关系型数据库的事务也可以称作本地事务或者传统事务。

本地事务使用常见的执行模式，可以使用如下伪代码来表示。

```
transaction begin
insert into 表名 (字段名列表) values (值列表)
update 表名 set 字段名 = 字段值 where id = id值
delete from 表名 where id = id值
transaction commit/rollback
```

另外，本地事务也具有一些特征。以下列举几个本地事务具有的典型特征。

1）一次事务过程中只能连接一个支持事务的数据库，这里的数据库一般指的是关系型数据库。

2）事务的执行结果必须满足 ACID 特性。

3）事务的执行过程会用到数据库本身的锁机制。

1.3.2 本地事务的执行流程

本地事务的执行流程如图 1-2 所示。

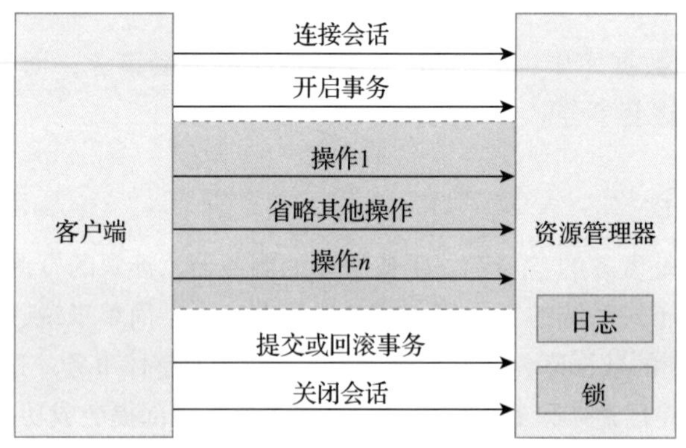

图 1-2 本地事务的执行流程

从图 1-2 中可以看出：

1）客户端开始事务操作之前，需要开启一个连接会话；

2）开始会话后，客户端发起开启事务的指令；

3）事务开启后，客户端发送各种 SQL 语句处理数据；

4）正常情况下，客户端会发起提交事务的指令，如果发生异常情况，客户端会发起回滚事务的指令；

5）上述流程完成后，关闭会话。

本地事务是由资源管理器在本地进行管理的。

1.3.3　本地事务的优缺点

本地事务的优点总结如下。

1）支持严格的 ACID 特性，这也是本地事务得以实现的基础。

2）事务可靠，一般不会出现异常情况。

3）本地事务的执行效率比较高。

4）事务的状态可以只在数据库中进行维护，上层的应用不必理会事务的具体状态。

5）应用的编程模型比较简单，不会涉及复杂的网络通信。

本地事务的缺点总结如下。

1）不具备分布式事务的处理能力。

2）一次事务过程中只能连接一个支持事务的数据库，即不能用于多个事务性数据库。

1.4　MySQL 事务基础

在互联网领域，MySQL 数据库是使用最多的关系型数据库之一，也是一种典型的支持事务的关系型数据库，因此我们有必要对 MySQL 数据库的事务进行简单介绍。

1.4.1　并发事务带来的问题

数据库一般会并发执行多个事务，而多个事务可能会并发地对相同的数据进行增加、删除、修改和查询操作，进而导致并发事务问题。并发事务带来的问题包括更新丢失（脏写）、脏读、不可重复读和幻读，如图 1-3 所示。

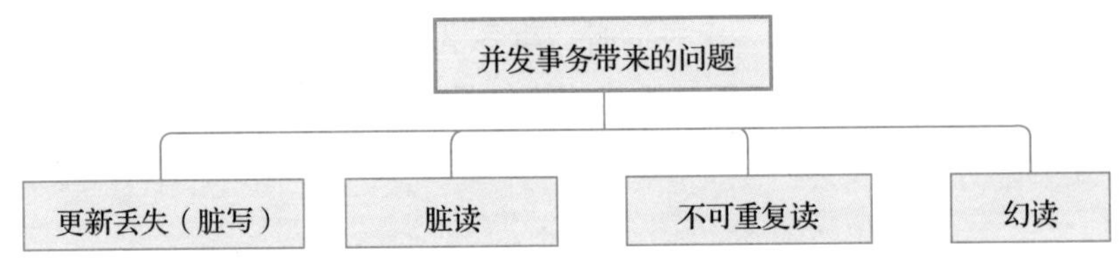

图 1-3　并发事务带来的问题

1. 更新丢失（脏写）

当两个或两个以上的事务选择数据库中的同一行数据，并基于最初选定的值更新该行数据时，因为每个事务之间都无法感知彼此的存在，所以会出现最后的更新操作覆盖之前由其他事务完成的更新操作的情况。也就是说，对于同一行数据，一个事务对该行数据的更新操作覆盖了其他事务对该行数据的更新操作。

例如，张三的账户余额是100元，当前有事务A和事务B两个事务，事务A是将张三的账户余额增加100元，事务B是将张三的账户余额增加200元。起初，事务A和事务B同时读取到张三的账户余额为100元。然后，事务A和事务B将分别更新张三的银行账户余额，假设事务A先于事务B提交，但事务A和事务B都提交后的结果是张三的账户余额是300元。也就是说，后提交的事务B覆盖了事务A的更新操作。

更新丢失（脏写）本质上是写操作的冲突，解决办法是让每个事务按照串行的方式执行，按照一定的顺序依次进行写操作。

2. 脏读

一个事务正在对数据库中的一条记录进行修改操作，在这个事务完成并提交之前，当有另一个事务来读取正在修改的这条数据记录时，如果没有对这两个事务进行控制，则第二个事务就会读取到没有被提交的脏数据，并根据这些脏数据做进一步的处理，此时就会产生未提交的数据依赖关系。我们通常把这种现象称为脏读，也就是一个事务读取了另一个事务未提交的数据。

例如，当前有事务A和事务B两个事务，事务A是向张三的银行账户转账100元，事务B是查询张三的账户余额。事务A执行转账操作，在事务A未提交时，事务B查询到张三的银行账户多了100元，后来事务A由于某些原因，例如服务超时、系统异常等因素进行回滚操作，但事务B查询到的数据并没有改变。此时，事务B查询到的数据就是脏数据。

脏读本质上是读写操作的冲突，解决办法是先写后读，也就是写完之后再读。

3. 不可重复读

一个事务读取了某些数据，在一段时间后，这个事务再次读取之前读过的数据，此时发现读取的数据发生了变化，或者其中的某些记录已经被删除，这种现象就叫作不可重复读。即同一个事务，使用相同的查询语句，在不同时刻读取到的结果不一致。

例如，当前有事务A和事务B两个事务，事务A是向张三的银行账户转账100元，事务B是查询张三的账户余额。第一次查询时，事务A还没有转账，第二次查询时，事务A已经转账成功，此时，就会导致事务B两次查询结果不一致。

不可重复读本质上也是读写操作的冲突，解决办法是先读后写，也就是读完之后再写。

4. 幻读

一个事务按照相同的查询条件重新读取之前读过的数据，此时发现其他事务插入了满足当前事务查询条件的新数据，这种现象叫作幻读。即一个事务两次读取一个范围的数据记录，两次读取到的结果不同。

例如，当前有事务A和事务B两个事务，事务A是两次查询张三的转账记录，事务B是向张三的银行账户转账100元。事务A第一次查询时，事务B还没有转账，事务A第二次查询时，事务B已经转账成功，此时，就会导致事务A两次查询的转账数据不一致。

幻读本质上是读写操作的冲突，解决办法是先读后写，也就是读完之后再写。

很多人不懂不可重复读和幻读到底有何区别。这里，我们简单介绍一下。

1）不可重复读的重点在于更新和删除操作，而幻读的重点在于插入操作。

2）使用锁机制实现事务隔离级别时，在可重复读隔离级别中，SQL 语句第一次读取到数据后，会将相应的数据加锁，使得其他事务无法修改和删除这些数据，此时可以实现可重复读。这种方法无法对新插入的数据加锁。如果事务 A 读取了数据，或者修改和删除了数据，此时，事务 B 还可以进行插入操作，导致事务 A 莫名其妙地多了一条之前没有的数据，这就是幻读。

3）幻读无法通过行级锁来避免，需要使用串行化的事务隔离级别，但是这种事务隔离级别会极大降低数据库的并发能力。

4）从本质上讲，不可重复读和幻读最大的区别在于如何通过锁机制解决问题。

另外，除了可以使用悲观锁来避免不可重复读和幻读的问题外，我们也可以使用乐观锁来处理，例如，MySQL、Oracle 和 PostgreSQL 等数据库为了提高整体性能，就使用了基于乐观锁的 MVCC（多版本并发控制）机制来避免不可重复读和幻读。

1.4.2　MySQL 事务隔离级别

按照 SQL:1992 事务隔离级别，InnoDB 默认是可重复读的。MySQL 中的 InnoDB 储存引擎提供 SQL 标准所描述的 4 种事务隔离级别，分别为读未提交（Read Uncommitted）、读已提交（Read Committed）、可重复读（Repeatable Read）和串行化（Serializable），如图 1-4 所示。

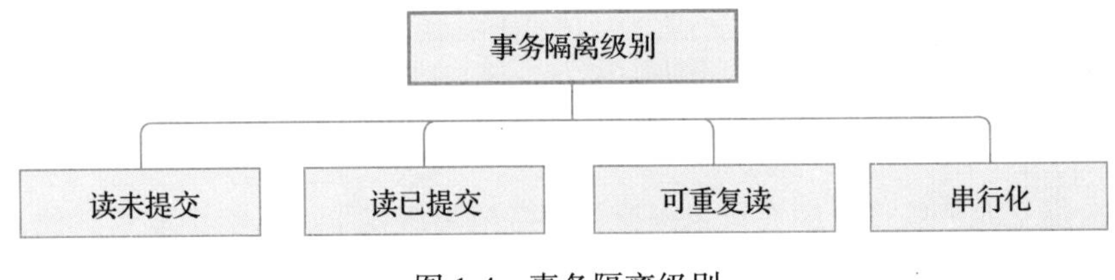

图 1-4　事务隔离级别

可以在命令行用 --transaction-isolation 选项或在 MySQL 的配置文件 my.cnf、my.ini 里，为所有连接设置默认的事务隔离级别。

例如，可以在 my.cnf 或者 my.ini 文件中的 mysqld 节点下面配置如下选项。

```
transaction-isolation = {READ-UNCOMMITTED | READ-COMMITTED | REPEATABLE-READ |
    SERIALIZABLE}
```

也可以使用 SET TRANSACTION 命令改变单个或者所有新连接的事务隔离级别，基本语法如下所示。

```
SET [SESSION | GLOBAL] TRANSACTION ISOLATION LEVEL {READ UNCOMMITTED | READ
   COMMITTED | REPEATABLE READ | SERIALIZABLE}
```

如果使用 SET TRANSACTION 命令来设置事务隔离级别，需要注意以下几点。

1）不带 SESSION 或 GLOBAL 关键字设置事务隔离级别，指的是为下一个（还未开始的）事务设置隔离级别。

2）使用 GLOBAL 关键字指的是对全局设置事务隔离级别，也就是设置后的事务隔离级别对所有新产生的数据库连接生效。

3）使用 SESSION 关键字指的是对当前的数据库连接设置事务隔离级别，此时的事务隔离级别只对当前连接的后续事务生效。

4）任何客户端都能自由改变当前会话的事务隔离级别，可以在事务中间改变，也可以改变下一个事务的隔离级别。

使用如下命令可以查询全局级别和会话级别的事务隔离级别。

```
SELECT @@global.tx_isolation;
SELECT @@session.tx_isolation;
SELECT @@tx_isolation;
```

1.4.3 MySQL 中各种事务隔离级别的区别

4 种事务隔离级别对于并发事务带来的问题的解决程度不一样，具体如表 1-1 所示。

表 1-1 不同事务隔离级别对问题的解决程度对比

事务隔离级别	脏读	不可重复读	幻读
读未提交	可能	可能	可能
读已提交	不可能	可能	可能
可重复读	不可能	不可能	可能
串行化	不可能	不可能	不可能

1）读未提交允许脏读，即在读未提交的事务隔离级别下，可能读取到其他会话未提交事务修改的数据。这种事务隔离级别下存在脏读、不可重复读和幻读的问题。

2）读已提交只能读取到已经提交的数据。Oracle 等数据库使用的默认事务隔离级别就是读已提交。这种事务隔离级别存在不可重复读和幻读的问题。

3）可重复读就是在同一个事务内，无论何时查询到的数据都与开始查询到的数据一致，这是 MySQL 中 InnoDB 存储引擎默认的事务隔离级别。这种事务隔离级别下存在幻读的问题。

4）串行化是指完全串行地读，每次读取数据库中的数据时，都需要获得表级别的共享锁，读和写都会阻塞。这种事务隔离级别解决了并发事务带来的问题，但完全的串行化操作使得数据库失去了并发特性，所以这种隔离级别往往在互联网行业中不太常用。

接下来，为了让大家更好地理解 MySQL 的事务隔离级别，列举几个实际案例。

1.4.4 MySQL 事务隔离级别最佳实践

在 MySQL 中创建一个 test 数据库，在 test 数据库中创建一个 account 数据表作为测试使用的账户数据表，如下所示。

```
mysql> create database test;
Query OK, 1 row affected (0.02 sec)

mysql> use test;
Database changed
mysql>
mysql> create table account(
    -> id int not null auto_increment,
    -> name varchar(30) not null default '',
    -> balance int not null default 0,
    -> primary key(id)
    -> ) engine=InnoDB default charset=utf8mb4;
Query OK, 0 rows affected (0.02 sec)
```

创建完数据库和数据表之后，向 account 数据表中插入几条测试数据，如下所示。

```
mysql> insert into
    -> test.account(name, balance)
    -> values
    -> ('张三', 300),
    -> ('李四', 350),
    -> ('王五', 500);
Query OK, 3 rows affected (0.03 sec)
Records: 3  Duplicates: 0  Warnings: 0
```

此时，account 数据表中有张三、李四和王五的账户信息，账户余额分别为 300 元、350 元和 500 元。

准备工作完成了，接下来，我们一起来看 MySQL 中每种事务隔离级别下数据的处理情况。

1. 读未提交

第一步：打开服务器终端 A，登录 MySQL，将当前终端的事务隔离级别设置为 read uncommitted，也就是读未提交，如下所示。

```
mysql> set session transaction isolation level read uncommitted;
Query OK, 0 rows affected (0.01 sec)
```

在终端 A 开启事务并查询 account 数据表中的数据，如下所示。

```
mysql> start transaction;
Query OK, 0 rows affected (0.00 sec)

mysql> select * from account;
+----+--------+---------+
| id | name   | balance |
```

```
+----+--------+---------+
|  1 | 张三   |     300 |
|  2 | 李四   |     350 |
|  3 | 王五   |     500 |
+----+--------+---------+
3 rows in set (0.00 sec)
```

此时，可以看到数据表中张三、李四和王五的账户余额分别为300元、350元和500元。

第二步：在终端A的事务提交之前，打开服务器的另一个终端B，连接MySQL，将当前事务模式设置为read uncommitted并更新account表的数据，将张三的账户余额加100元。

```
mysql> set session transaction isolation level read uncommitted;
Query OK, 0 rows affected (0.00 sec)

mysql> start transaction;
Query OK, 0 rows affected (0.00 sec)

mysql> update account set balance = balance + 100 where id = 1;
Query OK, 1 row affected (0.00 sec)
Rows matched: 1  Changed: 1  Warnings: 0
```

在终端B查询account数据表中的数据，如下所示。

```
mysql> select * from account;
+----+--------+---------+
| id | name   | balance |
+----+--------+---------+
|  1 | 张三   |     400 |
|  2 | 李四   |     350 |
|  3 | 王五   |     500 |
+----+--------+---------+
3 rows in set (0.00 sec)
```

可以看到，在终端B中，当前事务未提交时，张三的账户余额变为更新后的值，即400元。

第三步：在终端A查看account数据表的数据，如下所示。

```
mysql> select * from account;
+----+--------+---------+
| id | name   | balance |
+----+--------+---------+
|  1 | 张三   |     400 |
|  2 | 李四   |     350 |
|  3 | 王五   |     500 |
+----+--------+---------+
3 rows in set (0.00 sec)
```

可以看到，虽然终端B的事务并未提交，但是终端A可以查询到终端B已经更新的数据。

第四步：如果终端 B 的事务由于某种原因执行了回滚操作，那么终端 B 中执行的所有操作都会被撤销。也就是说，终端 A 查询到的数据其实就是脏数据。

在终端 B 执行事务回滚操作，并查询 account 数据表中的数据，如下所示。

```
mysql> rollback;
Query OK, 0 rows affected (0.00 sec)

mysql> select * from account;
+----+--------+---------+
| id | name   | balance |
+----+--------+---------+
|  1 | 张三   |     300 |
|  2 | 李四   |     350 |
|  3 | 王五   |     500 |
+----+--------+---------+
3 rows in set (0.00 sec)
```

可以看到，在终端 B 执行了事务的回滚操作后，张三的账户余额重新变为 300 元。

第五步：在终端 A 将张三的账户余额减 100 元，再次查询 account 数据表的数据，可以发现张三的账户余额变为 200 元，而不是 300 元，如下所示。

```
mysql> update account set balance = balance - 100 where id = 1;
Query OK, 1 row affected (0.00 sec)
Rows matched: 1  Changed: 1  Warnings: 0

mysql> select * from account;
+----+--------+---------+
| id | name   | balance |
+----+--------+---------+
|  1 | 张三   |     200 |
|  2 | 李四   |     350 |
|  3 | 王五   |     500 |
+----+--------+---------+
3 rows in set (0.00 sec)
```

执行第三步时读取到张三的账户余额为 400 元，然后将张三的账户余额减 100 元，因为在应用程序中并不知道其他会话回滚了事务，所以更新张三的账户余额就变为 300 元了，这就是脏读的问题。可以采用读已提交的事务隔离级别解决这个问题。

2. 读已提交

第一步：打开一个终端 A，将当前终端的事务隔离级别设置为 read committed，也就是读已提交，如下所示。

```
mysql> set session transaction isolation level read committed;
Query OK, 0 rows affected (0.00 sec)
```

在终端 A 开启事务并查询 account 数据表中的数据，如下所示。

```
mysql> start transaction;
Query OK, 0 rows affected (0.00 sec)

mysql> select* from account;
+----+--------+---------+
| id | name   | balance |
+----+--------+---------+
|  1 | 张三   |     300 |
|  2 | 李四   |     350 |
|  3 | 王五   |     500 |
+----+--------+---------+
3 rows in set (0.00 sec)
```

可以看到，张三、李四和王五的账户余额分别为 300 元、350 元和 500 元。

第二步：在终端 A 的事务提交之前，打开终端 B，将当前终端的事务隔离级别设置为 read committed，开启事务并更新 account 数据表中的数据，将张三的账户余额增加 100 元，如下所示。

```
mysql> set session transaction isolation level read committed;
Query OK, 0 rows affected (0.00 sec)

mysql> start transaction;
Query OK, 0 rows affected (0.00 sec)

mysql> update account set balance = balance + 100 where id = 1;
Query OK, 1 row affected (0.00 sec)
Rows matched: 1  Changed: 1  Warnings: 0
```

在终端 B 查询 account 数据表中的数据，如下所示。

```
mysql> select * from account;
+----+--------+---------+
| id | name   | balance |
+----+--------+---------+
|  1 | 张三   |     400 |
|  2 | 李四   |     350 |
|  3 | 王五   |     500 |
+----+--------+---------+
3 rows in set (0.00 sec)
```

可以看到，在终端 B 的查询结果中，张三的账户余额已经由原来的 300 元变成 400 元。

第三步：在终端 B 的事务提交之前，在终端 A 中查询 account 数据表中的数据，如下所示。

```
mysql> select* from account;
+----+--------+---------+
| id | name   | balance |
+----+--------+---------+
|  1 | 张三   |     300 |
|  2 | 李四   |     350 |
```

```
|  3 | 王五   |     500 |
+----+--------+---------+
3 rows in set (0.00 sec)
```

可以看到，在终端 A 查询出来的张三的账户余额仍为 300 元，说明此时已经解决了脏读的问题。

第四步：在终端 B 提交事务，如下所示。

```
mysql> commit;
Query OK, 0 rows affected (0.00 sec)
```

第五步：在终端 B 提交事务后，在终端 A 再次查询 account 数据表中的数据，如下所示。

```
mysql> select* from account;
+----+--------+---------+
| id | name   | balance |
+----+--------+---------+
|  1 | 张三   |     400 |
|  2 | 李四   |     350 |
|  3 | 王五   |     500 |
+----+--------+---------+
3 rows in set (0.01 sec)
```

可以看到，终端 A 在终端 B 的事务提交前和提交后读取到的 account 数据表中的数据不一致，产生了不可重复读的问题。要想解决这个问题，就需要使用可重复读的事务隔离级别。

3. 可重复读

第一步：打开终端 A，登录 MySQL，将当前终端的事务隔离级别设置为 repeatable read，也就是可重复读。开启事务并查询 account 数据表中的数据，如下所示。

```
mysql> set session transaction isolation level repeatable read;
Query OK, 0 rows affected (0.00 sec)

mysql> start transaction;
Query OK, 0 rows affected (0.00 sec)

mysql> select * from account;
+----+--------+---------+
| id | name   | balance |
+----+--------+---------+
|  1 | 张三   |     300 |
|  2 | 李四   |     350 |
|  3 | 王五   |     500 |
+----+--------+---------+
3 rows in set (0.00 sec)
```

可以看到，此时张三、李四、王五的账户余额分别为 300 元、350 元、500 元。

第二步：在终端 A 的事务提交之前，打开终端 B，登录 MySQL，将当前终端的事务隔离级别设置为可重复读。开启事务，将张三的账户余额增加 100 元，随后提交事务，如下所示。

```
mysql> set session transaction isolation level repeatable read;
Query OK, 0 rows affected (0.00 sec)

mysql> start transaction;
Query OK, 0 rows affected (0.00 sec)

mysql> update account set balance = balance + 100 where id = 1;
Query OK, 1 row affected (0.01 sec)
Rows matched: 1  Changed: 1  Warnings: 0

mysql> commit;
Query OK, 0 rows affected (0.00 sec)
```

接下来，在终端 B 查询 account 数据表中的数据，如下所示。

```
mysql> select * from account;
+----+--------+---------+
| id | name   | balance |
+----+--------+---------+
|  1 | 张三   |     400 |
|  2 | 李四   |     350 |
|  3 | 王五   |     500 |
+----+--------+---------+
3 rows in set (0.00 sec)
```

可以看到，在终端 B 查询的结果中，张三的账户余额已经由原来的 300 元变成 400 元。

第三步：在终端 A 查询 account 数据表中的数据，如下所示。

```
mysql> select * from account;
+----+--------+---------+
| id | name   | balance |
+----+--------+---------+
|  1 | 张三   |     300 |
|  2 | 李四   |     350 |
|  3 | 王五   |     500 |
+----+--------+---------+
3 rows in set (0.00 sec)
```

可以看到，在终端 A 查询的结果中，张三的账户余额仍为 300 元，并没有出现不可重复读的问题，说明可重复读的事务隔离级别解决了不可重复读的问题。

第四步：在终端 A 为张三的账户增加 100 元，如下所示。

```
mysql> update account set balance = balance + 100 where id = 1;
Query OK, 1 row affected (0.00 sec)
Rows matched: 1  Changed: 1  Warnings: 0
```

接下来，在终端 A 查询 account 数据表中的数据，如下所示。

```
mysql> select * from account;
+----+--------+---------+
| id | name   | balance |
+----+--------+---------+
|  1 | 张三   |     500 |
|  2 | 李四   |     350 |
|  3 | 王五   |     500 |
+----+--------+---------+
3 rows in set (0.00 sec)
```

可以看到，此时张三的账户余额变成 500 元，而不是 400 元，数据的一致性没有遭到破坏。这是因为在终端 A 为张三的账户余额增加 100 元之前，终端 B 已经为张三的账户余额增加了 100 元，共计增加了 200 元，所以最终张三的账户余额是 500 元。

可重复读的隔离级别使用了 MVCC（Multi-Version Concurrency Control，多版本并发控制）机制，数据库中的查询（select）操作不会更新版本号，是快照读，而操作数据表中的数据（insert、update、delete）则会更新版本号，是当前读。

第五步：在终端 B 开启事务，插入一条数据后提交事务，如下所示。

```
mysql> start transaction;
Query OK, 0 rows affected (0.00 sec)

mysql> insert into account(name, balance) values('赵六', 100);
Query OK, 1 row affected (0.00 sec)

mysql> commit;
Query OK, 0 rows affected (0.01 sec)
```

在终端 B 查询 account 数据表中的数据，如下所示。

```
mysql> select * from account;
+----+--------+---------+
| id | name   | balance |
+----+--------+---------+
|  1 | 张三   |     400 |
|  2 | 李四   |     350 |
|  3 | 王五   |     500 |
|  4 | 赵六   |     100 |
+----+--------+---------+
4 rows in set (0.00 sec)
```

可以看到，在终端 B 查询的结果中，已经显示出新插入的赵六的账户信息了。

第六步：在终端 A 查询 account 数据表的数据，如下所示。

```
mysql> select * from account;
+----+--------+---------+
| id | name   | balance |
+----+--------+---------+
|  1 | 张三   |     500 |
|  2 | 李四   |     350 |
```

```
|  3 | 王五   |     500 |
+----+--------+---------+
3 rows in set (0.00 sec)
```

可以看到，在终端A查询的数据中，并没有赵六的账户信息，说明没有出现幻读。

第七步：在终端A为赵六的账户增加100元，如下所示。

```
mysql> update account set balance = balance + 100 where id = 4;
Query OK, 1 row affected (0.00 sec)
Rows matched: 1  Changed: 1  Warnings: 0
```

SQL语句执行成功。接下来，在终端A查询account数据表中的数据，如下所示。

```
mysql> select * from account;
+----+--------+---------+
| id | name   | balance |
+----+--------+---------+
|  1 | 张三   |     500 |
|  2 | 李四   |     350 |
|  3 | 王五   |     500 |
|  4 | 赵六   |     200 |
+----+--------+---------+
4 rows in set (0.00 sec)
```

可以看到，在终端A执行完数据更新操作后，查询到赵六的账户信息，出现了幻读的问题。如何解决该问题呢？答案是使用可串行化的事务隔离级别或者间隙锁和临键锁。

4. 串行化

第一步：打开终端A，登录MySQL，将当前终端的事务隔离级别设置为serializable，开启事务，然后查询account数据表中id为1的数据，如下所示。

```
mysql> set session transaction isolation level serializable;
Query OK, 0 rows affected (0.00 sec)

mysql> start transaction;
Query OK, 0 rows affected (0.00 sec)

mysql> select * from account where id = 1;
+----+--------+---------+
| id | name   | balance |
+----+--------+---------+
|  1 | 张三   |     300 |
+----+--------+---------+
1 row in set (0.00 sec)
```

可以看到，张三的账户余额为300元。

第二步：打开终端B，登录MySQL，将当前终端的事务隔离级别设置为serializable，开启事务，修改account数据表中id为1的数据，如下所示。

```
mysql> set session transaction isolation level serializable;
```

```
Query OK, 0 rows affected (0.00 sec)

mysql> start transaction;
Query OK, 0 rows affected (0.00 sec)

mysql> update account set balance = balance + 100 where id = 1;
ERROR 1205 (HY000): Lock wait timeout exceeded; try restarting transaction
mysql>
```

可以看到，在终端 B 中对 account 数据表中 id 为 1 的数据执行更新操作时，会发生阻塞，锁超时后会抛出“ERROR 1205 (HY000): Lock wait timeout exceeded; try restarting transaction”错误，避免了幻读。

另外，在可重复的事务隔离级别下，如果终端 A 执行的是一个范围查询，那么该范围内的所有行（包括每行记录所在的间隙区间范围，如果某行记录还未被插入数据，这行记录也会被加锁，这是一种间隙锁，后文会详细讲解）都会被加锁。此时终端 B 在此范围内插入数据，就会被阻塞，从而避免了幻读。

本节使用 start transaction 命令来开启事务，也可以使用 begin 命令来开启事务。

终端 A 是一个范围查询的串行化示例，大家可自行验证，笔者不再赘述。

1.4.5　MySQL 中锁的分类

从本质上讲，锁是一种协调多个进程或多个线程对某一资源的访问的机制，MySQL 使用锁和 MVCC 机制实现了事务隔离级别。接下来简单介绍 MySQL 中锁的分类。

MySQL 中的锁可以从以下几个方面进行分类，如图 1-5 所示。

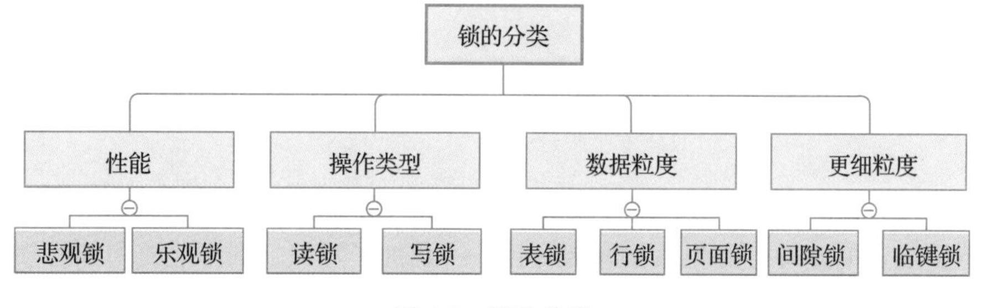

图 1-5　锁的分类

1）从性能上看，MySQL 中的锁可以分为悲观锁和乐观锁，这里的乐观锁是通过版本对比来实现的。

2）从对数据库的操作类型上看，MySQL 中的锁可以分为读锁和写锁，这里的读锁和写锁都是悲观锁。

3）从操作数据的粒度上看，MySQL 中的锁可以分为表锁、行锁和页面锁。

4）从更细粒度上看，MySQL 中的锁可以分为间隙锁和临键锁。

下面分别对这些锁的分类进行详细的介绍。

1. 悲观锁和乐观锁

（1）悲观锁

顾名思义，悲观锁对于数据库中数据的读写持悲观态度，即在整个数据处理的过程中，它会将相应的数据锁定。在数据库中，悲观锁的实现需要依赖数据库提供的锁机制，以保证对数据库加锁后，其他应用系统无法修改数据库中的数据。

在悲观锁机制下，读取数据库中的数据时需要加锁，此时不能对这些数据进行修改操作。修改数据库中的数据时也需要加锁，此时不能对这些数据进行读取操作。

（2）乐观锁

悲观锁会极大地降低数据库的性能，特别是对长事务而言，性能的损耗往往是无法承受的。乐观锁则在一定程度上解决了这个问题。

顾名思义，乐观锁对于数据库中数据的读写持乐观态度，即在整个数据处理的过程中，大多数情况下它是通过数据版本记录机制实现的。

实现乐观锁的一种常用做法是为数据增加一个版本标识，如果是通过数据库实现，往往会在数据表中增加一个类似 version 的版本号字段。在查询数据表中的数据时，会将版本号字段的值一起读取出来，当更新数据时，会令版本号字段的值加 1。将提交数据的版本与数据表对应记录的版本进行对比，如果提交的数据版本号大于数据表中当前要修改的数据的版本号，则对数据进行修改操作。否则，不修改数据表中的数据。

2. 读锁和写锁

（1）读锁

读锁又称为共享锁或 S 锁（Shared Lock），针对同一份数据，可以加多个读锁而互不影响。

（2）写锁

写锁又称为排他锁或 X 锁（Exclusive Lock），如果当前写锁未释放，它会阻塞其他的写锁和读锁。

需要注意的是，对同一份数据，如果加了读锁，则可以继续为其加读锁，且多个读锁之间互不影响，但此时不能为数据增加写锁。一旦加了写锁，则不能再增加写锁和读锁。因为读锁具有共享性，而写锁具有排他性。

3. 表锁、行锁和页面锁

（1）表锁

表锁也称为表级锁，就是在整个数据表上对数据进行加锁和释放锁。典型特点是开销比较小，加锁速度快，一般不会出现死锁，锁定的粒度比较大，发生锁冲突的概率最高，并发度最低。

在 MySQL 中，有两种表级锁模式：一种是表共享锁（Table Shard Lock）；另一种是表独占写锁（Table Write Lock）。

当一个线程获取到一个表的读锁后，其他线程仍然可以对表进行读操作，但是不能对表进行写操作。当一个线程获取到一个表的写锁后，只有持有锁的线程可以对表进行更新操作，其他线程对数据表的读写操作都会被阻塞，直到写锁被释放为止。

可以在 MySQL 的命令行通过如下命令手动增加表锁。

```
lock table 表名称 read(write),表名称2 read(write);
```

例如，为 account 数据表增加表级读锁，如下所示。

```
mysql> lock table account read;
Query OK, 0 rows affected (0.00 sec)
```

为 account 数据表增加表级写锁，如下所示。

```
mysql> lock table account write;
Query OK, 0 rows affected (0.00 sec)
```

使用如下命令可以查看数据表上增加的锁。

```
show open tables;
```

例如，查看 account 数据表上增加的锁，如下所示。

```
mysql> show open tables;
+--------------------+----------------------------+--------+-------------+
| Database           | Table                      | In_use | Name_locked |
+--------------------+----------------------------+--------+-------------+
| test               | account                    |      1 |           0 |
##########################省略其他信息################
+--------------------+----------------------------+--------+-------------+
50 rows in set (0.00 sec)
```

使用如下命令可以删除表锁。

```
unlock tables;
```

例如，删除 account 数据表中手动添加的表锁，如下所示。

```
mysql> unlock tables;
Query OK, 0 rows affected (0.00 sec)
```

（2）行锁

行锁也称为行级锁，就是在数据行上对数据进行加锁和释放锁。典型特点是开销比较大，加锁速度慢，可能会出现死锁，锁定的粒度最小，发生锁冲突的概率最小，并发度最高。

在 InnoDB 存储引擎中，有两种类型的行锁：一种是共享锁，另一种是排他锁。共享锁允许一个事务读取一行数据，但不允许一个事务对加了共享锁的当前行增加排他锁。排他锁只允许当前事务对数据行进行增删改查操作，不允许其他事务对增加了排他锁的数据行增加共享锁和排他锁。

使用行锁时，需要注意以下几点。

1）行锁主要加在索引上，如果对非索引的字段设置条件进行更新，行锁可能会变成表锁。

2）InnoDB 的行锁是针对索引加锁，不是针对记录加锁，并且加锁的索引不能失效，否则行锁可能会变成表锁。

3）锁定某一行时，可以使用 lock in share mode 命令来指定共享锁，使用 for update 命令来指定排他锁，例如下面的 SQL 语句。

```
select * from account where id = 1 for update;
```

（3）页面锁

页面锁也称为页级锁，就是在页面级别对数据进行加锁和释放锁。对数据的加锁开销介于表锁和行锁之间，可能会出现死锁，锁定的粒度大小介于表锁和行锁之间，并发度一般。

接下来，我们总结一下表锁、行锁和页面锁的特点，如表 1-2 所示。

表 1-2 表锁、行锁和页面锁的特点

锁名称	系统开销	加锁效率	是否会死锁	锁定粒度	锁冲突	并发度
表锁	小	快	不会	大	最高	最低
行锁	大	慢	会	最小	最低	最高
页面锁	中等	中等	会	中等	中等	中等

4. 间隙锁和临键锁

（1）间隙锁

在 MySQL 中使用范围查询时，如果请求共享锁或排他锁，InnoDB 会给符合条件的已有数据的索引项加锁。如果键值在条件范围内，而这个范围内并不存在记录，则认为此时出现了“间隙（也就是 GAP）”。InnoDB 存储引擎会对这个“间隙”加锁，而这种加锁机制就是间隙锁（GAP Lock）。

说得简单点，间隙锁就是对两个值之间的间隙加锁。MySQL 的默认隔离级别是可重复读，在可重复读隔离级别下会存在幻读的问题，而间隙锁在某种程度下可以解决幻读的问题。

例如，account 数据表中存在如下数据。

```
mysql> select * from account;
+----+--------+---------+
| id | name   | balance |
+----+--------+---------+
|  1 | 张三   |     300 |
|  2 | 李四   |     350 |
|  3 | 王五   |     500 |
| 15 | 赵六   |     100 |
| 20 | 田七   |     360 |
+----+--------+---------+
5 rows in set (0.00 sec)
```

此时，account 数据表中的间隙包括 id 为 (3,15]、(15, 20]、(20, 正无穷] 的三个区间。

如果执行如下命令，将符合条件的用户的账户余额增加 100 元。

```
update account set balance = balance + 100 where id > 5 and id <16;
```

则其他事务无法在 (3,20] 这个区间内插入或者修改任何数据。

这里需要注意的是，间隙锁只有在可重复读事务隔离级别下才会生效。

（2）临键锁

临键锁（Next-Key Lock）是行锁和间隙锁的组合，例如上面例子中的区间 (3,20] 就可以称为临键锁。

1.4.6　死锁的产生和预防

虽然锁在一定程度上能够解决并发问题，但稍有不慎，就可能造成死锁。发生死锁的必要条件有 4 个，分别为互斥条件、不可剥夺条件、请求与保持条件和循环等待条件，如图 1-6 所示。

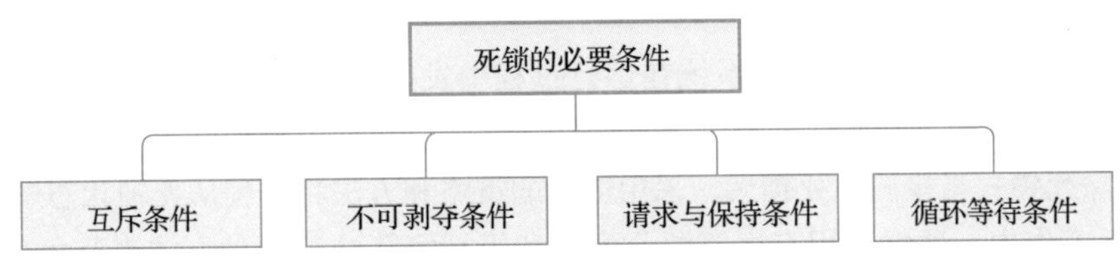

图 1-6　死锁的必要条件

（1）互斥条件

在一段时间内，计算机中的某个资源只能被一个进程占用。此时，如果其他进程请求该资源，则只能等待。

（2）不可剥夺条件

某个进程获得的资源在使用完毕之前，不能被其他进程强行夺走，只能由获得资源的进程主动释放。

（3）请求与保持条件

进程已经获得了至少一个资源，又要请求其他资源，但请求的资源已经被其他进程占有，此时请求的进程就会被阻塞，并且不会释放自己已获得的资源。

（4）循环等待条件

系统中的进程之间相互等待，同时各自占用的资源又会被下一个进程所请求。例如有进程 A、进程 B 和进程 C 三个进程，进程 A 请求的资源被进程 B 占用，进程 B 请求的资源被进程 C 占用，进程 C 请求的资源被进程 A 占用，于是形成了循环等待条件，如图 1-7 所示。

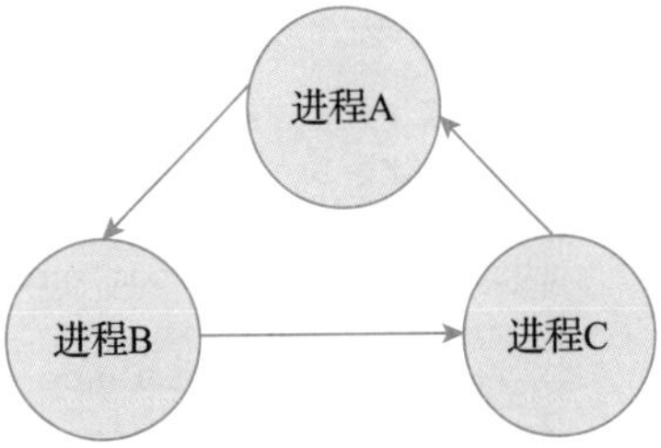

图 1-7　死锁的循环等待条件

需要注意的是，只有 4 个必要条件都满足时，才会发生死锁。

处理死锁有 4 种方法，分别为预防死锁、避免死锁、检测死锁和解除死锁，如图 1-8 所示。

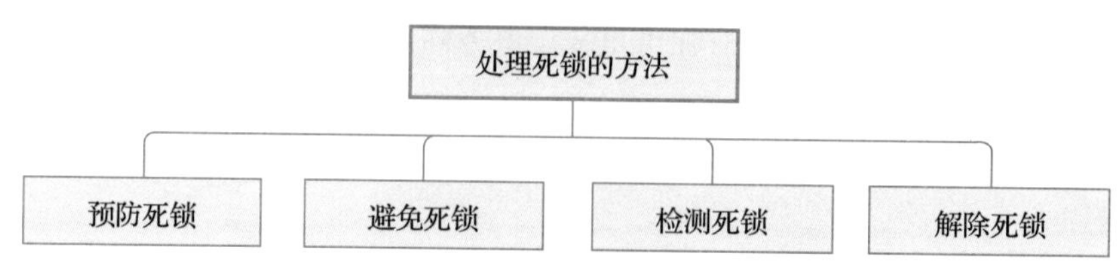

图 1-8 处理死锁的方法

1）预防死锁：处理死锁最直接的方法就是破坏造成死锁的 4 个必要条件中的一个或多个，以防止死锁的发生。

2）避免死锁：在系统资源的分配过程中，使用某种策略或者方法防止系统进入不安全状态，从而避免死锁的发生。

3）检测死锁：这种方法允许系统在运行过程中发生死锁，但是能够检测死锁的发生，并采取适当的措施清除死锁。

4）解除死锁：当检测出死锁后，采用适当的策略和方法将进程从死锁状态解脱出来。

在实际工作中，通常采用有序资源分配法和银行家算法这两种方式来避免死锁，大家可自行了解。

1.4.7 MySQL 中的死锁问题

在 MySQL 5.5.5 及以上版本中，MySQL 的默认存储引擎是 InnoDB。该存储引擎使用的是行级锁，在某种情况下会产生死锁问题，所以 InnoDB 存储引擎采用了一种叫作等待图（wait-for graph）的方法来自动检测死锁，如果发现死锁，就会自动回滚一个事务。

接下来，我们看一个 MySQL 中的死锁案例。

第一步：打开终端 A，登录 MySQL，将事务隔离级别设置为可重复读，开启事务后为 account 数据表中 id 为 1 的数据添加排他锁，如下所示。

```
mysql> set session transaction isolation level repeatable read;
Query OK, 0 rows affected (0.00 sec)

mysql> start transaction;
Query OK, 0 rows affected (0.00 sec)

mysql> select * from account where id =1 for update;
+----+--------+---------+
| id | name   | balance |
+----+--------+---------+
|  1 | 张三   |     300 |
+----+--------+---------+
```

```
1 row in set (0.00 sec)
```

第二步：打开终端 B，登录 MySQL，将事务隔离级别设置为可重复读，开启事务后为 account 数据表中 id 为 2 的数据添加排他锁，如下所示。

```
mysql> set session transaction isolation level repeatable read;
Query OK, 0 rows affected (0.00 sec)

mysql> start transaction;
Query OK, 0 rows affected (0.00 sec)

mysql> select * from account where id =2 for update;
+----+--------+---------+
| id | name   | balance |
+----+--------+---------+
|  2 | 李四   |     350 |
+----+--------+---------+
1 row in set (0.00 sec)
```

第三步：在终端 A 为 account 数据表中 id 为 2 的数据添加排他锁，如下所示。

```
mysql> select * from account where id =2 for update;
```

此时，线程会一直卡住，因为在等待终端 B 中 id 为 2 的数据释放排他锁。

第四步：在终端 B 中为 account 数据表中 id 为 1 的数据添加排他锁，如下所示。

```
mysql> select * from account where id =1 for update;
ERROR 1213 (40001): Deadlock found when trying to get lock; try restarting
    transaction
```

此时发生了死锁。通过如下命令可以查看死锁的日志信息。

```
show engine innodb status\G
```

通过命令行查看 LATEST DETECTED DEADLOCK 选项相关的信息，可以发现死锁的相关信息，或者通过配置 innodb_print_all_deadlocks（MySQL 5.6.2 版本开始提供）参数为 ON，将死锁相关信息打印到 MySQL 错误日志中。

在 MySQL 中，通常通过以下几种方式来避免死锁。

1）尽量让数据表中的数据检索都通过索引来完成，避免无效索引导致行锁升级为表锁。

2）合理设计索引，尽量缩小锁的范围。

3）尽量减少查询条件的范围，尽量避免间隙锁或缩小间隙锁的范围。

4）尽量控制事务的大小，减少一次事务锁定的资源数量，缩短锁定资源的时间。

5）如果一条 SQL 语句涉及事务加锁操作，则尽量将其放在整个事务的最后执行。

6）尽可能使用低级别的事务隔离机制。

1.4.8　InnoDB 中的 MVCC 原理

1.4.4 节提到了可重复读隔离级别使用了 MVCC 机制，本节将具体介绍 InnoDB 存储引擎中的 MVCC 原理。

在 MVCC 机制中，每个连接到数据库的读操作，在某个瞬间看到的都是数据库中数据的一个快照，而写操作的事务提交之前，读操作是看不到这些数据的变化的。

MVCC 机制能够大大提升数据库的读写性能，很多数据库厂商的事务性存储引擎都实现了 MVCC 机制，包含 MySQL、Oracle、PostgreSQL 等。虽然不同数据库实现 MVCC 机制的细节不同，但大多实现了非阻塞的读操作，写操作也只会锁定必要的数据行。

从本质上讲，MVCC 机制保存了数据库中数据在某个时间点上的数据快照，这意味着同一个读操作的事务，按照相同的条件查询数据，无论查询多少次，结果都是一样的。从另一个角度来讲，这也意味着不同的事务在同一时刻看到的同一张表的数据可能不同。

在 InnoDB 存储引擎中，MVCC 机制是通过在每行数据表记录后面保存两个隐藏的列来实现的，一个列用来保存行的创建版本号，另一个列用来保存行的过期版本号。每当有一个新的事务执行时，版本号就会自动递增。事务开始时刻的版本号作为事务的版本号，用于和查询到的每行记录的版本号做对比。

接下来，我们来看在可重复读事务隔离级别下，MVCC 机制是如何完成增删改查操作的。

1. 查询操作

在查询操作中，InnoDB 存储引擎会根据下面两个条件检查每行记录。

1）InnoDB 存储引擎只会查找不晚于当前事务版本的数据行，也就是说，InnoDB 存储引擎只会查找版本号小于或者等于当前事务版本的数据行。这些数据行要么在事务开始前就已经存在，要么就是事务本身插入或者更新的数据行。

2）数据行删除的版本要么还没有被定义，要么大于当前事务的版本号，只有这样才能确保事务读取到的行，在事务开始之前没有被删除。

这里需要注意的是，只有符合上面两个条件的数据行，才会被返回作为查询的结果数据。

例如，存在事务 A 和事务 B 两个事务，事务 A 中存在两条相同的 select 语句，事务 B 中存在一条 update 语句。事务 A 中的第一条 select 语句在事务 B 提交之前执行，第二条 select 语句在事务 B 提交之后执行。事务 A 如下所示。

```
start transaction;
select * from account where id = 1; //在事务B提交之前执行
select * from account where id = 1; //在事务B提交之后执行
commit;
```

事务 B 如下所示。

```
start transaction;
update account set balance = balance + 100 where id = 1;
commit;
```

如果不使用 MVCC 机制，则事务 A 中的第一条 select 语句读取的数据是修改前的数据，而第二条 select 语句读取的是修改后的数据，两次读取的数据不一致。如果使用了 MVCC 机制，则无论事务 B 如何修改数据，事务 A 中的两条 select 语句查询出来的结果始终是一致的。

2. 插入操作

在插入操作中，InnoDB 存储引擎会将新插入的每一行记录的当前系统版本号保存为行版本号。

例如向 account 数据表中插入一条数据，同时假设 MVCC 的两个版本号分别为 create_version 和 delete_version：create_version 代表创建行的版本号；delete_version 代表删除行的版本号。为了更好地展示效果，再增加一个描述事务版本号的字段 trans_id。向 account 数据表插入数据的 SQL 语句如下所示。

```
insert into account(id, name, balance) values (1001, '冰河', 100);
```

对应的版本号信息如表 1-3 所示。

表 1-3　MVCC 机制下的插入操作

id	name	balance	trans_id	create_version	delete_version
1001	冰河	100	1	1	未定义

从表 1-3 中可以看出，当向数据表中新增记录时，需要设置保存行的版本号，而删除行的版本号未定义。

3. 更新操作

在更新操作中，InnoDB 存储引擎会插入一行新记录，并保存当前系统的版本号作为新记录行的版本号，同时保存当前系统的版本号到原来的数据行作为删除标识。

例如，将 account 数据表中 id 为 1001 的用户的账户余额增加 100 元，SQL 语句如下所示。

```
update account set balance = balance + 100 where id = 1001;
```

执行 SQL 语句成功后，再次查询 account 数据表中的数据，存在版本号和事务编号不同的两条记录，如表 1-4 所示。

表 1-4　MVCC 机制下的更新操作

id	name	balance	trans_id	create_version	delete_version
1001	冰河	100	1	1	2
1001	冰河	200	2	2	未定义

从表 1-4 可以看出，执行更新操作时，MVCC 机制是先将原来的数据复制一份，将 balance 字段的值增加 100 后，再将 create_version 字段的值设置为当前系统的版本号，而 delete_version 字段的值未定义。除此之外，MVCC 机制还会将原来行的 delete_version 字

段的值设置为当前的系统版本号，以标识原来行被删除。

这里需要注意的是，原来的行会被复制到 Undo Log 中。

4. 删除操作

在删除操作中，InnoDB 存储引擎会保存删除的每一个行记录当前的系统版本号，作为行删除标识。

例如，删除 account 数据表中 id 为 1001 的数据，SQL 语句如下所示。

```
delete from account where id = 1001;
```

对应的版本号信息如表 1-5 所示。

表 1-5 MVCC 机制下的删除操作

id	name	balance	trans_id	create_version	delete_version
1001	冰河	200	3	2	3

从表 1-5 中可以看出，当删除数据表中的数据行时，MVCC 机制会将当前系统的版本号写入被删除数据行的删除版本字段 delete_version 中，以此来标识当前数据行已经被删除。

1.5 本章小结

本章主要介绍了事务的基础知识，包括事务的特性、事务的类型、本地事务的概念、MySQL 事务基础以及最佳实践等。下一章主要介绍事务的实现原理。

第2章 Chapter 2

MySQL 事务的实现原理

MySQL 作为互联网行业使用最多的关系型数据库之一，其 InnoDB 存储引擎本身就支持事务。MySQL 的事务实现离不开 Redo Log 和 Undo Log。从某种程度上说，事务的隔离性是由锁和 MVCC 机制实现的，原子性和持久性是由 Redo Log 实现的，一致性是由 Undo Log 实现的。

本章就简单地介绍下 MySQL 事务的实现原理，涉及的内容如下。

- Redo Log。
- Undo Log。
- BinLog。
- MySQL 事务的流程。
- MySQL 中的 XA 事务。

2.1 Redo Log

MySQL 中事务的原子性和持久性是由 Redo Log 实现的。从这句话就可以看出，Redo Log 在 MySQL 事务的实现中起着至关重要的作用，它确保 MySQL 事务提交后，事务所涉及的所有操作要么全部执行成功，要么全部执行失败。

2.1.1 Redo Log 基本概念

Redo Log 也被称作重做日志，它是在 InnoDB 存储引擎中产生的，用来保证事务的原子性和持久性。Redo Log 主要记录的是物理日志，也就是对磁盘上的数据进行的修改操作。Redo Log 往往用来恢复提交后的物理数据页，不过只能恢复到最后一次提交的位置。

Redo Log 通常包含两部分：一部分是内存中的日志缓冲，称作 Redo Log Buffer，这部分日志比较容易丢失；另一分是存放在磁盘上的重做日志文件，称作 Redo Log File，这部分日志是持久化到磁盘上的，不容易丢失。

2.1.2 Redo Log 基本原理

Redo Log 能够保证事务的原子性和持久性，在 MySQL 发生故障时，尽力避免内存中的脏页数据写入数据表的 IBD 文件。在重启 MySQL 服务时，可以根据 Redo Log 恢复事务已经提交但是还未写入 IBD 文件中的数据，从而对事务提交的数据进行持久化操作。

例如，在商城系统的下单业务中，用户提交订单时，系统会创建一条新的订单记录并保存到订单数据表中。在 MySQL 内部，Redo Log 的基本原理可以使用图 2-1 表示。

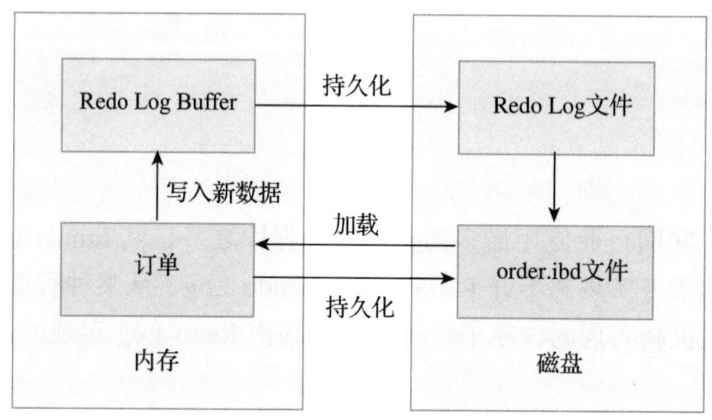

图 2-1 商城业务用户下单时 MySQL 内部 Redo Log 的基本原理

从图 2-1 中可以看出，用户下单后系统创建订单记录，MySQL 在提交事务时，会将数据写入 Redo Log Buffer，而 Redo Log Buffer 中的数据会根据一定的规则写入 Redo Log 文件，具体规则将在 2.1.3 节中介绍。当 MySQL 发生故障重启时，会通过 Redo Log 中的数据对订单表中的数据进行恢复，也就是将 Redo Log 文件中的数据恢复到 order.ibd 文件中。系统可以根据需要，查询并加载订单表中的数据（也就是加载 order.ibd 文件中的数据），也可以向订单表写入数据（也就是持久化数据到 order.ibd 文件中）。

2.1.3 Redo Log 刷盘规则

在 MySQL 的 InnoDB 存储引擎中，通过提交事务时强制执行写日志操作机制实现事务的持久化。InnoDB 存储引擎为了保证在事务提交时，将日志提交到事务日志文件中，默认每次将 Redo Log Buffer 中的日志写入日志文件时，都调用一次操作系统的 fsync() 操作。因为 MySQL 进程和其占用的内存空间都工作在操作系统的用户空间中，所以 MySQL 的 Log Buffer 也工作在操作系统的用户空间中。默认情况下，如果想要将 Log Buffer 中的数据持久化到磁盘的日志文件中，还需要经过操作系统的内核空间缓冲区，也就是 OS Buffer。从 Redo Log Buffer 中将数据持久化到磁盘的日志文件中的大致流程如图 2-2 所示。

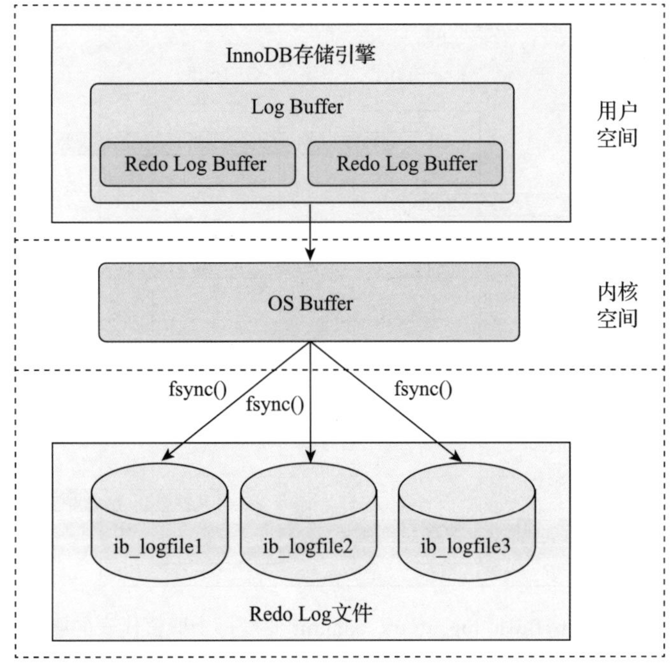

图 2-2　Redo Log Buffer 写日志到 Redo Log 文件示意图

从图 2-2 中可以看出，Redo Log 从用户空间的 Log Buffer 写入磁盘的 Redo Log 文件时需要经过内核空间的 OS Buffer。这是因为在打开日志文件时，没有使用 O_DIRECT 标志位，而 O_DIRECT 标志位可以不经过操作系统内核空间的 OS Buffer，直接向磁盘写数据。

在 InnoDB 存储引擎中，Redo Log 具有以下几种刷盘规则。

1）开启事务，发出提交事务指令后是否刷新日志由变量 innodb_flush_log_at_trx_commit 决定。

2）每秒刷新一次，刷新日志的频率由变量 innodb_flush_log_at_timeout 的值决定，默认是 1s。需要注意的是，刷新日志的频率和是否执行了 commit 操作无关。

3）当 Log Buffer 中已经使用的内存超过一半时，也会触发刷盘操作。

4）当事务中存在 checkpoint（检查点）时，在一定程度上代表了刷写到磁盘时日志所处的 LSN 的位置。其中，LSN（Log Sequence Number）表示日志的逻辑序列号。

接下来，对第 1）条规则进行简单介绍。

当事务提交时，需要先将事务日志写入 Log Buffer，这些写入 Log Buffer 的日志并不是随着事务的提交立刻写入磁盘的，而是根据一定的规则将 Log Buffer 中的数据刷写到磁盘，从而保证了 Redo Log 文件中数据的持久性。这种刷盘规则可以通过 innodb_flush_log_at_trx_commit 变量控制，innodb_flush_log_at_trx_commit 变量可取的值有 0、1 和 2，默认为 1。每个取值代表的刷盘规则如图 2-3 所示。

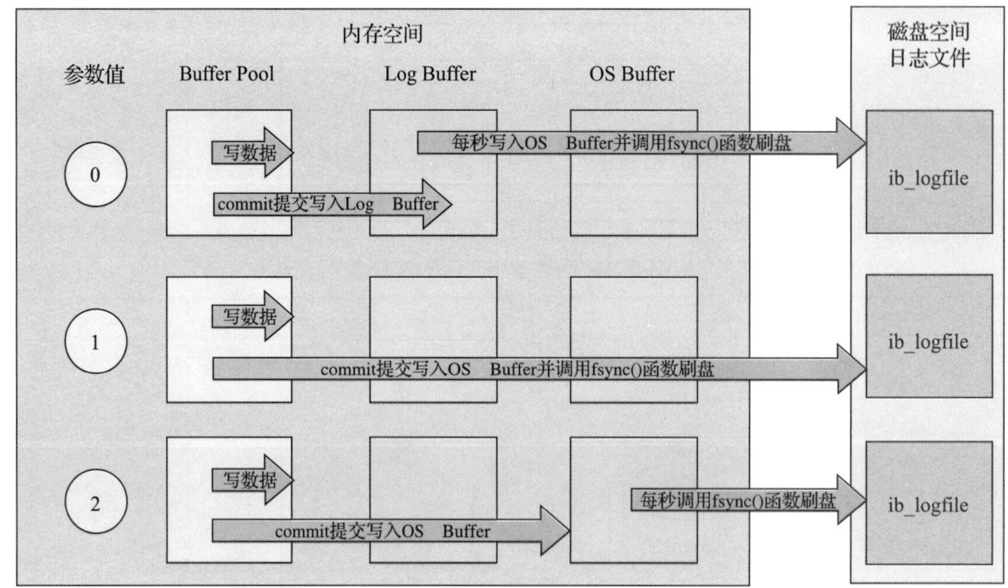

图 2-3 innodb_flush_log_at_trx_commit 变量每个取值代表的刷盘规则

- 如果该变量设置为 0，则每次提交事务时，不会将 Log Buffer 中的日志写入 OS Buffer，而是通过一个单独的线程，每秒写入 OS Buffer 并调用 fsync() 函数写入磁盘的 Redo Log 文件。这种方式不是实时写磁盘的，而是每隔 1s 写一次日志，如果系统崩溃，可能会丢失 1s 的数据。
- 如果该变量设置为 1，则每次提交事务都会将 Log Buffer 中的日志写入 OS Buffer，并且会调用 fsync() 函数将日志数据写入磁盘的 Redo Log 文件中。这种方式虽然在系统崩溃时不会丢失数据，但是性能比较差。如果没有设置 innodb_flush_log_at_trx_commit 变量的值，则默认为 1。
- 如果该变量设置为 2，则每次提交事务时，都只是将数据写入 OS Buffer，之后每隔 1s，通过 fsync() 函数将 OS Buffer 中的日志数据同步写入磁盘的 Redo Log 文件中。

需要注意的是，在 MySQL 中，有一个变量 innodb_flush_log_at_timeout 的值为 1，这个变量表示刷新日志的频率。另外，在 InnoDB 存储引擎中，刷新数据页到磁盘和刷新 Undo Log 页到磁盘就只有一种检查点规则。

2.1.4 Redo Log 刷盘最佳实践

不同的 Redo Log 刷盘规则，对 MySQL 数据库性能的影响也不同。本节以一个示例来具体说明 innodb_flush_log_at_trx_commit 变量的不同取值，对 MySQL 数据库的性能影响。

创建一个数据库 test，在数据库中创建一个名为 flush_disk_test 的数据表，如下所示。

```
create database if not exists test;
```

```
create table flush_disk_test(
id int not null auto_increment,
name varchar(20),
primary key(id)
)engine=InnoDB;
```

为了测试方便，这里创建一个名为 insert_data 的存储过程，接收一个 int 类型的参数。这个参数表示向 flush_disk_test 数据表中插入的记录行数，如下所示。

```
drop procedure if exists insert_data;
delimiter $$
create procedure insert_data(i int)
begin
    declare s int default 1;
    declare c varchar(50) default 'binghe';
    while s<=i do
        start transaction;
        insert into flush_disk_test (name) values(c);
        commit;
        set s=s+1;
    end while;
end$$
delimiter ;
```

1）将 innodb_flush_log_at_trx_commit 变量的值设置为 0，调用 insert_data 向 flush_disk_test 数据表中插入 10 万条数据，如下所示。

```
mysql> call insert_data (100000);
Query OK, 0 rows affected (2.18 sec)
```

可以看到，当 innodb_flush_log_at_trx_commit 变量的值设置为 0 时，向表中插入 10 万条数据耗时 2.18s。

2）将 innodb_flush_log_at_trx_commit 变量的值设置为 1，调用 insert_data 向 flush_disk_test 数据表中插入 10 万条数据，如下所示。

```
mysql> call insert_data (100000);
Query OK, 0 rows affected (16.18 sec)
```

可以看到，当 innodb_flush_log_at_trx_commit 变量的值设置为 1 时，向表中插入 10 万条数据耗时 16.18s。

3）将 innodb_flush_log_at_trx_commit 变量的值设置为 2，调用 insert_data 向 flush_disk_test 数据表中插入 10 万条数据，如下所示。

```
mysql> call insert_data (100000);
Query OK, 0 rows affected (3.05 sec)
```

可以看到，当 innodb_flush_log_at_trx_commit 变量的值设置为 2 时，向表中插入 10 万条数据耗时 3.05s。

当 innodb_flush_log_at_trx_commit 变量的值设置为 0 或者 2 时，插入 10 万条数据耗费的时间差别不是很大，但是与 innodb_flush_log_at_trx_commit 变量的值设置为 1 对比来看，耗时差别较大。

需要注意的是，虽然将 innodb_flush_log_at_trx_commit 变量的值设置为 0 或者 2 时，插入数据的性能比较高，但是在系统发生故障时，可能会丢失 1s 的数据，而这 1s 内可能会产生大量的数据。也就是说，可能会造成大量数据丢失。

细心的读者可以发现，其实 insert_data 还有优化的空间，那就是在存储过程中把事务的开启和关闭放到循环体外面，如下所示。

```
drop procedure if exists insert_data;
delimiter $$
create procedure insert_data(i int)
begin
    declare s int default 1;
    declare c varchar(50) default 'binghe';
    start transaction;
    while s<=i do
        insert into flush_disk_test (name) values(c);
        set s=s+1;
    end while;
    commit;
end$$
delimiter ;
```

此时，再次测试将 innodb_flush_log_at_trx_commit 变量的值设置为 1 的情况，如下所示。

```
mysql> call insert_data (100000);
Query OK, 0 rows affected (9.32 sec)
```

可以看到，向数据表中插入数据的性能提升了不少。

2.1.5 Redo Log 写入机制

Redo Log 主要记录的是物理日志，其文件内容是以顺序循环的方式写入的，一个文件写满时会写入另一个文件，最后一个文件写满时，会向第一个文件写数据，并且是覆盖写，如图 2-4 所示。

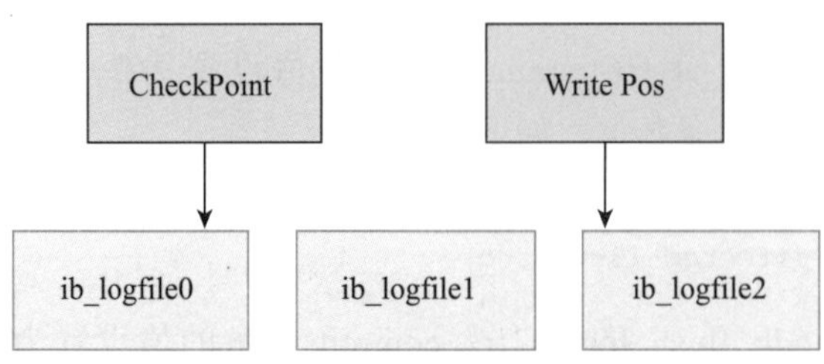

图 2-4 Redo Log 的写入机制

由图 2-4 可以看出：

1）Wirte Pos 是数据表中当前记录所在的位置，随着不断地向数据表中写数据，这个位置会向后移动，当移动到最后一个文件的最后一个位置时，又会回到第一个文件的开始位置进行写操作；

2）CheckPoint 是当前要擦除的位置，这个位置也是向后移动的，移动到最后一个文件的最后一个位置时，也会回到第一个文件的开始位置进行擦除。只不过在擦除记录之前，需要把记录更新到数据文件中；

3）Write Pos 和 CheckPoint 之间存在间隔时，中间的间隔表示还可以记录新的操作。如果 Write Pos 移动的速度较快，追上了 CheckPoint，则表示数据已经写满，不能再向 Redo Log 文件中写数据了。此时，需要停止写入数据，擦除一些记录。

2.1.6　Redo Log 的 LSN 机制

LSN（Log Sequence Number）表示日志的逻辑序列号。在 InnoDB 存储引擎中，LSN 占用 8 字节的存储空间，并且 LSN 的值是单调递增的。一般可以从 LSN 中获取如下信息。

1）Redo Log 写入数据的总量。

2）检查点位置。

3）数据页版本相关的信息。

LSN 除了存在于 Redo Log 中外，还存在于数据页中。在每个数据页的头部，有一个 fil_page_lsn 参数记录着当前页最终的 LSN 值。将数据页中的 LSN 值和 Redo Log 中的 LSN 值进行比较，如果数据页中的 LSN 值小于 Redo Log 中的 LSN 值，则表示丢失了一部分数据，此时，可以通过 Redo Log 的记录来恢复数据，否则不需要恢复数据。

在 MySQL 的命令行通过如下命令可以查看 LSN 值。

```
mysql> show engine innodb status \G
#########省略部分日志#############
Log sequence number          3072213599
Log buffer assigned up to    3072213599
Log buffer completed up to   3072213599
Log written up to            3072213599
Log flushed up to            3072213599
Added dirty pages up to      3072213599
Pages flushed up to          3072213599
Last checkpoint at           3072213599
1620 log i/o's done, 0.00 log i/o's/second
#########省略部分日志#############
```

重要的参数说明如下所示。

1）Log sequence number：表示当前内存缓冲区中的 Redo Log 的 LSN。

2）Log flushed up to：表示刷新到磁盘上的 Redo Log 文件中的 LSN。

3）Pages flushed up to：表示已经刷新到磁盘数据页上的 LSN。

4）Last checkpoint at：表示上一次检查点所在位置的 LSN。

2.1.7 Redo Log 相关参数

在 MySQL 中，输入如下命令可以查看与 Redo Log 相关的参数。

```
show variables like '%innodb_log%';
```

可以查询到与 Redo Log 有关的几个重要参数如下所示。

1）innodb_log_buffer_size：表示 log buffer 的大小，默认为 8MB。

2）innodb_log_file_size：表示事务日志的大小，默认为 5MB。

3）innodb_log_files_group =2：表示事务日志组中的事务日志文件个数，默认为 2 个。

4）innodb_log_group_home_dir =./ ：表示事务日志组所在的目录，当前目录表示 MySQL 数据所在的目录。

2.2 Undo Log

Undo Log 在 MySQL 事务的实现中也起着至关重要的作用，MySQL 中事务的一致性是由 Undo Log 实现的。本节对 MySQL 中的 Undo Log 进行介绍，主要包括 Undo Log 文件的基本概念、存储方式、基本原理、MVCC 机制和 Undo Log 文件的常见参数配置。

2.2.1 Undo Log 基本概念

Undo Log 在 MySQL 事务的实现中主要起到两方面的作用：回滚事务和多版本并发事务，也就是常说的 MVCC 机制。

在 MySQL 启动事务之前，会先将要修改的数据记录存储到 Undo Log 中。如果数据库的事务回滚或者 MySQL 数据库崩溃，可以利用 Undo Log 对数据库中未提交的事务进行回滚操作，从而保证数据库中数据的一致性。

Undo Log 会在事务开始前产生，当事务提交时，并不会立刻删除相应的 Undo Log。此时，InnoDB 存储引擎会将当前事务对应的 Undo Log 放入待删除的列表，接下来，通过一个后台线程 purge thread 进行删除处理。

Undo Log 与 Redo Log 不同，Undo Log 记录的是逻辑日志，可以这样理解：当数据库执行一条 insert 语句时，Undo Log 会记录一条对应的 delete 语句；当数据库执行一条 delete 语句时，Undo Log 会记录一条对应的 insert 语句；当数据库执行一条 update 语句时，Undo Log 会记录一条相反的 update 语句。

当数据库崩溃重启或者执行回滚事务时，可以从 Undo Log 中读取相应的数据记录进行回滚操作。

MySQL 中的多版本并发控制也是通过 Undo Log 实现的，当 select 语句查询的数据被其他事务锁定时，可以从 Undo Log 中分析出当前数据之前的版本，从而向客户端返回之前版本的数据。

需要注意的是，因为 MySQL 事务执行过程中产生的 Undo Log 也需要进行持久化操作，所以 Undo Log 也会产生 Redo Log。由于 Undo Log 的完整性和可靠性需要 Redo Log 来保证，因此数据库崩溃时需要先做 Redo Log 数据恢复，然后做 Undo Log 回滚。

2.2.2　Undo Log 存储方式

在 MySQL 中，InnoDB 存储引擎对于 Undo Log 的存储采用段的方式进行管理，在 InnoDB 存储引擎的数据文件中存在一种叫作 rollback segment 的回滚段，这个回滚段内部有 1024 个 undo log segment 段。

Undo Log 默认存放在共享数据表空间中，默认为 ibdata1 文件中。如果开启了 innodb_file_per_table 参数，就会将 Undo Log 存放在每张数据表的 .ibd 文件中。

默认情况下，InnoDB 存储引擎会将回滚段全部写在同一个文件中，也可以通过 innodb_undo_tablespaces 变量将回滚段平均分配到多个文件中。innodb_undo_tablespaces 变量的默认值为 0，表示将 rollback segment 回滚段全部写到同一个文件中。

需要注意的是，innodb_undo_tablespaces 变量只能在停止 MySQL 服务的情况下修改，重启 MySQL 服务后生效，但是不建议修改这个变量的值。

2.2.3　Undo Log 基本原理

Undo Log 写入磁盘时和 Redo Log 一样，默认情况下都需要经过内核空间的 OS Buffer，如图 2-5 所示。

同样，如果在打开日志文件时设置了 O_DIRECT 标志位，就可以不经过操作系统内核空间的 OS Buffer，直接向磁盘写入数据，这点和 Redo Log 也是一样的。

这里依然以商城系统的下单业务为例来简单说明 Undo Log 的基本原理，如图 2-6 所示。

从图 2-6 中可以看出，MySQL 数据库事务提交之前，InnoDB 存储引擎会将数据表中修改前的数据保存到 Undo Log Buffer。Undo Log Buffer 中的数据会持久化到磁盘的 Undo Log 文件中。当数据库发生故障重启或者事务回滚时，InnoDB 存储引擎会读取 Undo Log 中的数据，将事务还未提交的数据回滚到最初的状态。同时，系统可以根据需要查询并加载订单表中的数据，也就是加载 order.ibd 文件中的数据，也可以向订单表写入数据，也就是持久化数据到 order.ibd 文件中。

2.2.4　Undo Log 实现 MVCC 机制

在 MySQL 中，Undo Log 除了实现事务的回滚操作外，另一个重要的作用就是实现多版本并发控制，也就是 MVCC 机制。在事务提交之前，向 Undo Log 保存事务当前的数据，这些保存到 Undo Log 中的旧版本数据可以作为快照供其他并发事务进行快照读。

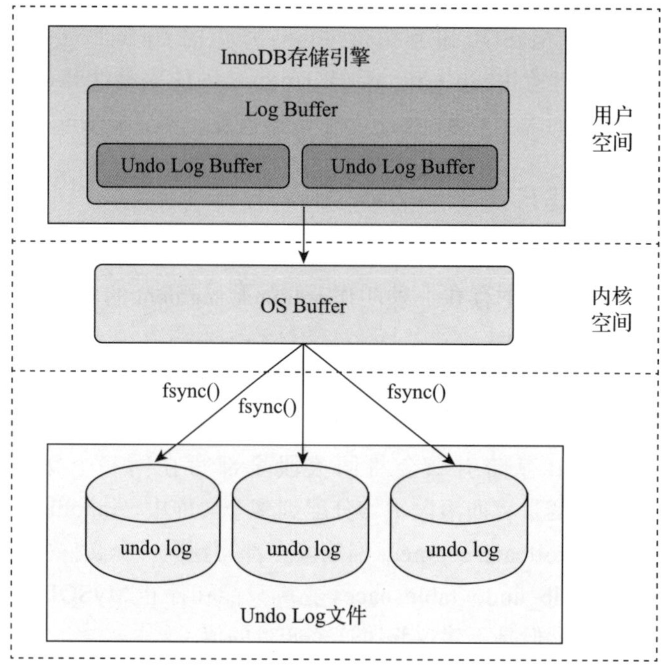

图 2-5 Undo Log Buffer 写日志到 Undo Log 文件的示意图

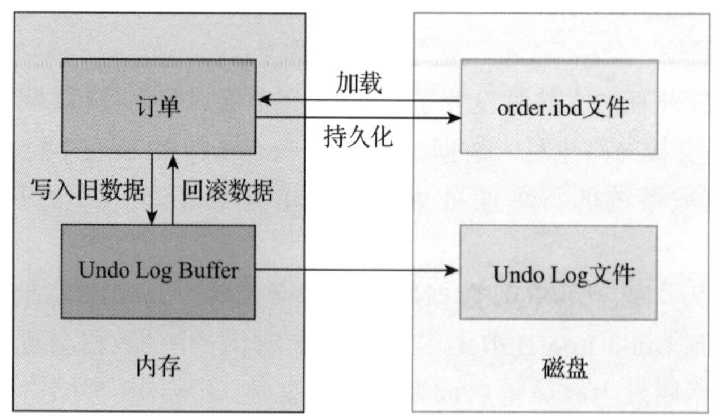

图 2-6 商城业务用户下单时 MySQL 内部 Undo Log 的基本原理

Undo Log 的回滚段中，undo logs 分为 insert undo log 和 update undo log。

1）insert undo log：事务对插入新记录产生的 Undo Log，只在事务回滚时需要，在事务提交后可以立即丢弃。

2）update undo log：事务对记录进行删除和更新操作时产生的 Undo Log，不仅在事务回滚时需要，在一致性读时也需要，因此不能随便删除，只有当数据库所使用的快照不涉及该日志记录时，对应的回滚日志才会被purge线程删除。

关于InnoDB实现MVCC机制，简单点理解就是InnoDB存储引擎在数据表的每行记录后面保存了两个隐藏列，一个隐藏列保存行的创建版本，另一个隐藏列保存行的删除版本。每开始一个新的事务，这些版本号就会递增。

在可重复读隔离级别下，MVCC机制在增删改查操作下分别按照如下方式实现。

1）当前操作是select操作时，InnoDB存储引擎只会查找版本号小于或者等于当前事务版本号的数据行，这样可以保证事务读取的数据行要么之前就已经存在，要么是当前事务自身插入或者修改的记录。另外，行的删除版本号要么未定义，要么大于当前事务的版本号，这样可以保证事务读取的行在事务开始之前没有被删除。

2）当前操作是insert操作时，将当前事务的版本号保存为当前行的创建版本号。

3）当前操作是delete操作时，将当前事务的版本号保存为删除的数据行的删除版本号，作为行删除标识。

4）当前操作是update操作时，InnoDB存储引擎会将待修改的行复制为新的行，将当前事务的版本号保存为新数据行的创建版本号，同时保存当前事务的版本号为原来数据行的删除版本号。

需要注意的是，将当前事务的版本号保存为行删除版本号时，相应的数据行并不会被真正删除，当事务提交时，会将这些行记录放入一个待删除列表，因此需要根据一定的策略对这些标识为删除的行进行清理。为此，InnoDB存储引擎会开启一个后台线程进行清理工作，是否可以清理需要后台线程来判断。

为便于读者理解Undo Log实现MVCC机制的原理，上面介绍的实现过程经过了简化。从本质上说，为实现MVCC机制，InnoDB存储引擎在数据库每行数据的后面添加了3个字段：6字节的事务id（DB_TRX_ID）字段、7字节的回滚指针（DB_ROLL_PTR）字段、6字节的DB_ROW_ID字段。每个字段的作用如下所示。

1）6字节的事务id（DB_TRX_ID）字段。

用来标识最近一次对本行记录做修改（insert、update）的事务的标识符，即最后一次修改本行记录的事务id。如果是delete操作，在InnoDB存储引擎内部也属于一次update操作，即更新行中的一个特殊位，将行标识为已删除，并非真正删除。

2）7字节的回滚指针（DB_ROLL_PTR）字段。

主要指向上一个版本的行记录，能够从最新版本的行记录逐级向上，找到要查找的行版本记录。

3）6字节的DB_ROW_ID字段。

这个字段包含一个随着新数据行的插入操作而单调递增的行id，当由InnoDB存储引擎自动产生聚集索引时，聚集索引会包含这个行id，否则这个行id不会出现在任何索引中。

为了方便读者理解，这里举一个简单的示例。假设有事务A和事务B两个事务，事务A对商品数据表中的库存字段进行更新，同时事务B读取商品的信息。Undo Log实现的

MVCC 机制流程如图 2-7 所示。

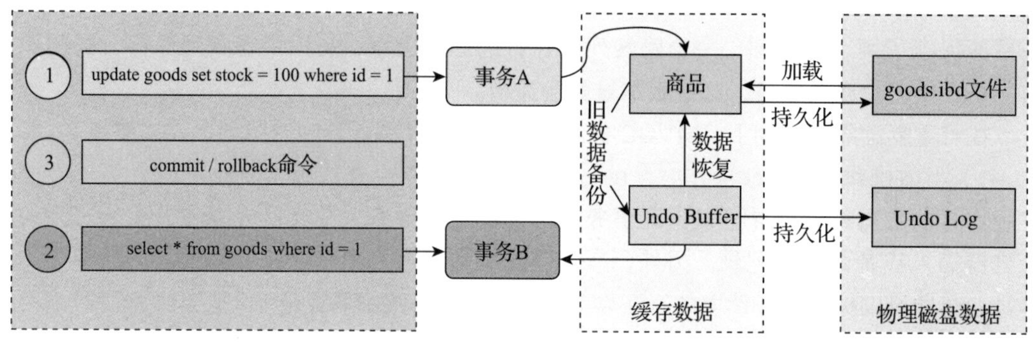

图 2-7 Undo Log 实现的 MVCC 机制流程

手动开启事务 A 后，更新商品数据表中 id 为 1 的数据，首先会把更新命令中的数据写入 Undo Buffer 中。在事务 A 提交之前，事务 B 手动开启事务，查询商品数据表中 id 为 1 的数据，此时的事务 B 会读取 Undo Log 中的数据并返回给客户端。

2.2.5 Undo Log 相关参数

在 MySQL 命令行输入如下命令可以查看 Undo Log 相关的参数。

```
show variables like "%undo%";
```

其中几个重要的参数说明如下所示。

1）innodb_max_undo_log_size：表示 Undo Log 空间的最大值，当超过这个阈值（默认是 1GB），会触发 truncate 回收（收缩）操作，回收操作后，Undo Log 空间缩小到 10MB。

2）innodb_undo_directory：表示 Undo Log 的存储目录。

3）innodb_undo_log_encrypt：MySQL 8 中新增的参数，表示 Undo Log 是否加密，OFF 表示不加密，ON 表示加密，默认为 OFF。

4）innodb_undo_log_truncate：表示是否开启在线回收 Undo Log 文件操作，支持动态设置，ON 表示开启，OFF 表示关闭，默认为 OFF。

5）innodb_undo_tablespaces：此参数必须大于或等于 2，即回收一个 Undo Log 时，要保证另一个 Undo Log 是可用的。

6）innodb_undo_logs：表示 Undo Log 的回滚段数量，此参数的值至少大于或等于 35，默认为 128。

7）innodb_purge_rseg_truncate_frequency：用于控制回收 Undo Log 的频率。Undo Log 空间在回滚段释放之前是不会回收的，要想增加释放回滚区间的频率，就要降低 innodb_purge_rseg_truncate_frequency 参数的值。

2.3　BinLog

Redo Log 是 InnoDB 存储引擎特有的日志，MySQL 也有其自身的日志，这个日志就是 BinLog，即二进制日志。

2.3.1　BinLog 基本概念

BinLog 是一种记录所有 MySQL 数据库表结构变更以及表数据变更的二进制日志。BinLog 中不会记录诸如 select 和 show 这类查询操作的日志，同时，BinLog 是以事件形式记录相关变更操作的，并且包含语句执行所消耗的时间。BinLog 有以下两个最重要的使用场景。

1）主从复制：在主数据库上开启 BinLog，主数据库把 BinLog 发送至从数据库，从数据库获取 BinLog 后通过 I/O 线程将日志写到中继日志，也就是 Relay Log 中。然后，通过 SQL 线程将 Relay Log 中的数据同步至从数据库，从而达到主从数据库数据的一致性。

2）数据恢复：当 MySQL 数据库发生故障或者崩溃时，可以通过 BinLog 进行数据恢复。例如，可以使用 mysqlbinlog 等工具进行数据恢复。

2.3.2　BinLog 记录模式

BinLog 文件中主要有 3 种记录模式，分别为 Row、Statement 和 Mixed。

1. Row 模式

Row 模式下的 BinLog 文件会记录每一行数据被修改的情况，然后在 MySQL 从数据库中对相同的数据进行修改。

Row 模式的优点是能够非常清楚地记录每一行数据的修改情况，完全实现主从数据库的同步和数据的恢复。

Row 模式的缺点是如果主数据库中发生批量操作，尤其是大批量的操作，会产生大量的二进制日志。比如，使用 alter table 操作修改拥有大量数据的数据表结构时，会使二进制日志的内容暴涨，产生大量的二进制日志，从而大大影响主从数据库的同步性能。

2. Statement 模式

Statement 模式下的 BinLog 文件会记录每一条修改数据的 SQL 语句，MySQL 从数据库在复制 SQL 语句的时候，会通过 SQL 进程将 BinLog 中的 SQL 语句解析成和 MySQL 主数据库上执行过的 SQL 语句相同的 SQL 语句，然后在从数据库上执行 SQL 进程解析出来的 SQL 语句。

Statement 模式的优点是由于不记录数据的修改细节，只是记录数据表结构和数据变更的 SQL 语句，因此产生的二进制日志数据量比较小，这样能够减少磁盘的 I/O 操作，提升数据存储和恢复的效率。

Statement 模式的缺点是在某些情况下，可能会导致主从数据库中的数据不一致。例如，在 MySQL 主数据库中使用了 last_insert_id() 和 now() 等函数，会导致 MySQL 主从数据库中的数据不一致。

3. Mixed 模式

Mixed 模式下的 BinLog 是 Row 模式和 Statement 模式的混用。在这种模式下，一般会使用 Statement 模式保存 BinLog，如果存在 Statement 模式无法复制的操作，例如在 MySQL 主数据库中使用了 last_insert_id() 和 now() 等函数，MySQL 会使用 Row 模式保存 BinLog。也就是说，如果将 BinLog 的记录模式设置为 Mixed，MySQL 会根据执行的 SQL 语句选择写入的记录模式。

2.3.3 BinLog 文件结构

MySQL 的 BinLog 文件中保存的是对数据库、数据表和数据表中的数据的各种更新操作。用来表示修改操作的数据结构叫作日志事件（Log Event），不同的修改操作对应着不同的日志事件。在 MySQL 中，比较常用的日志事件包括 Query Event、Row Event、Xid Event 等。从某种程度上说，BinLog 文件的内容就是各种日志事件的集合。

目前在 MySQL 的官方文档中，对于 MySQL 的 BinLog 文件结构有 3 种版本，如图 2-8～图 2-10 所示。

v1 event header:

```
+=============================+
| timestamp         0 : 4    |
+-----------------------------+
| type_code         4 : 1    |
+-----------------------------+
| server_id         5 : 4    |
+-----------------------------+
| event_length      9 : 4    |
+=============================+
```

图 2-8　第一版本的 BinLog 文件结构

v3 event header:

```
+=============================+
| timestamp         0 : 4    |
+-----------------------------+
| type_code         4 : 1    |
+-----------------------------+
| server_id         5 : 4    |
+-----------------------------+
| event_length      9 : 4    |
+-----------------------------+
| next_position    13 : 4    |
+-----------------------------+
| flags            17 : 2    |
+=============================+
```

图 2-9　第三版本的 BinLog 文件结构

v4 event header:

```
+=============================+
| timestamp          0 : 4    |
+-----------------------------+
| type_code          4 : 1    |
+-----------------------------+
| server_id          5 : 4    |
+-----------------------------+
| event_length       9 : 4    |
+-----------------------------+
| next_position     13 : 4    |
+-----------------------------+
| flags             17 : 2    |
+-----------------------------+
| extra_headers     19 : x-19 |
+=============================+
```

图 2-10　第四版本的 BinLog 文件结构

关于 BinLog 文件结构的更多细节，读者可以参考 MySQL 官方文档自行了解，链接为 https://dev.mysql.com/doc/internals/en/event-header-fields.html，这里不再赘述。

2.3.4　BinLog 写入机制

MySQL 事务在提交的时候，会记录事务日志和二进制日志，也就是 Redo Log 和 BinLog。这里就存在一个问题：对于事务日志和二进制日志，MySQL 会先记录哪种呢？

我们已经知道，Redo Log 是 InnoDB 存储引擎特有的日志，BinLog 是 MySQL 本身就有的上层日志，并且会先于 InnoDB 的事务日志被写入，因此在 MySQL 中，二进制日志会先于事务日志被写入。

简单点理解就是 MySQL 在写 BinLog 文件时，会按照如下规则进行写操作。

1）根据记录的模式（Row、Statement 和 Mixed）和操作（create、drop、alter、insert、update 等）触发事件生成日志事件（事件触发执行机制）。

2）将事务执行过程中产生的日志事件写入相应的缓冲区。注意，这里是每个事务线程都有一个缓冲区。日志事件保存在数据结构 binlog_cache_mngr 中，这个数据结构中有两个缓冲区：一个是 stmt_cache，用于存放不支持事务的信息；另一个是 trx_cache，用于存放支持事务的信息。

3）事务在 Commit 阶段会将产生的日志事件写入磁盘的 BinLog 文件中。因为不同的事务会以串行的方式将日志事件写入 BinLog 文件中，所以一个事务中包含的日志事件信息在 BinLog 文件中是连续的，中间不会插入其他事务的日志事件。

综上，一个事务的 BinLog 是完整的，并且中间不会插入其他事务的 BinLog。

2.3.5　BinLog 组提交机制

为了提高 MySQL 中日志刷盘的效率，MySQL 数据库提供了组提交（group commit）功能。通过组提交功能，调用一次 fsync() 函数能够将多个事务的日志刷新到磁盘的日志文件中，而不用将每个事务的日志单独刷新到磁盘的日志文件中，从而大大提升了日志刷盘的效率。

在 InnoDB 存储引擎中，提交事务时，一般会进行两个阶段的操作。

1）修改内存中事务对应的信息，并将日志写入相应的 Redo Log Buffer。

2）调用 fsync() 函数将 Redo Log Buffer 中的日志信息刷新到磁盘的 Redo Log 文件中。

其中，步骤 2）因为存在写磁盘的操作，所以比较耗时。事务提交后，先将日志信息写入内存中的 Redo Log Buffer，然后调用 fsync() 函数将多个事务的日志信息从内存中的 Redo Log Buffer 刷新到磁盘的 Redo Log 文件中，这样能够大大提升事务日志的写入效率，尤其对于写入和更新操作比较频繁的业务，性能提升更加明显。

在 MySQL 5.6 之前的版本中，如果开启了 BinLog，则 InnoDB 存储引擎的组提交功能就会失效，导致事务性能下降。这是因为在 MySQL 中需要保证 BinLog 和事务日志的一致性，为了保证二者的一致性，使用了两阶段事务。两阶段事务的步骤如下所示。

1）当事务提交时，InnoDB 存储引擎需要进行 prepare 操作。

2）MySQL 上层会将数据库、数据表和数据表中的数据的更新操作写入 BinLog 文件。

3）InnoDB 存储引擎将事务日志写入 Redo Log 文件中。

为了保证 BinLog 和事务日志的一致性，在步骤 1）的 prepare 阶段会启用一个 prepare_commit_mutex 锁，这样会导致开启二进制日志后组提交功能失效。

这个问题在 MySQL 5.6 中得到了解决。在 MySQL 5.6 中，提交事务时会在 InnoDB 存储引擎的上层将事务按照一定的顺序放入一个队列，队列中的第一个事务称为 leader，其他事务称为 follower。在执行顺序上，虽然还是先写 BinLog，再写事务日志，但是写日志的机制发生了变化：移除了 prepare_commit_mutex 锁。开启 BinLog 后，组提交功能不会失效。BinLog 的写入和 InnoDB 的事务日志写入都是通过组提交功能进行的。

MySQL 5.6 中，这种实现方式称为二进制日志组提交（Binary Log Group Commit，BLGC）。BLGC 的实现主要分为 Flush、Sync 和 Commit 三个阶段。

1）Flush 阶段：将每个事务的 BinLog 写入对应的内存缓冲区。

2）Sync 阶段：将内存缓冲区中的 BinLog 写入磁盘的 BinLog 文件，如果队列中存在多个事务，则此时只执行一次刷盘操作就可以将多个事务的 BinLog 刷新到磁盘的 BinLog 文件中，这就是 BLGC 操作。

3）Commit 阶段：leader 事务根据队列中事务的顺序调用存储引擎层事务的提交操作，由于 InnoDB 存储引擎本身就支持组提交功能，因此解决了 prepare_commit_mutex 锁导致的组提交功能失效的问题。

在 Flush 阶段，将 BinLog 写入内存缓冲区时，不是写完就立刻进入 Sync 阶段，而是等待一定时间，多积累几个事务的 BinLog 再一起进入 Sync 阶段。这个等待时间由变量 binlog_max_flush_queue_time 决定，binlog_max_flush_queue_time 变量的默认值为 0。除非有大量的事务不断地进行写入和更新操作，否则不建议修改这个变量的值，这是因为修改后可能会导致事务的响应时间变长。

进入 Sync 阶段后，会将内存缓冲区中多个事务的 BinLog 刷新到磁盘的 BinLog 文件中，和刷新一个事务的 BinLog 一样，也是由 sync_binlog 变量进行控制的。

一组事务正在执行 Commit 阶段的操作时，其他新产生的事务可以执行 Flush 阶段的操作，Commit 阶段的事务和 Flush 阶段的事务不会互相阻塞。这样，组提交功能就会持续生效。此时，组提交功能的性能和队列中的事务数量有关，如果队列中只存在一个事务，组提交功能和单独提交一个事务的效果差不多，有时甚至会更差。提交的事务越多，组提交功能的性能提升就越明显。

2.3.6 BinLog 与 Redo Log 的区别

BinLog 和 Redo Log 在一定程度上都能恢复数据，但是二者有着本质的区别，具体内容如下。

1）BinLog 是 MySQL 本身就拥有的，不管使用何种存储引擎，BinLog 都存在，而 Redo Log 是 InnoDB 存储引擎特有的，只有 InnoDB 存储引擎才会输出 Redo Log。

2）BinLog 是一种逻辑日志，记录的是对数据库的所有修改操作，而 Redo Log 是一种物理日志，记录的是每个数据页的修改。

3）Redo Log 具有幂等性，多次操作的前后状态是一致的，而 BinLog 不具有幂等性，记录的是所有影响数据库的操作。例如插入一条数据后再将其删除，则 Redo Log 前后的状态未发生变化，而 BinLog 就会记录插入操作和删除操作。

4）BinLog 开启事务时，会将每次提交的事务一次性写入内存缓冲区，如果未开启事务，则每次成功执行插入、更新和删除语句时，就会将对应的事务信息写入内存缓冲区，而 Redo Log 是在数据准备修改之前将数据写入缓冲区的 Redo Log 中，然后在缓冲区中修改数据。而且在提交事务时，先将 Redo Log 写入缓冲区，写入完成后再提交事务。

5）BinLog 只会在事务提交时，一次性写入 BinLog，其日志的记录方式与事务的提交顺序有关，并且一个事务的 BinLog 中间不会插入其他事务的 BinLog。而 Redo Log 记录的是物理页的修改，最后一个提交的事务记录会覆盖之前所有未提交的事务记录，并且一个事务的 Redo Log 中间会插入其他事务的 Redo Log。

6）BinLog 是追加写入，写完一个日志文件再写下一个日志文件，不会覆盖使用，而 Redo Log 是循环写入，日志空间的大小是固定的，会覆盖使用。

7）BinLog 一般用于主从复制和数据恢复，并且不具备崩溃自动恢复的能力，而 Redo Log 是在服务器发生故障后重启 MySQL，用于恢复事务已提交但未写入数据表的数据。

2.3.7 BinLog 相关参数

在 MySQL 中，输入如下命令可以查看与 BinLog 相关的参数。

```
show variables like '%log_bin%';
show variables like '%binlog%';
```

其中，几个重要的参数如下所示。

1）log_bin：表示开启二进制日志，未指定 BinLog 的目录时，会在 MySQL 的数据目录下生成 BinLog，指定 BinLog 的目录时，会在指定的目录下生成 BinLog。

2）log_bin_index：设置此参数可以指定二进制索引文件的路径与名称。

3）binlog_do_db：表示只记录指定数据库的二进制日志。

4）binlog_ignore_db：表示不记录指定数据库的二进制日志。

5）max_binlog_size：表示 BinLog 的最大值，默认值为 1GB。

6）sync_binlog：这个参数会影响 MySQL 的性能和数据的完整性。取值为 0 时，事务提交后，MySQL 将 binlog_cache 中的数据写入 BinLog 文件的同时，不会执行 fsync() 函数刷盘。当取值为大于 0 的数字 N 时，在进行 N 次事务提交操作后，MySQL 将执行一次 fsync() 函数，将多个事务的 BinLog 刷新到磁盘中。

7）max_binlog_cache_size：表示 BinLog 占用的最大内存。

8）binlog_cache_size：表示 BinLog 使用的内存大小。

9）binlog_cache_use：表示使用 BinLog 缓存的事务数量。

10）binlog_cache_disk_use：表示使用 BinLog 缓存但超过 binlog_cache_size 的值，并且使用临时文件来保存 SQL 语句中的事务数量。

需要注意的是，MySQL 中默认不会开启 BinLog。如果需要开启 BinLog，要修改 my.cnf 或 my.ini 配置文件，在 mysqld 下面增加 log_bin=mysql_bin_log 命令，重启 MySQL 服务，如下所示。

```
binlog-format=ROW
log-bin=mysqlbinlog
```

2.4 MySQL 事务流程

MySQL 的事务流程分为 MySQL 事务执行流程和 MySQL 事务恢复流程，本节对 MySQL 的事务流程进行简单的介绍。

2.4.1 MySQL 事务执行流程

2.1～2.3 节详细介绍了 Redo Log、Undo Log 和 BinLog，MySQL 事务执行的过程中，主要是通过 Redo Log 和 Undo Log 实现的。

MySQL 事务执行流程如图 2-11 所示。

从图 2-11 中可以看出，MySQL 在事务执行的过程中，会记录相应 SQL 语句的 Undo Log 和 Redo Log，然后在内存中更新数据并形成数据脏页。接下来 Redo Log 会根据一定的规则触发刷盘操作，Undo Log 和数据脏页则通过检查点机制刷盘。事务提交时，会将当前事务相关的所有 Redo Log 刷盘，只有当前事务相关的所有 Redo Log 刷盘成功，事务才算提交成功。

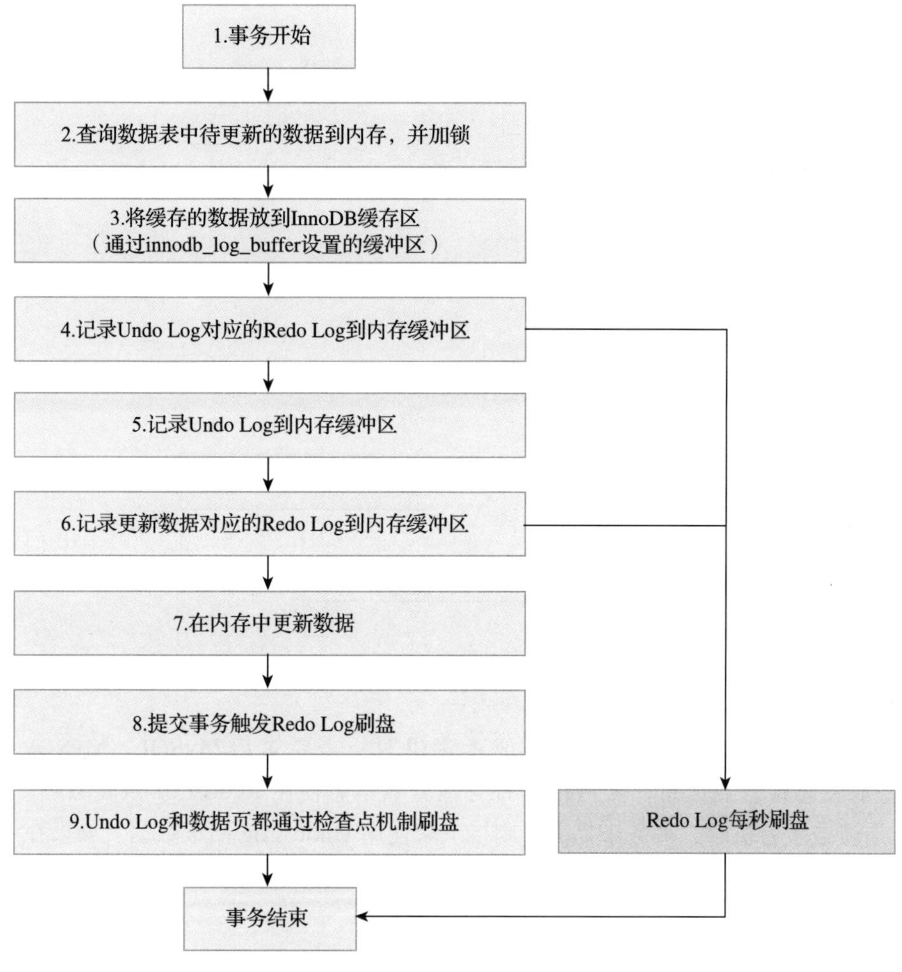

图 2-11　MySQL 事务执行流程

2.4.2　MySQL 事务恢复流程

如果一切正常，则 MySQL 事务会按照图 2-11 中的顺序执行。实际上，MySQL 事务的执行不会总是那么顺利。如果 MySQL 由于某种原因崩溃或者宕机，则需要进行数据的恢复或者回滚操作。

按照图 2-11 所示，如果事务在执行第 8 步，即事务提交之前，MySQL 崩溃或者宕机，此时会先使用 Redo Log 恢复数据，然后使用 Undo Log 回滚数据。如果在执行第 8 步之后

MySQL 崩溃或者宕机，此时会使用 Redo Log 恢复数据，大体流程如图 2-12 所示。

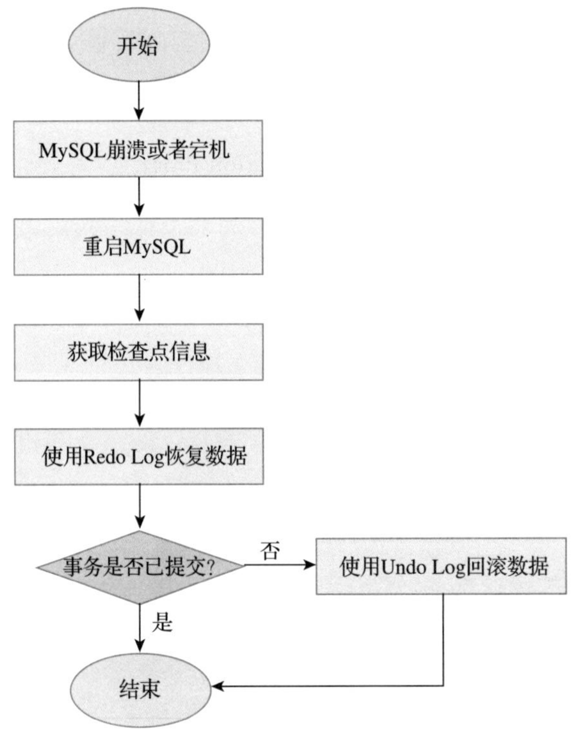

图 2-12 MySQL 事务恢复流程

如图 2-12 所示，MySQL 发生崩溃或者宕机时，需要重启 MySQL。MySQL 重启之后，会获取日志检查点信息，随后根据日志检查点信息使用 Redo Log 恢复数据。如果在 MySQL 崩溃或者宕机时，事务未提交，则接下来使用 Undo Log 回滚数据。如果在 MySQL 崩溃或者宕机时，事务已经提交，则用 Redo Log 恢复数据即可。

2.5 MySQL 中的 XA 事务

MySQL 5.0.3 版本开始支持 XA 分布式事务，并且只有 InnoDB 存储引擎支持 XA 事务，MySQL Connector/J 5.0.0 版本之后开始提供对 XA 事务的支持。本节对 MySQL 中的 XA 事务进行简单的介绍。

2.5.1 XA 事务的基本原理

XA 事务支持不同数据库之间实现分布式事务。这里的不同数据库，可以是不同的 MySQL 实例，也可以是不同的数据库类型，比如 MySQL 数据库和 Oracle 数据库。

XA 事务本质上是一种基于两阶段提交的分布式事务，分布式事务可以简单理解为多个数据库事务共同完成一个原子性的事务操作。参与操作的多个事务要么全部提交成功，要么全部提交失败。在使用 XA 分布式事务时，InnoDB 存储引擎的事务隔离级别需要设置为串行化。

XA 事务由一个事务管理器（Transaction Manager）、一个或者多个资源管理器（Resource Manager）和一个应用程序（Application Program）组成，组成模型如图 2-13 所示。

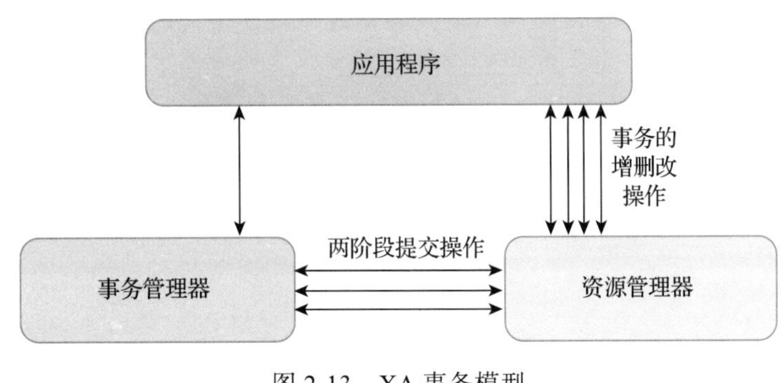

图 2-13　XA 事务模型

1）事务管理器：主要对参与全局事务的各个分支事务进行协调，并与资源管理器进行通信。

2）资源管理器：主要提供对事务资源的访问能力。实际上，一个数据库就可以看作一个资源管理器。

3）应用程序：主要用来明确全局事务和各个分支事务，指定全局事务中的各个操作。

因为 XA 事务是基于两阶段提交的分布式事务，所以 XA 事务也被拆分为 Prepare 阶段和 Commit 阶段。

在 Prepare 阶段，事务管理器向资源管理器发送准备指令，资源管理器接收到指令后，执行数据的修改操作并记录相关的日志信息，然后向事务管理器返回可以提交或者不可以提交的结果信息。

在 Commit 阶段，事务管理器接收所有资源管理器返回的结果信息，如果某一个或多个资源管理器向事务管理器返回的结果信息为不可以提交，或者超时，则事务管理器向所有的资源管理器发送回滚指令。如果事务管理器收到的所有资源管理器返回的结果信息为可以提交，则事务管理器向所有的资源管理器发送提交事务的指令。

2.5.2　MySQL XA 事务语法

在 MySQL 命令行输入如下命令可以查看存储引擎是否支持 XA 事务。

```
mysql> show engines \G
```

```
*************************** 1. row ***************************
      Engine: InnoDB
     Support: DEFAULT
     Comment: Supports transactions, row-level locking, and foreign keys
Transactions: YES
          XA: YES
  Savepoints: YES
*************************** 2. row ***************************
      Engine: MRG_MYISAM
     Support: YES
     Comment: Collection of identical MyISAM tables
Transactions: NO
          XA: NO
  Savepoints: NO
*************************** 3. row ***************************
      Engine: MEMORY
     Support: YES
     Comment: Hash based, stored in memory, useful for temporary tables
Transactions: NO
          XA: NO
  Savepoints: NO
*************************** 4. row ***************************
      Engine: BLACKHOLE
     Support: YES
     Comment: /dev/null storage engine (anything you write to it disappears)
Transactions: NO
          XA: NO
  Savepoints: NO
*************************** 5. row ***************************
      Engine: MyISAM
     Support: YES
     Comment: MyISAM storage engine
Transactions: NO
          XA: NO
  Savepoints: NO
*************************** 6. row ***************************
      Engine: CSV
     Support: YES
     Comment: CSV storage engine
Transactions: NO
          XA: NO
  Savepoints: NO
*************************** 7. row ***************************
      Engine: ARCHIVE
     Support: YES
     Comment: Archive storage engine
Transactions: NO
          XA: NO
  Savepoints: NO
*************************** 8. row ***************************
      Engine: PERFORMANCE_SCHEMA
     Support: YES
     Comment: Performance Schema
```

```
Transactions: NO
          XA: NO
  Savepoints: NO
*************************** 9. row ***************************
      Engine: FEDERATED
     Support: NO
     Comment: Federated MySQL storage engine
Transactions: NULL
          XA: NULL
  Savepoints: NULL
9 rows in set (0.00 sec)
```

从输出的结果信息来看，只有 InnoDB 存储引擎支持事务、XA 事务和事务保存点。

MySQL XA 事务的基本语法如下所示。

1）开启 XA 事务，如果使用的是 XA START 命令而不是 XA BEGIN 命令，则不支持 [JOIN|RESUME]，xid 是一个唯一值，表示事务分支标识符，语法如下。

```
XA {START|BEGIN} xid [JOIN|RESUME]
```

2）结束一个 XA 事务，不支持 [SUSPEND [FOR MIGRATE]]，语法如下。

```
XA END xid [SUSPEND [FOR MIGRATE]]
```

3）准备提交 XA 事务。

```
XA PREPARE xid
```

4）提交 XA 事务，如果使用了 ONE PHASE 命令，表示使用一阶段提交。在两阶段提交协议中，如果只有一个资源管理器参与操作，则可以优化为一阶段提交。

```
XA COMMIT xid [ONE PHASE]
```

5）回滚 XA 事务。

```
XA ROLLBACK xid
```

6）列出所有处于准备阶段的 XA 事务。

```
XA RECOVER [CONVERT XID]
```

关于 MySQL XA 事务的更多语法，读者可以参考 MySQL 官方文档，地址为 https://dev.mysql.com/doc/refman/8.0/en/xa-states.html。如果使用的是 MySQL 5.7 版本，则可以到 https://dev.mysql.com/doc/refman/5.7/en/xa-states.html 进行查阅，笔者不再赘述。

下面是 MySQL 官方文档中对于 XA 事务的一个简单示例，演示了 MySQL 作为全局事务中的一个事务分支，将一行记录插入一个表。

```
mysql> XA START 'xatest';
Query OK, 0 rows affected (0.00 sec)

mysql> INSERT INTO mytable (i) VALUES(10);
Query OK, 1 row affected (0.04 sec)
```

```
mysql> XA END 'xatest';
Query OK, 0 rows affected (0.00 sec)

mysql> XA PREPARE 'xatest';
Query OK, 0 rows affected (0.00 sec)

mysql> XA COMMIT 'xatest';
Query OK, 0 rows affected (0.00 sec)
```

MySQL XA 事务使用 XID 标识分布式事务，xid 主要由以下几部分组成。

```
xid: gtrid[, bqual [, formatID ]]
```

1）gtrid：必须，为字符串，表示全局事务标识符。

2）bqual：可选，为字符串，默认是空串，表示分支限定符。

3）formatID：可选，默认值为 1，用于标识 gtrid 和 bqual 值使用的格式。

2.5.3 JDBC 操作 MySQL XA 事务

这里单独使用一个小节介绍如何使用 JDBC 操作 MySQL XA 事务。MySQL Connector/J 5.0.0 版本开始支持 XA 事务，也就是说，从 Connector/J 5.0.0 版本开始提供了 Java 版本 XA 接口的实现。基于此，可以直接通过 Java 代码来执行 MySQL 的 XA 事务。

JDBC 操作 MySQL XA 事务的完整源码如下所示。

```
import com.mysql.jdbc.jdbc2.optional.MysqlXAConnection;
import com.mysql.jdbc.jdbc2.optional.MysqlXid;
import javax.sql.XAConnection;
import javax.transaction.xa.XAException;
import javax.transaction.xa.XAResource;
import javax.transaction.xa.Xid;
import java.sql.Connection;
import java.sql.DriverManager;
import java.sql.PreparedStatement;
import java.sql.SQLException;
public class MysqlXAConnectionTest {
    public static void main(String[] args) throws SQLException {
        //打印XA日志
        boolean writeLog = true;
        // 获得资源管理器操作接口实例RM1
        Connection conn1 = DriverManager.getConnection("jdbc:mysql://
            localhost:3306/test", "binghe", "binghe123");
        //配置打印XA日志
        XAConnection xaConn1 = new MysqlXAConnection((com.mysql.jdbc.Connection)
            conn1, writeLog);
        XAResource rm1 = xaConn1.getXAResource();
        // 获得资源管理器操作接口实例RM2
        Connection conn2 = DriverManager.getConnection("jdbc:mysql://
            localhost:3306/test", "binghe","binghe123");
        //配置打印XA日志
        XAConnection xaConn2 = new MysqlXAConnection((com.mysql.jdbc.Connection)
```

```
                conn2, writeLog);
            XAResource rm2 = xaConn2.getXAResource();
            // 应用程序请求事务管理器执行一个分布式事务，事务管理器生成全局事务id
            byte[] gtrid = "binghe123".getBytes();
            int formatId = 1;
                Xid xid1=null;
                Xid xid2=null;
            try {
                // ==============分别执行RM1和RM2上的事务分支====================
                // 事务管理器生成rm1上的事务分支id
                byte[] bqual1 = "binghe001".getBytes();
                xid1 = new MysqlXid(gtrid, bqual1, formatId);
                // 执行rm1上的事务分支
                rm1.start(xid1, XAResource.TMNOFLAGS);
                PreparedStatement ps1 = conn1.prepareStatement("INSERT into xa_
                    test(name) VALUES ('binghe')");
                ps1.execute();
                rm1.end(xid1, XAResource.TMSUCCESS);
                // 事务管理器生成rm2上的事务分支id
                byte[] bqual2 = "binghe002".getBytes();
                xid2 = new MysqlXid(gtrid, bqual2, formatId);
                // 执行rm2上的事务分支
                rm2.start(xid2, XAResource.TMNOFLAGS);
                PreparedStatement ps2 = conn2.prepareStatement("INSERT into xa_
                    test(name) VALUES ('binghe')");
                ps2.execute();
                rm2.end(xid2, XAResource.TMSUCCESS);
                // ===================两阶段提交================================
                // 第一阶段：通知所有的资源管理器准备提交事务分支
                int rm1_prepare = rm1.prepare(xid1);
                int rm2_prepare = rm2.prepare(xid2);
                // 第二阶段：提交所有事务分支
                boolean onePhase = false;
                //所有事务分支都进入准备状态，提交所有事务分支
                if (rm1_prepare == XAResource.XA_OK
                        && rm2_prepare == XAResource.XA_OK ) {
                    rm1.commit(xid1, onePhase);
                    rm2.commit(xid2, onePhase);
                } else {    //如果有事务分支没有进入准备状态，则回滚所有的分支事务
                    rm1.rollback(xid1);
                    rm2.rollback(xid2);
                }
            } catch (XAException e) {
                // 如果出现异常，也要进行回滚
                    rm1.rollback(xid1);
                    rm2.rollback(xid2);
                e.printStackTrace();
            }
        }
    }
```

可以看到，直接使用 JDBC 操作 MySQL 的 XA 事务还是挺烦琐的，不过在实际的工作中，很少使用 JDBC 直接操作 MySQL 的 XA 事务，大部分时间会使用第三方框架或者容器来操作 XA 事务，能够大大提高开发的效率。

在某种程度上，MySQL XA 事务可分为内部 XA 事务和外部 XA 事务。外部 XA 事务属于分布式事务的一种实现方式，而内部 XA 事务则表示 MySQL 使用了 InnoDB 作为存储引擎，并且开启了 BinLog，为了保证 BinLog 与 Redo Log 的一致性，MySQL 内部使用了 XA 事务。

2.6 本章小结

本章主要介绍了 MySQL 事务的实现原理，对 Redo Log、Undo Log 和 BinLog 进行了简单的介绍，然后介绍了 MySQL 事务的流程，包括 MySQL 事务的执行流程和 MySQL 事务的恢复流程，最后简单介绍了 MySQL 的 XA 事务。第 3 章将会对 Spring 事务的实现原理进行介绍。

第 3 章 Chapter 3

Spring 事务的实现原理

在 Web 开发领域，Spring 毫无疑问地成为 Java 领域中必不可少的开发框架。Spring 不仅支持 IOC、DI、和 AOP 几大特性，而且基于 AOP 实现了事务管理的功能，极大地简化了需要开发人员手动操作数据库事务的流程。

本章将介绍 Spring 事务的实现原理，涉及的内容如下。

- Spring 事务原理。
- Spring 事务三大接口。
- Spring 事务隔离级别。
- Spring 事务传播机制。
- Spring 事务嵌套最佳实践。
- Spring 事务失效的场景。

3.1 Spring 事务原理

Spring 框架中支持对于事务的管理功能，开发人员使用 Spring 框架能够极大的简化对于数据库事务的管理操作。本节将对 Spring 事务的原理进行简单的介绍。

3.1.1 JDBC 直接操作事务

从本质上讲，Spring 事务是对数据库事务的进一步封装。也就是说，如果数据库不支持事务，Spring 也无法实现事务操作。

使用 JDBC 通过事务的方式操作数据库的步骤如下。

第一步：加载 JDBC 驱动，代码如下。

```
Class.forName("com.mysql.jdbc.Driver");
```

第二步：建立与数据库的连接，后两个参数分别为账号和密码，代码如下。

```
Connection conn = DriverManager.getConnection(url, "root", "root");
```

第三步：开启事务，代码如下。

```
conn.setAutoCommit(true/false);
```

第四步：执行数据库的CRUD操作，代码如下。

```
PreparedStatement ps = con.prepareStatement(sql);
//新增、修改、删除
ps.executeUpdate();
//查询
ps.executeQuery()
```

第五步：提交或者回滚事务，代码如下。

```
//提交事务
conn.commit();
//回滚事务
conn.rollback();
```

第六步：关闭连接，代码如下。

```
ps.close();
conn.close();
```

3.1.2 使用Spring管理事务

如果使用Spring的事务功能，则不必手动开启事务、提交事务和回滚事务，也就是不用再写3.1.1节中第三步和第五步中的代码。而是开启事务、提交事务和回滚事务的操作全部交由Spring框架自动完成，那么Spring是如何自动开启事务、提交事务和回滚事务的呢？

简单地说，就是在配置文件或者项目的启动类中配置Spring事务相关的注解驱动，在相关的类或者方法上标识@Transactional注解，即可开启并使用Spring的事务管理功能。

Spring框架在启动的时候会创建相关的bean实例对象，并且会扫描标注有相关注解的类和方法，为这些方法生成代理对象。如果扫描到标注有@Transactional注解的类或者方法时，会根据@Transactional注解的相关参数进行配置注入，在代理对象中会处理相应的事务，对事务进行管理。例如在代理对象中开启事务、提交事务和回滚事务。而这些操作都是Spring框架通过AOP代理自动完成的，无须开发人员过多关心其中的细节。

如下方法就使用了Spring的@Transactional注解管理事务。

```
@Transactional(rollbackFor=Exception)
Public void saveUser(User user){
    //省略保存用户的代码
}
```

3.1.3 Spring 事务分类

通过 Spring 管理的事务可以分为逻辑事务和物理事务两大类。

1）逻辑事务：通常指通过 Spring 等框架管理的事务，这种事务是建立在物理事务之上的，比物理事务更加抽象。

2）物理事务：通常指的是针对特定数据库的事务。

Spring 支持两种事务声明方式，分别是编程式事务和声明式事务。

1）编程式事务：如果系统需要明确的事务，并且需要细粒度的控制各个事务的边界，此时建议使用编程式事务。

2）声明式事务：如果系统对于事务的控制粒度较为粗糙，则建议使用声明式事务。

3.1.4 Spring 事务超时

在实际工作中，对于某些性能要求比较高的应用，要求事务执行的时间尽可能短，此时可以给这些事务设置超时时间，一般事务的超时时间以秒为单位。如果事务的超时时间设置得过长，则与事务相关的数据就会被锁住，影响系统的并发性与整体性能。另外，因为检测事务超时的任务是在事务开始时启动的，所以事务超时机制对于程序在执行过程中会创建新事务的传播行为才有意义。需要注意的是，程序在执行过程中可能会创建新事务的传播类型有 REQUIRED、REQUIRES_NEW、NESTED 三种。

3.1.5 Spring 事务回滚规则

使用 Spring 管理事务，可以指定在方法抛出异常时，哪些异常能够回滚事务，哪些异常不回滚事务。默认情况下，在方法抛出 RuntimeException 时回滚事务，也可以手动指定回滚事务的异常类型，代码如下。

```
@Transactional(rollbackFor = Exception.class)
```

这里需要注意的是，对于 Spring 事务，注解 @Transactional 中的 rollbackFor 属性可以指定 Throwable 异常类及其子类。

3.2 Spring 事务三大接口

Spring 支持事务的管理功能，最核心的就是 Spring 事务的三大接口：PlatformTransactionManager、TransactionDefinition 和 TransactionStatus。本节分别介绍这三大接口。

3.2.1 PlatformTransactionManager 接口

通过 Spring 的源码可知，Spring 并不是直接管理事务的，而是提供了多种事务管理器。通过这些事务管理器，Spring 将事务管理的职责委托给了 Hibernate、MyBatis、JTA 等持久化框架的事务来实现。

PlatformTransactionManager 接口位于 Spring 的 org.springframework.transaction 包下。通过 PlatformTransactionManager 接口，Spring 为 Hibernate、MyBatis、JTA 等持久化框架提供了事务管理器，具体的实现由框架自己完成。

PlatformTransactionManager 接口的源码如下所示。

```
public interface PlatformTransactionManager {
    /**
     *获取事务状态
     */
    TransactionStatus getTransaction(@Nullable TransactionDefinition definition)
        throws TransactionException;
    /**
     *提交事务
     */
    void commit(TransactionStatus status) throws TransactionException;
    /**
     *回滚事务
     */
    void rollback(TransactionStatus status) throws TransactionException;
}
```

3.2.2 TransactionDefinition 接口

TransactionDefinition 接口位于 Spring 的 org.springframework.transaction 包下，主要定义了与事务相关的方法，表示事务属性的常量等信息。部分事务属性的常量与 Propagation 枚举类中的事务传播类型相对应。

TransactionDefinition 接口的源码如下所示。

```
public interface TransactionDefinition {
    /**
     *支持当前事务，若当前没有事务就创建一个新的事务
     */
    int PROPAGATION_REQUIRED = 0;

    /**
     *如果当前存在事务，则加入该事务，如果当前没有事务，则以非事务的方式继续运行
     */
    int PROPAGATION_SUPPORTS = 1;

    /**
     *如果当前存在事务，则加入该事务，如果当前没有事务，则抛出异常
     */
    int PROPAGATION_MANDATORY = 2;

    /**
     *创建一个新的事务，如果当前存在事务，则把当前事务挂起
     */
```

```
int PROPAGATION_REQUIRES_NEW = 3;

/**
 *以非事务方式运行，如果当前存在事务，则把当前事务挂起
 */
int PROPAGATION_NOT_SUPPORTED = 4;

/**
 *以非事务方式运行，如果当前存在事务，则抛出异常
 */
int PROPAGATION_NEVER = 5;

/**
 *表示如果当前正有一个事务在运行中，则该方法运行在一个嵌套的事务中，
  被嵌套的事务可以独立于封装的事务进行提交或者回滚（这里需要事务的保存点），
  如果封装的事务不存在，后续事务行为同PROPAGATION_REQUIRES NEW
 */
int PROPAGATION_NESTED = 6;

/**
 *使用后端数据库默认的隔离级别
 */
int ISOLATION_DEFAULT = -1;

/**
 *最低的隔离级别
 */
int ISOLATION_READ_UNCOMMITTED =
             Connection.TRANSACTION_READ_UNCOMMITTED;

/**
 *阻止脏读，但是可能会产生幻读或不可重复读的问题
 */
int ISOLATION_READ_COMMITTED = Connection.TRANSACTION_READ_COMMITTED;

/**
 *可以阻止脏读和不可重复读，但是可能会产生幻读
 */
int ISOLATION_REPEATABLE_READ = Connection.TRANSACTION_REPEATABLE_READ;

/**
 *可以防止脏读、不可重复读以及幻读
 */
int ISOLATION_SERIALIZABLE = Connection.TRANSACTION_SERIALIZABLE;

/**
 *使用默认的超时时间
 */
int TIMEOUT_DEFAULT = -1;

/**
 *获取事务的传播行为
 */
```

```
    int getPropagationBehavior();

    /**
     *获取事务的隔离级别
     */
    int getIsolationLevel();

    /**
     *获取事务的超时时间
     */
    int getTimeout();

    /**
     *返回当前是否为只读事务
     */
    boolean isReadOnly();

    /**
     *获取事务的名称
     */
    @Nullable
    String getName();
}
```

3.2.3 TransactionStatus 接口

TransactionStatus 接口主要用来存储事务执行的状态，并且定义了一组方法，用来判断或者读取事务的状态信息。

TransactionStatus 接口的源码如下所示。

```
public interface TransactionStatus extends SavepointManager, Flushable {
    /**
     *判断是否是新事务
     */
    boolean isNewTransaction();
    /**
     *是否有保存点
     */
    boolean hasSavepoint();
    /**
     *设置为只回滚
     */
    void setRollbackOnly();
    /**
     *是否为只回滚
     */
    boolean isRollbackOnly();
    /**
     *将事务涉及的数据刷新到磁盘
     */
    @Override
```

```
        void flush();
        /**
         *判断当前事务是否已经完成
         */
        boolean isCompleted();
    }
```

3.3 Spring 事务隔离级别

Spring 中存在 5 种隔离级别，分别为 ISOLATION_DEFAULT、ISOLATION_READ_UNCOMMITTED、ISOLATION_READ_COMMITTED、ISOLATION_REPEATABLE_READ、ISOLATION_SERIALIZABLE。本节简单介绍一下这些事务隔离级别。

1. ISOLATION_DEFAULT 隔离级别

ISOLATION_DEFAULT 隔离级别是 Spring 中 PlatformTransactionManager 默认的事务隔离级别。也就是说，将 Spring 的事务隔离级别设置为 ISOLATION_DEFAULT 时，Spring 不做事务隔离级别的处理，会直接使用数据库默认的事务隔离级别。

2. ISOLATION_READ_UNCOMMITTED 隔离级别

ISOLATION_READ_UNCOMMITTED 隔离级别是 Spring 中最低的隔离级别。当 Spring 中的隔离级别设置为 ISOLATION_READ_UNCOMMITTED 时，事务 A 能够读取到事务 B 未提交的数据。这种隔离级别下会产生脏读、不可重复读和幻读的问题。相当于 MySQL 中的未提交读隔离级别。

3. ISOLATION_READ_COMMITTED 隔离级别

ISOLATION_READ_COMMITTED 隔离级别能够保证事务 A 修改的数据提交之后才能被事务 B 读取，事务 B 不能读取事务 A 未提交的数据。在这种隔离级别下，虽然脏读的问题解决了，但是可能会产生不可重复读和幻读的问题。相当于 MySQL 中的已提交读隔离级别。

4. ISOLATION_REPEATABLE_READ 隔离级别

ISOLATION_REPEATABLE_READ 隔离级别能够保证不会产生脏读和不可重复读的问题，但是可能会产生幻读的问题。事务 A 第一次按照一定的查询条件从数据表中查询出数据后，事务 B 向同一个数据表中插入了符合事务 A 查询条件的数据，事务 A 再次从数据表中查询数据时，会将事务 B 插入的数据查询出来。相当于 MySQL 中的可重复读隔离级别。

5. ISOLATION_SERIALIZABLE 隔离级别

在 ISOLATION_SERIALIZABLE 隔离级别下，事务只能够按照特定的顺序执行，也就是多个事务之间只能够按照串行化的顺序执行。这是最可靠的隔离级别，然而这种可靠性付出了极大的代价，也就是牺牲了并发性，相当于 MySQL 中的串行化隔离级别。

3.4 Spring 事务传播机制

Spring 事务传播机制主要定义了 7 种类型，分别是 REQUIRED、SUPPORTS、MANDATORY、REQUIRES_NEW、NOT_SUPPORTED、NEVER、NESTED，如表 3-1 所示。

表 3-1 Spring 事务传播机制类型分类

类别	事务传播机制类型
支持当前事务的事务传播机制	REQUIRED
	SUPPORTS
	MANDATORY
不支持当前事务的事务传播机制	REQUIRES_NEW
	NOT_SUPPORTED
	NEVER
嵌套事务机制	NESTED

本节将对这些事务传播机制的类型进行简单的介绍。

3.4.1 7 种事务传播机制类型

Spring 中事务传播机制的类型是通过枚举的方式定义的，源码在 org.springframework.transaction.annotation.Propagation 枚举类中，如下所示。

```
package org.springframework.transaction.annotation;
import org.springframework.transaction.TransactionDefinition;
public enum Propagation {
    REQUIRED(TransactionDefinition.PROPAGATION_REQUIRED),
    SUPPORTS(TransactionDefinition.PROPAGATION_SUPPORTS),
    MANDATORY(TransactionDefinition.PROPAGATION_MANDATORY),
    REQUIRES_NEW(TransactionDefinition.PROPAGATION_REQUIRES_NEW),
    NOT_SUPPORTED(TransactionDefinition.PROPAGATION_NOT_SUPPORTED),
    NEVER(TransactionDefinition.PROPAGATION_NEVER),
    NESTED(TransactionDefinition.PROPAGATION_NESTED);
    private final int value;
    Propagation(int value) { this.value = value; }
    public int value() { return this.value; }
}
```

通过枚举类 Propagation 的源码可以看出，Propagation 类中的每个枚举项都与 TransactionDefinition 接口中定义的常量相对应。再来看下 TransactionDefinition 接口中定义的常量，如下所示。

```
package org.springframework.transaction;
import java.sql.Connection;
public interface TransactionDefinition {
    int PROPAGATION_REQUIRED = 0;
    int PROPAGATION_SUPPORTS = 1;
```

```
    int PROPAGATION_MANDATORY = 2;
    int PROPAGATION_REQUIRES_NEW = 3;
    int PROPAGATION_NOT_SUPPORTED = 4;
    int PROPAGATION_NEVER = 5;
    int PROPAGATION_NESTED = 6;
    int ISOLATION_DEFAULT = -1;
    int ISOLATION_READ_UNCOMMITTED = Connection.TRANSACTION_READ_UNCOMMITTED;
    int ISOLATION_READ_COMMITTED = Connection.TRANSACTION_READ_COMMITTED;
    int ISOLATION_REPEATABLE_READ = Connection.TRANSACTION_REPEATABLE_READ;
    int ISOLATION_SERIALIZABLE = Connection.TRANSACTION_SERIALIZABLE;
    ##########################省略部分代码########################
}
```

在TransactionDefinition接口中定义的ISOLATION_READ_UNCOMMITTED、ISOLATION_READ_COMMITTED、ISOLATION_REPEATABLE_READ、ISOLATION_SERIALIZABLE事务传播类型和JDBC中的事务传播类型相对应。

这里需要说明的是，枚举类Propagation结合@Transactional注解使用，枚举类中定义的事务传播行为类型与TransactionDefinition接口中定义的事务传播类型相对应。在使用@Transactional注解时，使用的是Propagation枚举类中的事务传播类型，而不是直接使用TransactionDefinition接口中定义的事务传播类型。

1. REQUIRED事务传播类型

REQUIRED事务传播类型表示如果当前没有事务，就创建一个事务，如果已经存在一个事务，就加入这个事务。这是最常见的事务传播类型，也是Spring当中默认的事务传播类型。外部不存在事务时，开启新的事务，外部存在事务时，将其加入外部事务中。如果调用端发生异常，则调用端和被调用端的事务都将回滚。

在这种事务传播类型下，当前操作必须在一个事务中执行。

REQUIRED事务传播类型在Propagation枚举类中的源码如下所示。

```
REQUIRED(TransactionDefinition.PROPAGATION_REQUIRED)
```

基本用法的代码片段如下所示。

```
@Transactional(propagation=Propagation.REQUIRED)
```

2. REQUIRES_NEW事务传播类型

REQUIRES_NEW事务传播类型表示如果当前存在事务，则把当前事务挂起，并重新创建新的事务并执行，直到新的事务提交或者回滚，才会恢复执行原来的事务。这种事务传播类型具备隔离性，将原有事务和新创建的事务隔离，原有事务和新创建的事务的提交和回滚互不影响。新创建的事务和被挂起的事务没有任何关系，它们是两个不相干的独立事务。外部事务执行失败后回滚，不会回滚内部事务的执行结果。内部事务执行失败抛出异常，被外部事务捕获到时，外部事务可以不处理内部事务的回滚操作。

REQUIRES_NEW事务传播类型在Propagation枚举类中的源码如下所示。

```
REQUIRES_NEW(TransactionDefinition.PROPAGATION_REQUIRES_NEW)
```

基本用法的代码片段如下所示。

```
@Transactional(propagation=Propagation.REQUIRES_NEW)
```

3. SUPPORTS 事务传播类型

SUPPORTS 事务传播类型表示支持当前事务，如果当前没有事务，就以非事务的方式执行。外部不存在事务时，不会开启新的事务，外部存在事务时，将其加入外部事务。

SUPPORTS 事务传播类型在 Propagation 枚举类中的源码如下所示。

```
SUPPORTS(TransactionDefinition.PROPAGATION_SUPPORTS)
```

基本用法的代码片段如下所示。

```
@Transactional(propagation=Propagation.SUPPORTS)
```

4. MANDATORY 事务传播类型

MANDATORY 事务传播类型表示支持当前事务，这种事务传播类型具备强制性，当前操作必须存在事务，如果不存在，则抛出异常。

MANDATORY 事务传播类型在 Propagation 枚举类中的源码如下所示。

```
MANDATORY(TransactionDefinition.PROPAGATION_MANDATORY)
```

基本用法的代码片段如下所示。

```
@Transactional(propagation=Propagation.MANDATORY)
```

5. NOT_SUPPORTED 事务传播类型

NOT_SUPPORTED 事务传播类型表示以非事务方式执行，如果当前操作在一个事务中，则把当前事务挂起，直到当前操作完成再恢复事务的执行。如果当前操作存在事务，则把事务挂起，以非事务的方式运行。

NOT_SUPPORTED 事务传播类型在 Propagation 枚举类中的源码如下所示。

```
NOT_SUPPORTED(TransactionDefinition.PROPAGATION_NOT_SUPPORTED)
```

基本用法的代码片段如下所示。

```
@Transactional(propagation=Propagation.NOT_SUPPORTED)
```

6. NEVER 事务传播类型

NEVER 事务传播类型表示以非事务的方式执行，如果当前操作存在事务，则抛出异常。

NEVER 事务传播类型和 NOT_SUPPORTED 事务传播类型的区别是如果当前存在事务，则 NEVER 事务传播类型会抛出异常，而 NOT_SUPPORTED 事务传播类型会把当前事务挂起，以非事务的方式执行。NEVER 事务传播类型与 MANDATORY 事务传播类型的区别是 NEVER 事务传播类型表示如果当前操作存在事务，则抛出异常，而 MANDATORY 事务传播类型表示如果当前操作不存在事务，则抛出异常。

NEVER 事务传播类型在 Propagation 枚举类中的源码如下所示。

```
NEVER(TransactionDefinition.PROPAGATION_NEVER)
```

基本用法的代码片段如下所示。

```
@Transactional(propagation=Propagation.NEVER)
```

7. NESTED 事务传播类型

NESTED 事务传播类型表示如果当前方法有一个事务正在运行，则这个方法应该运行在一个嵌套事务中，被嵌套的事务可以独立于被封装的事务进行提交或者回滚。如果没有活动事务，则按照 REQUIRED 事务传播类型执行。

如果封装事务存在，并且外层事务抛出异常回滚，那么内层事务必须回滚。如果内层事务回滚，则并不影响外层事务的提交和回滚。如果封装事务不存在，则按照 REQUIRED 事务传播类型执行。

NESTED 事务传播类型在 Propagation 枚举类中的源码如下所示。

```
NESTED(TransactionDefinition.PROPAGATION_NESTED)
```

基本用法的代码片段如下所示。

```
@Transactional(propagation=Propagation.NESTED)
```

3.4.2 常用的事务传播类型

虽然 Spring 提供了 7 种事务传播机制类型，但是在日常工作中经常使用的只有 REQUIRED、NOT_SUPPORTED 和 REQUIRES_NEW 这 3 种。

这 3 种事务传播类型的使用场景如表 3-2 所示。

表 3-2 Spring 常用事务传播类型使用场景

Spring 事务传播类型	使用场景
REQUIRED	Spring 中默认的传播机制，适用于大部分场景
NOT_SUPPORTED	适用于发送提示信息、站内信、短信、邮件等，这类场景要求不影响系统的主体业务逻辑，即使操作失败也不应该对主体逻辑产生影响，不能使主体逻辑的事务回滚
REQUIRES_NEW	总是创建新的事务执行，适用于不受外层方法事务影响的场景。例如记录日志的操作，不管主体业务逻辑是否已经完成，日志都要记录下来，不能因为主体业务逻辑异常事务回滚而导致日志操作回滚

3.5 Spring 事务嵌套最佳实践

3.4 节简单介绍了 Spring 事务传播机制的理论，本节以案例的形式介绍 Spring 事务传播机制的使用方法。

3.5.1 环境准备

电商场景中一个典型的操作就是下单减库存。从本节开始，以下单减库存的场景为例，说明 Spring 事务传播机制的使用方法。先准备环境。

第一步：创建 Maven 项目 spring-tx，并在 pom.xml 文件中添加 Maven 依赖。

```
<dependencies>
    <dependency>
        <groupId>org.springframework</groupId>
        <artifactId>spring-context</artifactId>
        <version>4.3.21.RELEASE</version>
    </dependency>

    <!--加入lombok-->
    <dependency>
        <groupId>org.projectlombok</groupId>
        <artifactId>lombok</artifactId>
        <version>1.18.4</version>
    </dependency>

    <dependency>
        <groupId>org.aspectj</groupId>
        <artifactId>aspectjweaver</artifactId>
        <version>1.9.1</version>
    </dependency>

    <!--加入日志包-->
    <dependency>
        <groupId>ch.qos.logback</groupId>
        <artifactId>logback-core</artifactId>
        <version>1.1.2</version>
    </dependency>
    <dependency>
        <groupId>ch.qos.logback</groupId>
        <artifactId>logback-classic</artifactId>
        <version>1.1.2</version>
    </dependency>
    <dependency>
        <groupId>org.slf4j</groupId>
        <artifactId>slf4j-api</artifactId>
        <version>1.7.7</version>
    </dependency>

    <dependency>
        <groupId>org.springframework</groupId>
        <artifactId>spring-jdbc</artifactId>
        <version>4.3.21.RELEASE</version>
    </dependency>

    <dependency>
        <groupId>mysql</groupId>
        <artifactId>mysql-connector-java</artifactId>
```

```
            <version>5.1.46</version>
            <scope>runtime</scope>
        </dependency>

        <dependency>
            <groupId>com.alibaba</groupId>
            <artifactId>druid</artifactId>
            <version>1.1.8</version>
        </dependency>

    </dependencies>
```

第二步：创建用于测试的实体类，在 io.transaction.spring.entity 包下分别创建订单类 Order 和商品类 Product，如下所示。

创建订单类 Order 代码如下。

```
public class Order {
    /**
     * 数据id
     */
    private Long id;
    /**
     * 订单编号
     */
    private String orderNo;
    #########省略get/set方法#############
}
```

创建商品类 Product 代码如下。

```
public class Product {
    /**
     * 数据id
     */
    private Long id;
    /**
     * 商品名称
     */
    private String productName;
    /**
     * 商品价格
     */
    private BigDecimal productPrice;
    /**
     * 库存数量
     */
    private Integer stockCount;
    ##########省略get/set方法##############
}
```

注意，这里为了方便展示，简写了订单类和商品类的实体类，在实际开发过程中，订单类和商品类的设计远比本节描述的复杂。

第三步：创建操作数据库的 Dao 类。在 io.transaction.spring.dao 包下分别创建 OrderDao 类和 ProductDao 类，如下所示。

OrderDao 类主要用于操作数据库中的订单数据并提供保存订单的方法。创建 OrderDao 类代码如下。

```
@Repository
public class OrderDao {
    @Autowired
    private JdbcTemplate jdbcTemplate;

    public int saveOrder(Order order){
        String sql = "insert into order_info (id, order_no) values (?, ?)";
        return jdbcTemplate.update(sql, order.getId(), order.getOrderNo());
    }
}
```

ProductDao 类主要用于操作数据库中的商品信息并提供扣减库存的方法。创建 ProductDao 类代码如下。

```
@Repository
public class ProductDao {
    @Autowired
    private JdbcTemplate jdbcTemplate;

    public int updateProductStockCountById(Integer stockCount, Long id){
        String sql = "update product_info set stock_count = stock_count - ? where
            id = ?";
        return jdbcTemplate.update(sql, stockCount, id);
    }
}
```

第四步：创建 Service 类。在 io.transaction.spring.service 包下分别创建 OrderServcie 类和 ProductService 类，如下所示。

OrderService 类调用 OrderDao 类，实现保存订单的操作，同时会调用 ProductService 的方法实现减库存的操作。创建 OrderService 类代码如下。

```
@Service
public class OrderService {
    @Autowired
    private OrderDao orderDao;
    @Autowired
    private ProductService productService;

    public void submitOrder(){
        //生成订单
        Order order = new Order();
        long number = Math.abs(new Random().nextInt(500));
        order.setId(number);
        order.setOrderNo("order_" + number);
```

```
        orderDao.saveOrder(order);

        //减库存
        productService.updateProductStockCountById(1, 1L);
    }
}
```

ProductServcie 类的主要作用是扣减库存，创建 ProductService 类代码如下。

```
@Service
public class ProductService {
    @Autowired
    private ProductDao productDao;

    public void updateProductStockCountById(Integer stockCount, Long id){
        productDao.updateProductStockCountById(stockCount, id);
        int i = 1 / 0;
    }
}
```

注意在 ProductService 类的 updateProductStockCountById() 方法中，有一行代码为 int i=1/0，说明这个方法会抛出异常。

第五步：创建配置类。在 io.transaction.spring.config 包下创建配置类 MainConfig，如下所示。

```
@EnableTransactionManagement
@Configuration
@ComponentScan(basePackages = {"io.transaction.spring"})
public class MainConfig {
    @Bean
    public DataSource dataSource(){
        DruidDataSource dataSource = new DruidDataSource();
        dataSource.setUsername("root");
        dataSource.setPassword("root");
        dataSource.setUrl("jdbc:mysql://localhost:3306/spring-tx");
        dataSource.setDriverClassName("com.mysql.jdbc.Driver");
        return dataSource;
    }
    @Bean
    public JdbcTemplate jdbcTemplate(DataSource dataSource){
        return new JdbcTemplate(dataSource);
    }
    @Bean
    public PlatformTransactionManager transactionManager(DataSource dataSource) {
        return new DataSourceTransactionManager(dataSource);
    }
}
```

MainConfig 类的作用是开始 Spring 事务管理，扫描 io.transaction.spring 包下的类，将 DataSource、JdbcTemplate 和 PlatformTransactionManager 对象加载到 IOC 容器中。

第六步：创建系统启动类，也是整个程序的运行入口类。在 io.transaction.spring 包下创建 Main 类，用于启动应用程序，如下所示。

```
public class Main {
    public static void main(String[] args){
        AnnotationConfigApplicationContext context = new AnnotationConfigApplica
            tionContext(MainConfig.class);
        OrderService orderService = context.getBean(OrderService.class);
        orderService.submitOrder();
    }
}
```

第七步：创建数据库 spring-tx，并在 spring-tx 数据库中创建 order_info 数据表和 product_info 数据表，如下所示。

```
create database if not exists spring-tx;

CREATE TABLE IF NOT EXISTS order_info (
    `id` bigint(20) NOT NULL,
    `order_no` varchar(50) DEFAULT '',
    PRIMARY KEY (`id`)
) ENGINE=InnoDB DEFAULT CHARSET=utf8mb4;

CREATE TABLE IF NOT EXISTS product_info (
    `id` bigint(20) NOT NULL,
    `product_name` varchar(50) DEFAULT NULL,
    `product_price` decimal(10,2) DEFAULT NULL,
    `stock_count` int(11) DEFAULT NULL,
    PRIMARY KEY (`id`)
) ENGINE=InnoDB DEFAULT CHARSET=utf8mb4;
```

向 product_info 数据表中插入基础数据，如下所示。

```
INSERT INTO `spring-tx`.`product_info`(`id`, `product_name`, `product_price`,
    `stock_count`) VALUES (1, '笔记本电脑', 10000.00, 100);
```

此时查询 order_info 数据表和 product_info 数据表中的数据，如下所示。

```
mysql> select * from order_info;
Empty set (0.00 sec)

mysql> select * from product_info;
+----+-----------------+---------------+-------------+
| id | product_name    | product_price | stock_count |
+----+-----------------+---------------+-------------+
|  1 | 笔记本电脑       |      10000.00 |         100 |
+----+-----------------+---------------+-------------+
1 row in set (0.00 sec)
```

至此，准备工作就完成了。接下来验证 Spring 中的各个事务传播机制的类型。

3.5.2 最佳实践场景一

场景一为外部方法无事务注解，内部方法添加 REQUIRED 事务传播类型。

第一步：在 OrderService 类的 submitOrder() 方法上不添加注解，如下所示。

```
public void submitOrder(){
    //生成订单
    Order order = new Order();
    long number = Math.abs(new Random().nextInt(500));
    order.setId(number);
    order.setOrderNo("order_" + number);
    orderDao.saveOrder(order);

    //减库存
    productService.updateProductStockCountById(1, 1L);
}
```

第二步：在 ProductService 类的 updateProductStockCountById() 方法中添加 @Transactional(propagation = Propagation.REQUIRED) 注解，如下所示。

```
@Transactional(propagation = Propagation.REQUIRED)
public void updateProductStockCountById(Integer stockCount, Long id){
    productDao.updateProductStockCountById(stockCount, id);
    int i = 1 / 0;
}
```

第三步：运行 Main 类中的 main() 方法，抛出了如下异常。

```
Exception in thread "main" java.lang.ArithmeticException: / by zero
```

这是因 ProductService 类的 updateProductStockCountById() 方法中存在如下代码而引起的。

```
int i = 1 / 0;
```

第四步：查询 order_info 表和 product_info 表中的数据，如下所示。

```
mysql> select * from order_info;
+-----+-----------+
| id  | order_no  |
+-----+-----------+
| 172 | order_172 |
+-----+-----------+
1 row in set (0.00 sec)

mysql> select * from product_info;
+----+-----------------+---------------+-------------+
| id | product_name    | product_price | stock_count |
+----+-----------------+---------------+-------------+
|  1 | 笔记本电脑      |      10000.00 |         100 |
+----+-----------------+---------------+-------------+
1 row in set (0.00 sec)
```

可以看到，当 OrderService 类的 submitOrder() 方法上不添加注解，而 ProductService 类的 updateProductStockCountById() 方法中添加 @Transactional(propagation = Propagation.REQUIRED) 注解，并且 ProductService 类的 updateProductStockCountById() 方法抛出异常时，OrderService 类的 submitOrder() 方法执行成功，向数据库保存订单信息。ProductService 类的 updateProductStockCountById() 方法执行失败抛出异常，并没有扣减库存。

总结：外部方法无事务注解，内部方法添加 REQUIRED 事务传播类型时，内部方法抛出异常。内部方法执行失败，不会影响外部方法的执行，外部方法执行成功。

3.5.3 最佳实践场景二

场景二为外部方法添加 REQUIRED 事务传播类型，内部方法无事务注解。

第一步：在 OrderService 类的 submitOrder() 方法上添加 @Transactional(propagation = Propagation.REQUIRED) 注解，如下所示。

```
@Transactional(propagation = Propagation.REQUIRED)
public void submitOrder(){
    //生成订单
    Order order = new Order();
    long number = Math.abs(new Random().nextInt(500));
    order.setId(number);
    order.setOrderNo("order_" + number);
    orderDao.saveOrder(order);

    //减库存
    productService.updateProductStockCountById(1, 1L);
}
```

第二步：ProductService 类的 updateProductStockCountById() 方法上不添加注解，如下所示。

```
public void updateProductStockCountById(Integer stockCount, Long id){
    productDao.updateProductStockCountById(stockCount, id);
    int i = 1 / 0;
}
```

第三步：运行 Main 类中的 main() 方法，抛出了如下异常。

```
Exception in thread "main" java.lang.ArithmeticException: / by zero
```

第四步：查询 order_info 表和 product_info 表中的数据，如下所示。

```
mysql> select * from order_info;
Empty set (0.00 sec)

mysql> select * from product_info;
+----+-----------------+---------------+-------------+
| id | product_name    | product_price | stock_count |
+----+-----------------+---------------+-------------+
```

```
|  1 | 笔记本电脑        |      10000.00 |         100 |
+----+-----------------+---------------+-------------+
1 row in set (0.00 sec)
```

可以看到，当 OrderService 类的 submitOrder() 方法上添加 @Transactional(propagation = Propagation.REQUIRED) 注解，而 ProductService 类的 updateProductStockCountById() 方法不添加事务注解，并且 ProductService 类的 updateProductStockCountById() 方法抛出异常时，OrderService 类的 submitOrder() 方法和 ProductService 类的 updateProductStockCountById() 方法都执行失败。

总结：外部方法添加 REQUIRED 事务传播类型，内部方法无事务注解时，内部方法抛出异常，会影响外部方法的执行，导致外部方法的事务回滚。

3.5.4　最佳实践场景三

场景三为外部方法添加 REQUIRED 事务传播类型，内部方法添加 REQUIRED 事务传播类型。

第一步：在 OrderService 类的 submitOrder() 方法上添加 @Transactional(propagation = Propagation.REQUIRED) 注解，如下所示。

```
@Transactional(propagation = Propagation.REQUIRED)
public void submitOrder(){
    //生成订单
    Order order = new Order();
    long number = Math.abs(new Random().nextInt(500));
    order.setId(number);
    order.setOrderNo("order_" + number);
    orderDao.saveOrder(order);

    //减库存
    productService.updateProductStockCountById(1, 1L);
}
```

第二步：在 ProductService 类的 updateProductStockCountById() 方法上添加 @Transactional(propagation = Propagation.REQUIRED) 注解，如下所示。

```
@Transactional(propagation = Propagation.REQUIRED)
public void updateProductStockCountById(Integer stockCount, Long id){
    productDao.updateProductStockCountById(stockCount, id);
    int i = 1 / 0;
}
```

第三步：运行 Main 类中的 main() 方法，抛出了如下异常。

```
Exception in thread "main" java.lang.ArithmeticException: / by zero
```

第四步：查询 order_info 表和 product_info 表中的数据，如下所示。

```
mysql> select * from order_info;
```

```
Empty set (0.00 sec)

mysql> select * from product_info;
+----+----------------+--------------+-------------+
| id | product_name   | product_price | stock_count |
+----+----------------+--------------+-------------+
|  1 | 笔记本电脑      |     10000.00 |         100 |
+----+----------------+--------------+-------------+
1 row in set (0.00 sec)
```

可以看到，当 OrderService 类的 submitOrder() 方法上添加 @Transactional(propagation = Propagation.REQUIRED) 注解，ProductService 类的 updateProductStockCountById() 方法上添加 @Transactional(propagation = Propagation.REQUIRED) 注解，并且 ProductService 类的 updateProductStockCountById() 方法抛出异常时，OrderService 类的 submitOrder() 方法和 ProductService 类的 updateProductStockCountById() 方法都执行失败。

总结：外部方法添加 REQUIRED 事务传播类型，内部方法添加 REQUIRED 事务传播类型时，内部方法抛出异常，会影响外部方法的执行，事务会回滚。

3.5.5 最佳实践场景四

场景四为外部方法添加 REQUIRED 事务传播类型，内部方法添加 NOT_SUPPORTED 事务传播类型。

第一步：在 OrderService 类的 submitOrder() 方法上添加 @Transactional(propagation = Propagation.REQUIRED) 注解，如下所示。

```
@Transactional(propagation = Propagation.REQUIRED)
public void submitOrder(){
    //生成订单
    Order order = new Order();
    long number = Math.abs(new Random().nextInt(500));
    order.setId(number);
    order.setOrderNo("order_" + number);
    orderDao.saveOrder(order);

    //减库存
    productService.updateProductStockCountById(1, 1L);
}
```

第二步：在 ProductService 类的 updateProductStockCountById() 方法上添加 @Transactional(propagation = Propagation. NOT_SUPPORTED) 注解，如下所示。

```
@Transactional(propagation = Propagation. NOT_SUPPORTED)
public void updateProductStockCountById(Integer stockCount, Long id){
    productDao.updateProductStockCountById(stockCount, id);
    int i = 1 / 0;
}
```

第三步：运行 Main 类中的 main() 方法，抛出了如下异常。

```
Exception in thread "main" java.lang.ArithmeticException: / by zero
```

第四步：查询 order_info 表和 product_info 表中的数据，如下所示。

```
mysql> select * from order_info;
Empty set (0.00 sec)

mysql> select * from product_info;
+----+-----------------+---------------+-------------+
| id | product_name    | product_price | stock_count |
+----+-----------------+---------------+-------------+
|  1 | 笔记本电脑      |      10000.00 |          99 |
+----+-----------------+---------------+-------------+
1 row in set (0.00 sec)
```

可以看到，当 OrderService 类的 submitOrder() 方法上添加 @Transactional(propagation = Propagation.REQUIRED) 注解，ProductService 类的 updateProductStockCountById() 方法上添加 @Transactional(propagation = Propagation. NOT_SUPPORTED) 注解，并且 ProductService 类的 updateProductStockCountById() 方法抛出异常时，OrderService 类的 submitOrder() 方法执行失败，ProductService 类的 updateProductStockCountById() 方法执行成功。

总结：外部方法添加 REQUIRED 事务传播类型，内部方法添加 NOT_SUPPORTED 事务传播类型时，内部方法抛异常，如果外部方法执行成功，事务会提交，如果外部方法执行失败，事务会回滚。

3.5.6 最佳实践场景五

场景五为外部方法添加 REQUIRED 事务传播类型，内部方法添加 REQUIRES_NEW 事务传播类型。

第一步：在 OrderService 类的 submitOrder() 方法上添加 @Transactional(propagation = Propagation.REQUIRED) 注解，如下所示。

```
@Transactional(propagation = Propagation.REQUIRED)
public void submitOrder(){
    //生成订单
    Order order = new Order();
    long number = Math.abs(new Random().nextInt(500));
    order.setId(number);
    order.setOrderNo("order_" + number);
    orderDao.saveOrder(order);

    //减库存
    productService.updateProductStockCountById(1, 1L);
}
```

第二步：在 ProductService 类的 updateProductStockCountById() 方法上添加 @Transactional(propagation = Propagation.REQUIRES_NEW) 注解，如下所示。

```
@Transactional(propagation = Propagation.REQUIRES_NEW)
public void updateProductStockCountById(Integer stockCount, Long id){
    productDao.updateProductStockCountById(stockCount, id);
    int i = 1 / 0;
}
```

第三步：运行 Main 类中的 main() 方法，抛出了如下异常。

```
Exception in thread "main" java.lang.ArithmeticException: / by zero
```

第四步：查询 order_info 表和 product_info 表中的数据，如下所示。

```
mysql> select * from order_info;
Empty set (0.00 sec)

mysql> select * from product_info;
+----+----------------+---------------+-------------+
| id | product_name   | product_price | stock_count |
+----+----------------+---------------+-------------+
|  1 | 笔记本电脑     |      10000.00 |         100 |
+----+----------------+---------------+-------------+
1 row in set (0.00 sec)
```

可以看出，当 OrderService 类的 submitOrder() 方法上添加 @Transactional(propagation = Propagation.REQUIRED) 注解，ProductService 类的 updateProductStockCountById() 方法上添加 @Transactional(propagation = Propagation.REQUIRES_NEW) 注解，并且 ProductService 类的 updateProductStockCountById() 方法抛出异常时，OrderService 类的 submitOrder() 方法和 ProductService 类的 updateProductStockCountById() 方法都会执行失败，事务回滚。

总结：外部方法添加 REQUIRED 事务传播类型，内部方法添加 REQUIRES_NEW 事务传播类型，内部方法抛出异常时，内部方法和外部方法都会执行失败，事务回滚。

3.5.7 最佳实践场景六

场景六为外部方法添加 REQUIRED 事务传播类型，内部方法添加 REQUIRES_NEW 事务传播类型，并且把异常代码移动到外部方法的末尾。

第一步：在 OrderService 类的 submitOrder() 方法上添加 @Transactional(propagation = Propagation.REQUIRED) 注解，并且在该方法末尾添加 int i = 1 / 0，代码如下所示。

```
@Transactional(propagation = Propagation.REQUIRED)
public void submitOrder(){
    //生成订单
    Order order = new Order();
    long number = Math.abs(new Random().nextInt(500));
    order.setId(number);
    order.setOrderNo("order_" + number);
    orderDao.saveOrder(order);
```

```
        //减库存
        productService.updateProductStockCountById(1, 1L);
        int i = 1 / 0;
    }
```

第二步：在 ProductService 类的 updateProductStockCountById() 方法上添加 @Transactional(propagation = Propagation.REQUIRES_NEW) 注解，去除 int i = 1 / 0，代码如下所示。

```
@Transactional(propagation = Propagation.REQUIRES_NEW)
public void updateProductStockCountById(Integer stockCount, Long id){
    productDao.updateProductStockCountById(stockCount, id);
}
```

第三步：运行 Main 类中的 main() 方法，抛出了如下异常。

```
Exception in thread "main" java.lang.ArithmeticException: / by zero
```

第四步；查询 order_info 表和 product_info 表中的数据，如下所示。

```
mysql> select * from order_info;
Empty set (0.00 sec)

mysql> select * from product_info;
+----+----------------+---------------+-------------+
| id | product_name   | product_price | stock_count |
+----+----------------+---------------+-------------+
|  1 | 笔记本电脑     |      10000.00 |          99 |
+----+----------------+---------------+-------------+
1 row in set (0.00 sec)
```

可以看出，OrderService 类的 submitOrder() 方法上添加 @Transactional(propagation = Propagation.REQUIRED) 注解，并且在该方法末尾添加 int i = 1 / 0，在 ProductService 类的 updateProductStockCountById() 方法上添加 @Transactional(propagation = Propagation.REQUIRES_NEW) 注解，去除 int i = 1 / 0。updateProductStockCountById() 方法抛出异常时，OrderService 类的 submitOrder() 方法执行失败，事务回滚。ProductService 类的 updateProductStockCountById() 方法执行成功，事务提交。

总结：外部方法添加 REQUIRED 事务传播类型，内部方法添加 REQUIRES_NEW 事务传播类型，并且把异常代码移动到外部方法的末尾，内部方法抛异常时，外部方法执行失败，事务回滚；内部方法执行成功时，事务提交。

3.5.8　最佳实践场景七

场景七为外部方法添加 REQUIRED 事务传播类型，内部方法添加 REQUIRES_NEW 事务传播类型，并且把异常代码移动到外部方法的末尾，同时外部方法和内部方法在同一个类中。

第一步：在 OrderService 类的 submitOrder() 方法上添加 @Transactional(propagation =

Propagation.REQUIRED) 注解，并且在 OrderService 类的 submitOrder() 方法末尾添加 int i = 1 / 0，如下所示。

```
@Transactional(propagation = Propagation.REQUIRED)
public void submitOrder(){
    //生成订单
    Order order = new Order();
    long number = Math.abs(new Random().nextInt(500));
    order.setId(number);
    order.setOrderNo("order_" + number);
    orderDao.saveOrder(order);

    //减库存
    this.updateProductStockCountById(1, 1L);
    int i = 1 / 0;
}
```

这里需要注意 productService.updateProductStockCountById(1, 1L) 这行代码已经变成了 this.updateProductStockCountById(1, 1L)。

第二步：在 OrderService 类中添加 updateProductStockCountById() 方法，如下所示。

```
@Transactional(propagation = Propagation.REQUIRES_NEW)
public void updateProductStockCountById(Integer stockCount, Long id){
    productDao.updateProductStockCountById(stockCount, id);
}
```

第三步：运行 Main 类中的 main() 方法，抛出了如下异常。

```
Exception in thread "main" java.lang.ArithmeticException: / by zero
```

第四步：查询 order_info 表和 product_info 表中的数据，如下所示。

```
mysql> select * from order_info;
Empty set (0.00 sec)

mysql> select * from product_info;
+----+-----------------+---------------+-------------+
| id | product_name    | product_price | stock_count |
+----+-----------------+---------------+-------------+
|  1 | 笔记本电脑      |      10000.00 |         100 |
+----+-----------------+---------------+-------------+
1 row in set (0.00 sec)
```

可以看出，在 OrderService 类的 submitOrder() 方法上添加 @Transactional(propagation= Propagation.REQUIRED) 注解，在 OrderService 类的 submitOrder() 方法末尾添加 int i= 1 / 0 代码，同时在 OrderService 类中添加 updateProductStockCountById() 方法，update-ProductStockCountById() 方法抛出异常时，OrderService 类的 submitOrder() 方法和 update-ProductStockCountById() 方法执行失败，事务回滚。

总结：外部方法添加 REQUIRED 事务传播类型，内部方法添加 REQUIRES_NEW 事务传播类型，并且把异常代码移动到外部方法的末尾，同时外部方法和内部方法在同一个类中，内部方法抛出异常，外部方法和内部方法都会执行失败，事务回滚。

3.6 Spring 事务失效的场景

在日常工作中，如果 Spring 的事务管理功能使用不当，会造成 Spring 事务不生效的问题。本节简单总结一下在哪些场景下 Spring 的事务会不生效。

3.6.1 数据库不支持事务

Spring 事务生效的前提是连接的数据库支持事务，如果底层的数据库不支持事务，则 Spring 的事务肯定会失效。例如，使用的数据库为 MySQL，并且选用了 MyISAM 存储引擎，则 Spring 的事务就会失效。

3.6.2 事务方法未被 Spring 管理

如果事务方法所在的类没有加载到 Spring IOC 容器中，也就是说，事务方法所在的类没有被 Spring 管理，则 Spring 事务会失效，示例如下。

```
public class ProductService {
    @Autowired
    private ProductDao productDao;

    @Transactional(propagation = Propagation.REQUIRES_NEW)
    public void updateProductStockCountById(Integer stockCount, Long id){
        productDao.updateProductStockCountById(stockCount, id);
    }
}
```

ProductService 类上没有添加 @Service 注解，Product 的实例也没有加载到 Spring IOC 容器中，就会造成 updateProductStockCountById() 方法的事务在 Spring 中失效。

3.6.3 方法没有被 public 修饰

如果事务所在的方法没有被 public 修饰，此时 Spring 的事务会失效，如下代码所示。

```
@Service
public class ProductService {
    @Autowired
    private ProductDao productDao;

    @Transactional(propagation = Propagation.REQUIRES_NEW)
    private void updateProductStockCountById(Integer stockCount, Long id){
        productDao.updateProductStockCountById(stockCount, id);
    }
}
```

虽然 ProductService 上添加了 @Service 注解，同时 updateProductStockCountById() 方法上添加了 @Transactional(propagation = Propagation.REQUIRES_NEW) 注解，但是因为 updateProductStockCountById() 方法为内部的私有方法（使用 private 修饰），所以此时 updateProductStockCountById() 方法的事务在 Spring 中还是会失效。

3.6.4 同一类中的方法调用

如果同一个类中方法 A 上没有添加事务注解，方法 B 上添加了事务注解，方法 A 调用方法 B，则方法 B 的事务会失效，示例如下。

```
@Service
public class OrderService {
    @Autowired
    private OrderDao orderDao;
    @Autowired
    private ProductDao productDao;

    public void submitOrder(){
        //生成订单
        Order order = new Order();
        long number = Math.abs(new Random().nextInt(500));
        order.setId(number);
        order.setOrderNo("order_" + number);
        orderDao.saveOrder(order);

        //减库存
        this.updateProductStockCountById(1, 1L);
    }

    @Transactional(propagation = Propagation.REQUIRES_NEW)
    public void updateProductStockCountById(Integer stockCount, Long id){
        productDao.updateProductStockCountById(stockCount, id);
    }
}
```

submitOrder() 方法和 updateProductStockCountById() 方法都在 OrderService 类中，submitOrder() 方法上没有添加事务注解，updateProductStockCountById() 方法上标注了事务注解，submitOrder() 方法调用了 updateProductStockCountById() 方法，此时 updateProductStockCountById() 方法的事务在 Spring 中会失效。

3.6.5 未配置事务管理器

如果在项目中没有配置 Spring 的事务管理器，即使使用了 Spring 的事务管理功能，Spring 的事务也不会生效，例如没有在项目的配置类中配置如下代码。

```
@Bean
public PlatformTransactionManager transactionManager(DataSource dataSource) {
```

```
    return new DataSourceTransactionManager(dataSource);
}
```

此时，Spring 的事务就会失效。

3.6.6 方法的事务传播类型不支持事务

如果内部方法的事务传播类型为不支持事务的传播类型，则内部方法的事务在 Spring 中会失效，示例如下。

```
@Service
public class OrderService {

    @Autowired
    private OrderDao orderDao;
    @Autowired
    private ProductDao productDao;

    @Transactional(propagation = Propagation.REQUIRED)
    public void submitOrder(){
        //生成订单
        Order order = new Order();
        long number = Math.abs(new Random().nextInt(500));
        order.setId(number);
        order.setOrderNo("order_" + number);
        orderDao.saveOrder(order);

        //减库存
        this.updateProductStockCountById(1, 1L);
    }

    @Transactional(propagation = Propagation.NOT_SUPPORTED)
    public void updateProductStockCountById(Integer stockCount, Long id){
        productDao.updateProductStockCountById(stockCount, id);
    }
}
```

由于 updateProductStockCountById() 方法的事务传播类型为 NOT_SUPPORTED，不支持事务，因此 updateProductStockCountById() 方法的事务会在 Spring 中失效。

3.6.7 不正确地捕获异常

不正确地捕获异常也会导致 Spring 的事务失效，示例如下。

```
@Service
public class OrderService {
    @Autowired
    private OrderDao orderDao;
    @Autowired
    private ProductDao productDao;
```

```
    @Transactional(propagation = Propagation.REQUIRED)
    public void submitOrder(){
        //生成订单
        Order order = new Order();
        long number = Math.abs(new Random().nextInt(500));
        order.setId(number);
        order.setOrderNo("order_" + number);
        orderDao.saveOrder(order);

        //减库存
        this.updateProductStockCountById(1, 1L);
    }

    @Transactional(propagation = Propagation.REQUIRED)
    public void updateProductStockCountById(Integer stockCount, Long id){
        try{
            productDao.updateProductStockCountById(stockCount, id);
        int i = 1 / 0;
        }catch(Exception e){
            logger.error("扣减库存异常:", e.getMesaage());
        }
    }
}
```

updateProductStockCountById() 方法中使用 try-catch 代码块捕获了异常，即使 updateProductStockCountById() 方法内部会抛出异常，也会被 catch 代码块捕获，此时 updateProductStockCountById() 方法的事务会提交而不会回滚，并且 submitOrder() 方法的事务也会提交，这就造成了 Spring 事务回滚失效的问题。

3.6.8 标注错误的异常类型

如果在 @Transactional 注解中标注了错误的异常类型，则 Spring 事务的回滚会失效，示例如下。

```
@Transactional(propagation = Propagation.REQUIRED)
public void updateProductStockCountById(Integer stockCount, Long id){
    try{
        productDao.updateProductStockCountById(stockCount, id);
    }catch(Exception e){
        logger.error("扣减库存异常:", e.getMesaage());
        throw new Exception("扣减库存异常");
    }
}
```

在 updateProductStockCountById() 方法中捕获了异常，并且在异常中抛出了 Exception 类型的异常，此时 updateProductStockCountById() 方法事务的回滚会失效。为何会失效呢？这是因为 Spring 中默认回滚的事务异常类型为 RuntimeException，而上述代码抛出的是 Exception 异常。默认情况下，Spring 事务中无法捕获到 Exception 异常，此时

updateProductStockCountById() 方法事务的回滚会失效。

此时可以手动指定 updateProductStockCountById() 方法标注的事务异常类型，如下所示。

```
@Transactional(propagation = Propagation.REQUIRED,rollbackFor = Exception.class)
```

这里需要注意的是，Spring 事务注解 @Transactional 中的 rollbackFor 属性可以指定 Throwable 异常类及其子类。

3.7　本章小结

本章简单介绍了 Spring 的事务原理以及事务的三大接口：PlatformTransactionManager、TransactionDefinition 和 TransactionStatus。接着介绍了 Spring 的事务隔离级别和传播机制。然后以案例的形式详细阐述了 Spring 的事务嵌套。最后列举了常见的几种 Spring 事务失效的场景。关于 Spring 事务相关的知识还有很多，限于篇幅，本章不做过多介绍。如果你对 Spring 事务感兴趣或者想深入学习 Spring 事务，可以关注“冰河技术”微信公众号阅读 Spring 系列文章。

本章的随书源码已提交到如下代码仓库。

- GitHub：https://github.com/dromara/distribute-transaction。
- Gitee：https://gitee.com/dromara/distribute-transaction。

第 4 章将对分布式事务的基本概念进行介绍。

Chapter 4 第 4 章

分布式事务的基本概念

随着互联网的不断发展，企业积累的数据越来越多。当单台数据库难以存储海量数据时，人们便开始探索如何将这些数据分散地存储到多台服务器的多台数据库中，逐渐形成了分布式数据库。如果将数据分散存储，对于数据的增删改查操作就会变得更加复杂，尤其是难以保证数据的一致性问题，这就涉及了常说的分布式事务。

本章对分布式事务的基本概念进行介绍，涉及的内容如下。

- 分布式系统架构原则。
- 分布式系统架构演进。
- 分布式事务场景。
- 数据一致性。

4.1 分布式系统架构

随着互联网的快速发展，传统的单体系统架构已不能满足海量用户的需求。于是，更多的互联网企业开始对原有系统进行改造和升级，将用户产生的大规模流量进行分解，分而治之，在不同的服务器上为用户提供服务，以满足用户的需求。慢慢地，由原来的单体系统架构演变为分布式系统架构。

4.1.1 产生的背景

在互联网早期，互联网企业的业务并不是很复杂，用户量也不大，一般使用单体系统架构快速实现业务。此时，系统处理的流量入口更多来自 PC 端。

随着用户量爆发式增长，此时的流量入口不再只有 PC 端，更多来自移动端 App、H5、微信小程序、自主终端机、各种物联网设备和网络爬虫等。用户和企业的需求也开始变得越来越复杂。在不断迭代升级的过程中，单体系统变得越来越臃肿，系统的业务也变得越来越复杂，甚至难以维护。修改一个很小的功能可能会导致整个系统的变动，并且系统需要经过严格测试才能上线，一个很小的功能就要发布整个系统，直接影响了系统中其他业务的稳定性与可用性。

此时开发效率低下，升级和维护系统成本很高，测试周期越来越长，代码的冲突率也会变得越来越高。最让人头疼的是，一旦有开发人员离职，新入职的人需要很长的时间来熟悉整个系统。单体系统架构已经无法支撑大流量和高并发的场景。

面对单体系统架构的种种问题，解决方案是对复杂、臃肿的系统进行水平拆分，把共用的业务封装成独立的服务，供其他业务调用，把各相关业务封装成子系统并提供接口，供其他系统或外界调用，以此达到降低代码耦合度，提高代码复用率的目的。此时，由于各个子系统之间进行了解耦，因此对每个子系统内部的修改不会影响其他子系统的稳定性。这样一来降低了系统的维护和发布成本，测试时也不需要把整个系统再重新测试一遍，提高了测试效率。在代码维护上，各个子系统的代码单独管理，降低了代码的冲突率，提高了系统的研发效率。

4.1.2　架构目标和架构原则

好的分布式系统架构并不是一蹴而就的，而是随着企业和用户的需求不断迭代演进的，能够解决分布式系统当前最主要的矛盾，同时对未来做出基本的预测，使得系统架构具备高并发、高可用、高可扩展性、高可维护性等非功能性需求，能够快速迭代，以适应不断变化的需求。

分布式系统架构的设计虽然比较复杂，但是也有一些业界遵循的原则。其中一些典型的架构原则来自 *The Art of Scalability* 一书，作者马丁 L. 阿伯特和迈克尔 T. 费舍尔分别是 eBay 和 PayPal 的 CTO。他们在书中总结了 15 项架构原则，分别如下所示。

- $N+1$ 设计。
- 回滚设计。
- 禁用设计。
- 监控设计。
- 设计多活数据中心。
- 使用成熟的技术。
- 异步设计。
- 无状态系统。
- 水平扩展而非垂直升级。
- 设计时至少要有两步前瞻性。
- 非核心则购买。

- ❑ 使用商品化硬件。
- ❑ 小构建、小发布和快试错。
- ❑ 隔离故障。
- ❑ 自动化。

4.2 分布式系统架构演进

互联网企业的业务飞速发展，促使系统架构不断变化。总体来说，系统架构大致经历了单体应用架构—垂直应用架构—分布式架构—SOA架构—微服务架构的演变，很多互联网企业的系统架构已经向服务化网格（Service Mesh）演变。接下来简单介绍一下系统架构的发展历程。

4.2.1 单体应用架构

在企业发展的初期，一般公司的网站流量比较小，只需要一个应用将所有的功能代码打包成一个服务并部署到服务器上，就能支撑公司的业务需求。这种方式能够减少开发、部署和维护的成本。比如大家很熟悉的电商系统，里面涉及的业务主要有用户管理、商品管理、订单管理、支付管理、库存管理、物流管理等模块。企业发展初期，我们将所有的模块写到一个Web项目中，再统一部署到一个Web服务器中，这就是单体应用架构，系统架构如图4-1所示。

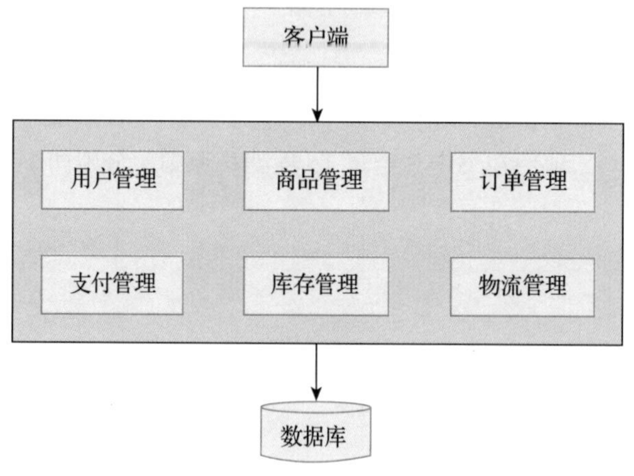

图4-1 单体应用系统架构

这种架构的优点如下。

1）架构简单，项目开发和维护成本低。

2）所有项目模块部署在一起，对于小型项目来说，方便维护。

但是，其缺点也是比较明显的。

1）所有模块耦合在一起，对于大型项目来说，不易开发和维护。

2）项目各模块之间过于耦合，一旦有模块出现问题，整个项目将不可用。

3）无法针对某个具体模块来提升性能。

4）无法对项目进行水平扩展。

正是由于单体应用架构存在诸多缺点，才逐渐演变为垂直应用架构。

4.2.2　垂直应用架构

随着企业业务的不断发展，单节点的单体应用无法满足业务需求。于是，企业将单体应用部署多份，分别放在不同的服务器上。然而，不是所有的模块都有比较大的访问量。如果想针对项目中的某些模块进行优化和性能提升，对于单体应用来说，是做不到的。于是，垂直应用架构诞生了。

垂直应用架构就是将原来的项目应用拆分为互不相干的几个应用，以此提升系统的整体性能。

同样以电商系统为例，在垂直应用架构下，我们可以将整个电商项目拆分为电商交易系统、后台管理系统、数据分析系统，系统架构如图 4-2 所示。

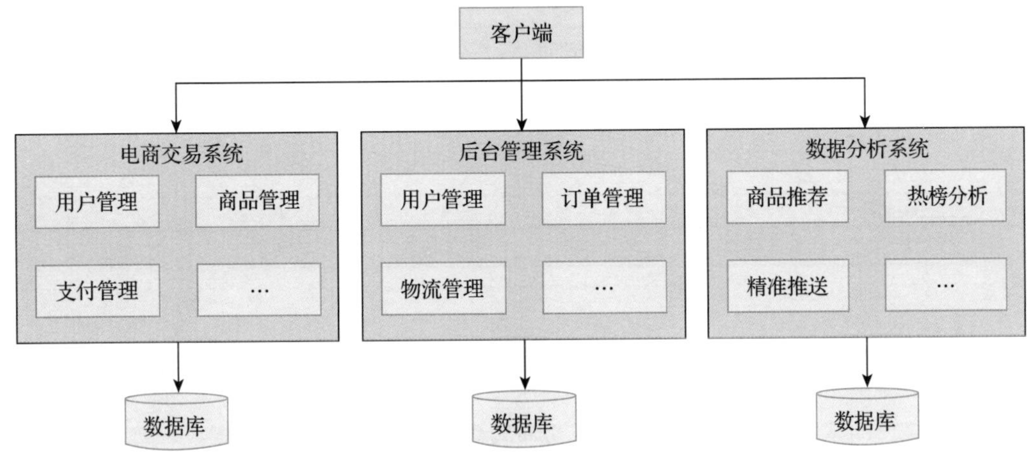

图 4-2　垂直应用系统架构

将单体应用架构拆分为垂直应用架构之后，一旦访问量变大，只需要针对访问量大的业务增加服务器节点，无须针对整个项目增加服务器节点。

这种架构的优点如下。

1）对系统进行拆分，可根据不同系统的访问情况，有针对性地进行优化。

2）能够实现应用的水平扩展。

3）各系统能够分担整体访问流量，解决了并发问题。

4）子系统发生故障，不影响其他子系统的运行情况，提高了整体的容错率。

这种架构的缺点如下。

1）拆分后的各系统之间相对独立，无法进行互相调用。

2）各系统难免存在重叠的业务，会存在重复开发的业务，后期维护比较困难。

4.2.3 分布式架构

将系统演变为垂直应用架构之后，当垂直应用越来越多时，重复编写的业务代码就会越来越多。此时，我们需要将重复的代码抽象出来，形成统一的服务，供其他系统或者业务模块调用，这就是分布式架构。

在分布式架构中，我们会将系统整体拆分为服务层和表现层。服务层封装了具体的业务逻辑供表现层调用，表现层则负责处理与页面的交互操作。分布式系统架构如图 4-3 所示。

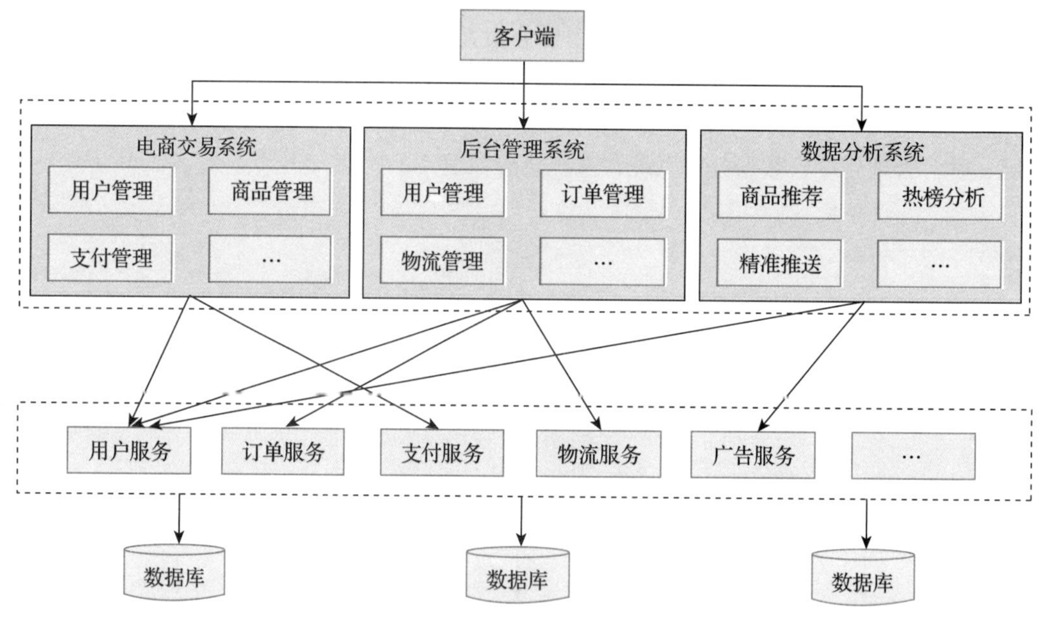

图 4-3 分布式系统架构

这种架构的优点如下。

1）将重复的业务代码抽象出来，形成公共的访问服务，提高了代码的复用性。

2）可以有针对性地对系统和服务进行性能优化，以提升整体的访问性能。

这种架构的缺点如下。

1）系统之间的调用关系变得复杂。

2）系统之间的依赖关系变得复杂。

3）系统维护成本高。

4.2.4　SOA 架构

在分布式架构下，当部署的服务越来越多时，重复的代码就会变得越来越多，不利于代码的复用和系统维护。为此，我们需要增加一个统一的调度中心对集群进行实时管理，这就是 SOA（面向服务）架构。SOA 系统架构如图 4-4 所示。

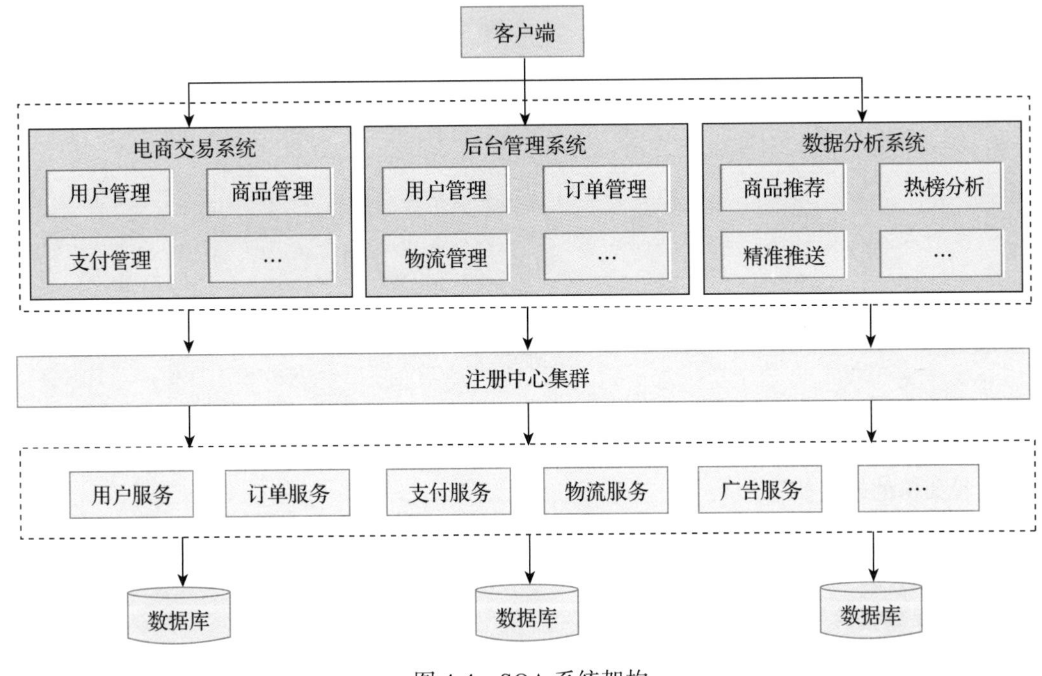

图 4-4　SOA 系统架构

这种架构的优点是通过注册中心解决了各个服务之间服务依赖和调用关系的自动注册与发现。

这种架构的缺点如下。

1）各服务之间存在依赖关系，如果某个服务出现故障，可能会造成服务器崩溃。

2）服务之间的依赖与调用关系复杂，增加了测试和运维的成本。

4.2.5　微服务架构

微服务架构是在 SOA 架构的基础上进行进一步的扩展和拆分。在微服务架构下，一个大的项目拆分为一个个小的可独立部署的微服务，每个微服务都有自己的数据库。微服务系统架构如图 4-5 所示。

这种架构的优点如下。

1）服务彻底拆分，各服务独立打包、独立部署和独立升级。

2）每个微服务负责的业务比较清晰，利于后期扩展和维护。

3）微服务之间可以采用 REST 和 RPC 协议进行通信。

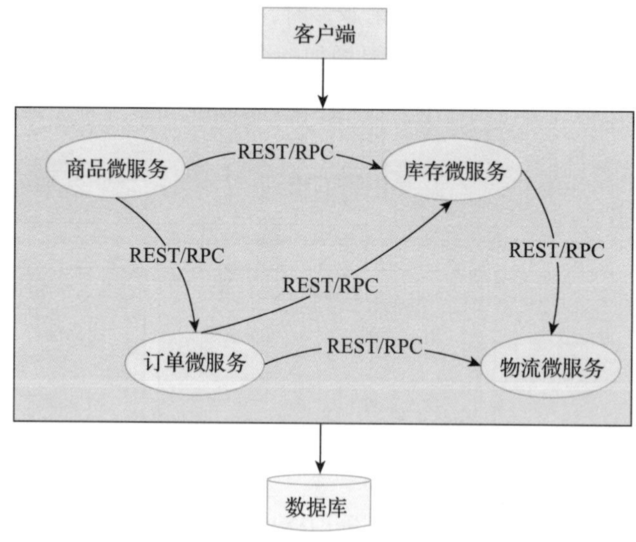

图 4-5 微服务系统架构图

这种架构的缺点如下。

1）开发成本比较高。

2）涉及各服务的容错性问题。

3）涉及数据的一致性问题。

4）涉及分布式事务问题。

4.3 分布式事务场景

将一个大的应用系统拆分为多个可以独立部署的应用服务，需要各个服务远程协作才能完成某些事务操作，这就涉及分布式事务的问题。总的来讲，分布式事务会在 3 种场景下产生，分别是跨 JVM 进程、跨数据库实例和多服务访问单数据库。

4.3.1 跨 JVM 进程

将单体项目拆分为分布式、微服务项目之后，各个服务之间通过远程 REST 或者 RPC 调用来协同完成业务操作。典型的场景是商城系统的订单微服务和库存微服务，用户在下单时会访问订单微服务。订单微服务在生成订单记录时，会调用库存微服务来扣减库存。各个微服务部署在不同的 JVM 进程中，此时会产生因跨 JVM 进程而导致的分布式事务问题。商城系统中跨 JVM 进程产生分布式事务的场景如图 4-6 所示。

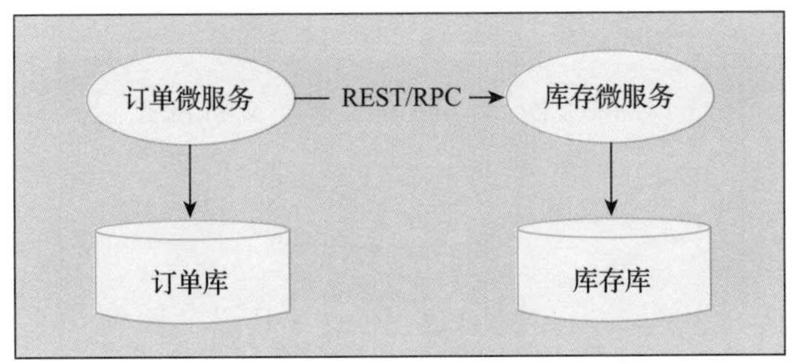

图 4-6　商城系统中跨 JVM 进程产生分布式事务场景

4.3.2　跨数据库实例

单体系统访问多个数据库实例，也就是跨数据源访问时会产生分布式事务。例如，系统中的订单数据库和交易数据库放在不同的数据库实例中，当用户发起退款时，会同时操作用户的订单数据库和交易数据库（在交易数据库中执行退款操作，在订单数据库中将订单的状态变更为已退款）。由于数据分布在不同的数据库实例中，需要通过不同的数据库连接会话来操作数据库中的数据，因此产生了分布式事务。商城系统中跨数据库实例产生分布式事务场景如图 4-7 所示。

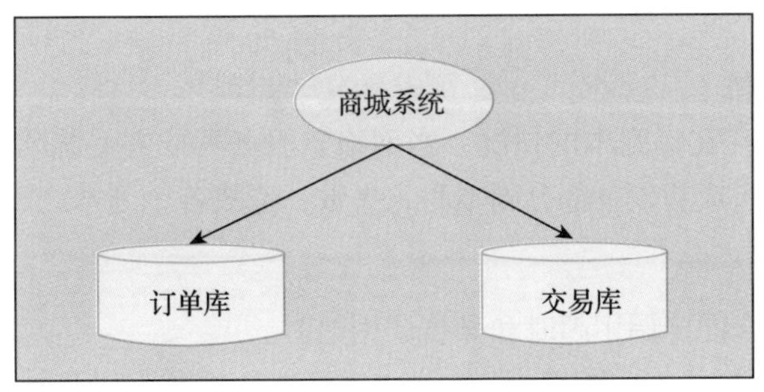

图 4-7　商城系统中跨数据库实例产生分布式事务场景

4.3.3　多服务访问单数据库

多个微服务访问同一个数据库，例如，订单微服务和交易微服务访问同一个数据库就会产生分布式事务，原因是多个微服务访问同一个数据库，本质上也是通过不同的数据库会话来操作数据库，此时就会产生分布式事务。商城系统中多服务访问单数据库产生分布式事务的场景如图 4-8 所示。

跨数据库实例场景和多服务访问单数据库场景，在本质上都会产生不同的数据库会话来操作数据库中的数据，进而产生分布式事务。这两种场景是比较容易被忽略的。

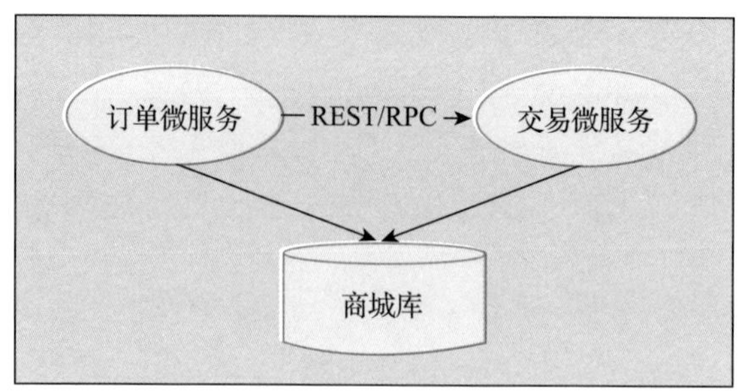

图 4-8 商城系统中多服务访问单数据库产生分布式事务的场景

4.4 数据一致性

在分布式场景下，当网络、服务器或者系统软件出现故障，就可能会导致数据一致性的问题。本节介绍数据一致性相关的问题及解决方案。

4.4.1 数据的一致性问题

总的来说，数据的一致性问题包含数据多副本、调用超时、缓存与数据库不一致、多个缓存节点数据不一致等场景。

1. 数据多副本场景

如果数据的存储存在多副本的情况，当网络、服务器或者系统软件出现故障时，可能会导致一部分副本写入成功，一部分副本写入失败，造成各个副本之间数据的不一致。

2. 调用超时场景

调用超时场景包含同步调用超时和异步调用超时。

同步调用超时往往是由于网络、服务器或者系统软件异常引起的，例如，服务 A 同步调用服务 B 时出现超时现象，导致服务 A 与服务 B 之间的数据不一致。

异步调用超时是指服务 A 异步调用服务 B，同样是由于网络、服务器或者系统软件异常导致调用失败，出现服务 A 与服务 B 之间的数据不一致的情况。一个典型的场景就是支付成功的异步回调通知。

3. 缓存与数据库不一致场景

这种场景主要针对缓存与数据库。在高并发场景下，一些热数据会缓存到 Redis 或者其他缓存组件中。此时，如果对数据库中的数据进行新增、修改和删除操作，缓存中的数据如果得不到及时更新，就会导致缓存与数据库中数据不一致。

4. 多个缓存节点数据不一致场景

这种场景主要针对缓存内部各节点之间数据的不一致。例如在 Redis 集群中，由于网络异常等原因引起的脑裂问题，就会导致多个缓存节点数据不一致。

4.4.2　数据一致性解决方案

业界对于数据一致性问题提出了相应的解决方案，目前比较成熟的方案有 ACID 特性、CAP 理论、Base 理论、DTP 模型、2PC（两阶段提交）模型、3PC（三阶段提交）模型、TCC 模型、可靠消息最终一致性模型、最大努力通知模型等。

ACID 特性已在第 1 章介绍过，其他解决方案会在后续章节进行详细介绍。

4.5　本章小结

本章首先简单介绍了分布式系统架构的产生背景、目标和原则，接着介绍了分布式系统架构的演进历程，包括单体应用架构、垂直应用架构、分布式架构、SOA 架构和微服务架构，随后介绍了分布式事务产生的场景，最后介绍了数据的一致性问题。第 5 章将会对分布式事务相关的理论进行简单的介绍。

Chapter 5 第 5 章

分布式事务的理论知识

从某种程度上讲，同一业务中通过不同的会话操作数据库，就有可能出现分布式事务问题。解决分布式事务问题需要一定的理论支撑。

本章简单介绍分布式事务相关的理论知识，涉及的内容如下。

- CAP 理论。
- Base 理论。

5.1 CAP 理论

CAP 是一致性（Consistency）、可用性（Availability）和分区容忍性（Partition Tolerance）首字母的缩写。CAP 是分布式领域著名的理论，本节对 CAP 理论进行简单的介绍。

5.1.1 一致性

在互联网领域，企业往往会将一份数据复制多份进行存储。一致性是指用户对数据的更新操作（包括新增、修改和删除），要么在所有的数据副本都执行成功，要么在所有的数据副本都执行失败。也就是说，一致性要求对所有数据节点的数据副本的修改是原子操作。所有数据节点的数据副本的数据都是最新的，从任意数据节点读取的数据都是最新的状态。

例如，在数据库主从集群模式中，应用程序向主数据库写数据，主数据库向应用程序返回写入结果并将数据同步到从数据库中。对于应用程序向从数据库读取数据的场景，如果要满足一致性，需要实现如下目标。

1）应用程序向主数据库写数据失败，则向从数据库读取数据也失败。

2）应用程序向主数据库写数据成功，则向从数据库读取数据也成功。

实现上述目标，需要在技术上满足如下条件。

1）应用程序将数据写入主数据库后，将数据同步到从数据库中。

2）数据写入主数据库后，主数据库将数据同步到从数据库存在一定的时间延迟，这个过程需要将从数据库锁定，避免应用程序向从数据库中读取出与主数据库不一致的数据，待数据同步完成后再释放从数据库的锁。

综上所述，一致性存在如下特点。

1）存在数据同步的过程，应用程序的写操作存在一定的延迟。

2）为了保证各节点数据的一致性，需要对相应的资源进行锁定，待数据同步完成后再释放锁定的资源。

3）如果数据写入并同步成功，所有节点都会返回最新的数据。相反地，如果数据写入或者同步失败，所有节点都不会存在最新写入的数据。

5.1.2 可用性

可用性指的是客户端访问数据的时候，能够快速得到响应。需要注意的是，系统处于可用性状态时，每个存储节点的数据可能会不一致，并不要求应用程序向数据库写入数据时能够立刻读取到最新的数据。也就是说，处于可用性状态的系统，任何事务的操作都可以得到响应的结果，不会存在超时或者响应错误的情况。

例如，在数据库主从集群模式中，应用程序向主数据库写数据，主数据库向应用程序返回写入结果并将数据同步到从数据库中。对于应用程序向从数据库读取数据的场景，如果要满足可用性，则需要实现如下目标。

1）从数据库接收到应用程序读取数据的请求，能够快速响应结果数据。

2）从数据库不能出现响应超时或者响应错误的情况。

实现上述目标，需要在技术上满足如下条件。

1）应用程序将数据写入主数据库后，主数据库需要将数据同步到从数据库中。

2）主数据库同步数据到从数据库的过程中，不能锁定从数据库的资源。

3）应用程序向从数据库查询数据时，从数据库一定要返回数据。此时如果主从数据同步还没有完成，从数据库也要返回数据，即使是旧数据也要返回，如果从数据库中连旧数据都没有，则返回一个默认数据。总之，从数据库不能出现响应超时或者响应错误的情况。

综上所述，可用性存在如下特点。

1）所有的请求都会被响应。

2）不会存在响应超时或者响应错误的情况。

3）如果对不同的应用程序设定了超时响应时间，一旦超过这个时间，系统将不可用。

5.1.3 分区容忍性

如果只是将存储系统部署并运行在一个节点上，当系统出现故障时，整个系统将不可用。如果将存储系统部署并运行在多个不同的节点上，并且这些节点处于不同的网络中，这就形成了网络分区。此时，不可避免地会出现网络问题，导致节点之间的通信出现失败的情况，但是，此时的系统仍能对外提供服务，这就是分区容忍性。

例如，在数据库主从集群模式中，应用程序向主数据库写数据，主数据库向应用程序返回写入结果并将数据同步到从数据库中。对于应用程序向从数据库读取数据的场景，如果要满足分区容忍性，则需要实现如下目标。

1）主数据库向从数据库同步数据，无论同步结果是成功还是失败，都不会影响数据的写操作。

2）不管是主数据库还是从数据库，其中一个节点挂掉，并不会影响另一个节点继续对外提供服务。

实现上述目标，需要在技术上满足如下条件。

1）主数据库向从数据库同步数据时，使用异步方式代替同步方式。

2）尽量多增加一些从数据库节点，如果一个节点挂掉，其他从数据库节点继续提供服务。

综上所述，分区容忍性存在如下特点。

1）一个节点挂掉，不影响其他节点对外提供服务。

2）分区容忍性是分布式系统必须具备的基础能力。

5.1.4 CAP 的组合

在分布式系统中，不会同时具备 CAP 三个特性，只能同时具备其中的两个。

在 CAP 理论中，如果要满足一致性，需要在数据由主数据库同步到从数据库的过程中对从数据库加锁，以防止同步的过程中应用程序向从数据库读取不一致的数据，数据同步完成后会释放从数据库的锁。如果数据同步失败，则需要从数据库返回错误信息或者超时信息。

如果要满足可用性，则必须保证数据节点的可用性，无论何时查询从数据库中的数据，从数据库都要快速响应查询结果，不能出现响应超时或者返回错误信息的情况。

由此可见，系统在满足分区容忍性的前提下，一致性和可用性就是矛盾的。那么 CAP 理论中的三个特性有哪些组合方式呢？很显然，有 AP、CP、CA 三种组合方式。

1. AP

放弃一致性，追求系统的可用性和分区容忍性。这是实际工作中，大部分分布式系统在架构设计时的选择。

在实际场景中，大部分分布式系统会采用 AP 的方式，舍弃了一致性，这并不代表就真的放弃了一致性。此时，架构设计方案采用了最终一致性，允许多个节点的数据在一定的时间内存在差异，一段时间后达到数据一致的状态。

2. CP

放弃可用性，追求系统的一致性和分区容忍性。这种组合方式对于数据的一致性要求比较高，追求的是强一致性。

在实际场景中，跨行转账业务需要每个银行系统都执行完转账操作的整个事务才算完成，这是典型的 CP 方式。

3. CA

放弃分区容忍性，追求系统的一致性和可用性。此时系统不会进行分区，也不会考虑网络不通和节点挂掉的问题。主数据库和从数据库不再进行数据同步，此时系统也不再是一个标准的分布式系统。

5.2　Base 理论

分布式系统最多只能同时满足 CAP 理论中的两个特性。在实际场景中，大部分分布式系统会采用 AP 方式，即舍弃一致性，保证可用性和分区容忍性。但是通常情况下还是要保证一致性，这种一致性与 CAP 中描述的一致性有所区别：CAP 中的一致性要求的是强一致性，即任何时间读取任意节点的数据都必须一致，而这里的一致性指的是最终一致性，允许在一段时间内每个节点的数据不一致，但经过一段时间后，每个节点的数据达到一致。

1. Base 理论概述

Base 理论是对 CAP 理论中 AP 的一个扩展，它通过牺牲强一致性来获得可用性。Base 理论中的 Base 是基本可用（Basically Available）、软状态（Soft State）和最终一致性（Eventually Consistent）的缩写。当系统出现故障时，Base 理论允许部分数据不可用，但是会保证核心功能可用；允许数据在一段时间内不一致，但是经过一段时间，数据最终是一致的。符合 Base 理论的事务可以称为柔性事务。

2. 基本可用

基本可用是指分布式系统出现故障时，允许其损失系统的部分可用性，比如响应时间或者功能上的损失，但是要保证系统基本可用。例如在电商业务场景中，添加购物车和下单功能出现故障时，商品浏览功能仍然可用。

3. 软状态

软状态是指允许系统中存在中间状态，这些中间状态不会影响系统的整体可用性，只是允许系统各个节点之间的数据同步存在延迟。例如在电商业务场景中，订单中的“支付中”“退款中”等状态就是中间状态，当达到一段时间后，就会变成“支付成功”或者“退款成功”的状态。

4. 最终一致性

最终一致性是指系统中各个节点的数据副本经过一段时间的同步，最终能够达到一致的状态。最终一致性需要保证数据经过一段时间的同步达到一致，并不要求各个节点的数据保持实时一致。例如在电商业务场景中，订单中的“支付中”“退款中”等状态，最终会变成“支付成功”“退款成功”的状态，经过一段时间的延迟，能够使得订单中的状态与最终的交易结果一致。

5.3 本章小结

本章的内容比较简单，介绍了分布式事务中的两大基本理论：CAP 理论和 Base 理论。第 6 章将对分布式事务中常用的解决方案进行简单的介绍。

第二部分 Part 2

分布式事务解决方案

Chapter 6 第 6 章

强一致性分布式事务解决方案

在前面的章节中，我们学习了产生分布式事务的场景和分布式事务的理论依据。从本章开始，正式进入分布式事务解决方案部分。总体来说，分布式事务解决方案可以分为强一致性分布式事务解决方案和最终一致性分布式事务解决方案。

本章简单介绍一下强一致性分布式事务解决方案，涉及的内容如下。

- 强一致性事务概述。
- DTP 模型。
- 2PC 模型。
- 3PC 模型。

6.1 强一致性事务概述

在分布式事务领域，最早采用的是符合 CAP 理论的强一致性事务方案来解决分布式事务问题。强一致性分布式事务要求在任意时刻查询参与全局事务的各节点的数据都是一致的。本节主要介绍强一致性分布式事务的典型方案、使用场景和优缺点。

6.1.1 典型方案

在强一致性事务解决方案中，典型的方案包括 DTP 模型（全局事务模型）、2PC 模型（二阶段提交模型）和 3PC 模型（三阶段提交模型）3 种。

基于 DTP 模型，典型的解决方案是分布式通信协议 XA 规范，MySQL 默认支持 XA 规范，详见 2.5 节。另外，Atomikos 框架和 Dromara 开源社区的 RainCat 框架也在应用层支持 XA 规范，能够实现分布式事务。

基于 2PC 模型，典型的解决方案是 Dromara 开源社区开源的 RainCat 框架，在应用层实现了 2PC 模型，避免出现在数据库层实现 2PC 模型时阻塞数据库的情况。

由于 3PC 模型的设计过于复杂，在解决 2PC 问题的同时又引入了新的问题，因此在实际工作中的应用不是很广泛。

6.1.2 适用场景

在分布式事务解决方案中，强一致性事务要求应用程序在任何时间，读取任意节点上的数据，都是最新写入的。

强一致性事务主要用于对数据一致性要求比较高，在任意时刻都要查询到最新写入数据的场景，例如跨行转账业务中，张三向李四转账 100 元，则张三账户减少 100 元，李四账户增加 100 元，这两个操作要么都执行成功，要么都执行失败。不存在一个成功，另一个失败的情况。

6.1.3 优缺点

强一致性事务解决方案存在如下优点。

1）数据一致性比较高。

2）在任意时刻都能够查询到最新写入的数据。

强一致性事务解决方案也存在着如下缺点。

1）存在性能问题，在分布式事务未完全提交和回滚之前，应用程序不会查询到最新的数据。

2）实现复杂。

3）牺牲了可用性。

4）不适合高并发场景。

6.2 DTP 模型

DTP 模型是 X/Open 组织定义的一套分布式事务标准，这套标准主要定义了实现分布式事务的规范和 API，具体的实现则交给相应的厂商来实现。本节对 DTP 模型的重要概念和执行流程进行简单的介绍。

6.2.1 DTP 模型的重要概念

DTP 模型中定义了几个重要的概念，分别为事务、全局事务、分支事务和控制线程。

1）事务：一个事务就是一个完整的工作单元，具备 ACID 特性。

2）全局事务：由事务管理器管理的事务，能够一次性操作多个资源管理器。

3）分支事务：由事务管理器管理的全局事务中，每个资源管理器中独立执行的事务。

4）控制线程：执行全局事务的线程，这个线程用来关联应用程序、事务管理器和资源管理器三者之间的关系，也就是表示全局事务和分支事务的关系，通常称为事务上下文环境。

6.2.2 DTP 模型的执行流程

DTP 模型定义了实现分布式事务的规范和 API，主要的执行流程如图 6-1 所示。

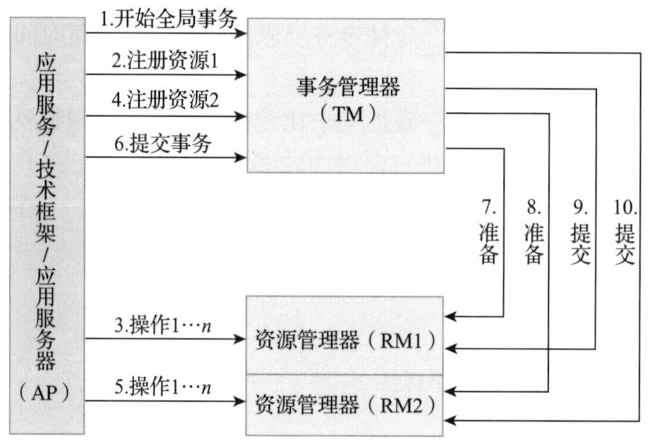

图 6-1 DTP 模型示意图

在 DTP 模型中，主要定义了 3 个核心组件，分别为 AP、TM、RM。

1）AP：应用程序（Application Program）可以理解为参与 DTP 分布式事务模型的应用程序。

2）RM：资源管理器（Resource Manager）可以理解为数据库管理系统或消息服务管理器。应用程序可以通过资源管理器对相应的资源进行有效的控制。相应的资源需要实现 XA 定义的接口。

3）TM：事务管理器（Transaction Manager）负责协调和管理 DTP 模型中的事务，为应用程序提供编程接口，同时管理资源管理器。

其中，AP 可以和 TM、RM 通信，TM 和 RM 互相之间可以通信，DTP 模型定义了 XA 接口，TM 和 RM 能够通过 XA 接口进行双向通信。TM 控制着全局事务，管理事务的生命周期并协调资源。RM 控制和管理实际的资源。

6.3 2PC 模型

2PC 模型是指两阶段提交协议模型，这种模型将整个事务流程分为 Prepare 阶段和 Commit 阶段。2PC 中的 2 指的是两个阶段，P 是指 Prepare，即准备，C 是指 Commit，即提交。

6.3.1　2PC 模型的执行流程

2PC 模型两阶段执行流程如下所示。

1. Prepare 阶段

在 Prepare 阶段，事务管理器给每个参与全局事务的资源管理器发送 Prepare 消息，资源管理器要么返回失败，要么在本地执行相应的事务，将事务写入本地的 Redo Log 文件和 Undo Log 文件，此时，事务并没有提交。

2. Commit 阶段

如果事务管理器收到了参与全局事务的资源管理器返回的失败消息，则直接给 Prepare 阶段执行成功的资源管理器发送回滚消息，否则，向每个资源管理器发送 Commit 消息。相应的资源管理器根据事务管理器发送过来的消息指令，执行对应的事务回滚或事务提交操作，并且释放事务处理过程中使用的锁资源。

2PC 的流程分为事务提交成功和事务提交失败两种情况，下面进行详细介绍。

6.3.2　事务执行成功的流程

在 2PC 模型中，正常情况下，分布式事务执行成功时，整体上也分为 Prepare 阶段和 Commit 阶段。在 Prepare 阶段事务管理器会向各资源管理器发送 Prepare 消息，在 Commit 阶段事务管理器会向各资源管理器发送 Commit 消息。

事务执行成功的流程如图 6-2、图 6-3 所示。

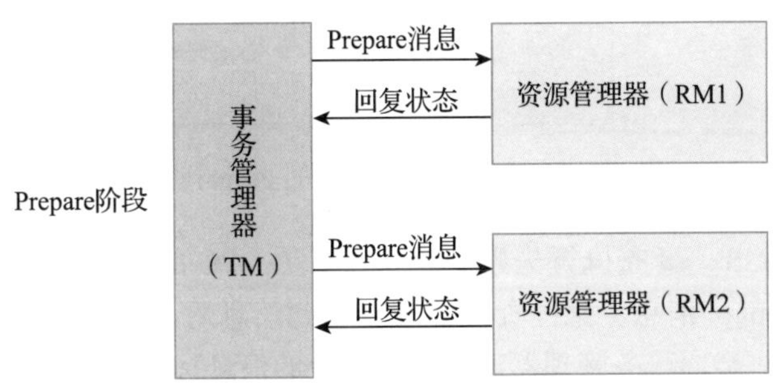

图 6-2　2PC 事务执行成功的 Prepare 阶段

由图 6-2 可以看出，事务提交成功的情况下，在 2PC 的 Prepare 阶段，由事务管理器向参与全局事务的资源管理器发送 Prepare 消息，资源管理器收到消息后，将事务写入本地的 Redo Log 和 Undo Log 日志，并向事务管理器返回事务执行成功的状态。

由图 6-3 可以看出，事务执行成功的情况下，在 2PC 的 Commit 阶段，由事务管理器向参与全局事务的资源管理器发送 Commit 消息，资源管理器收到消息后，提交本地事务，并将提交成功的消息返回给事务管理器，同时释放相应的锁资源。

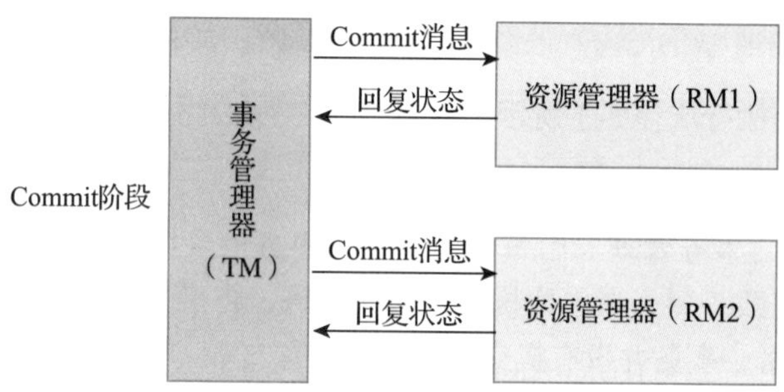

图 6-3　2PC 事务执行成功的 Commit 阶段

6.3.3　事务执行失败的流程

在 2PC 模型中，当执行分布式事务失败时，例如在 Prepare 阶段，某些资源管理器向事务管理器响应了 Error 消息，则在 Commit 阶段，事务管理器会向其他响应正常消息的资源管理器发送回滚消息。

事务执行失败的流程如图 6-4、图 6-5 所示。

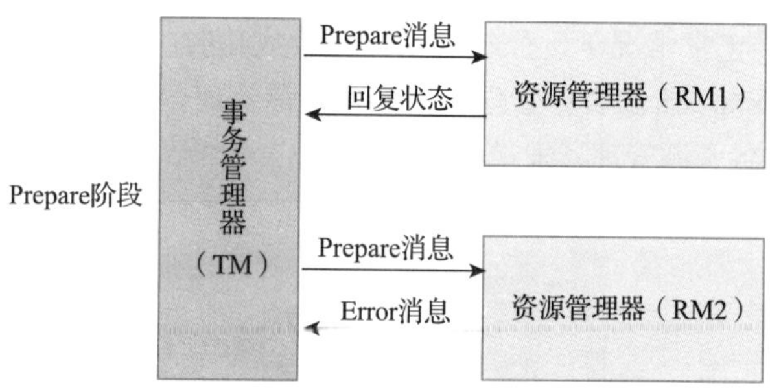

图 6-4　2PC 事务执行失败的 Prepare 阶段

由图 6-4 可以看出，事务执行失败的情况下，在 2PC 的 Prepare 阶段，事务管理器向资源管理器发送 Prepare 消息，某些资源管理器收到消息后，将事务写入本地 Redo Log 和 Undo Log 日志失败，会向事务管理器返回执行失败的消息。

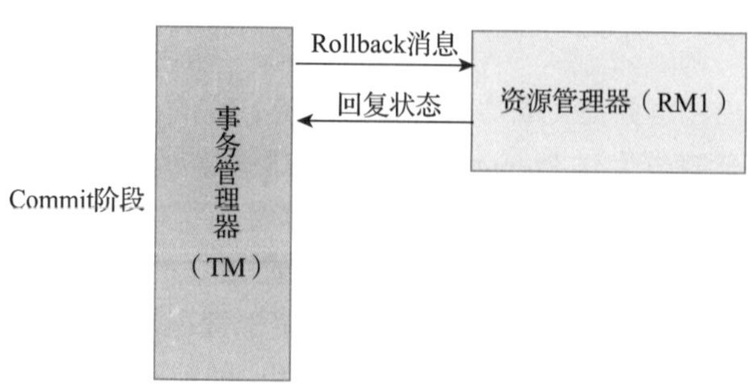

图 6-5　2PC 事务执行失败的 Commit 阶段

由图 6-5 可以看出，事务执行失败的情况下，在 2PC 的 Commit 阶段，事务管理器会向在 Prepare 阶段执行事务成功的资源管理器发送 Rollback 消息，对应的资源管理器收到事务管理器发送的 Rollback 消息后，回滚本地的事务，并将回滚成功的消息返回给事务管理器。

6.3.4　2PC 模型存在的问题

值得注意的是，2PC 模型存在着如下的缺点。

1）同步阻塞问题：事务的执行过程中，所有参与事务的节点都会对其占用的公共资源加锁，导致其他访问公共资源的进程或者线程阻塞。

2）单点故障问题：如果事务管理器发生故障，则资源管理器会一直阻塞。

3）数据不一致问题：如果在 Commit 阶段，由于网络或者部分资源管理器发生故障，导致部分资源管理器没有接收到事务管理器发送过来的 Commit 消息，会引起数据不一致的问题。

4）无法解决的问题：如果在 Commit 阶段，事务管理器发出 Commit 消息后宕机，并且唯一接收到这条 Commit 消息的资源管理器也宕机了，则无法确认事务是否已经提交。

6.4　3PC 模型

3PC 模型是指三阶段提交模型，是在 2PC 模型的基础上改进的版本。3PC 模型把 2PC 模型中的 Prepare 阶段一分为二，最终形成 3 个阶段：CanCommit 阶段、PreCommit 阶段和 doCommit 或者 doRollback 阶段。3PC 模型的流程同样分为事务执行成功和事务执行失败两种情况。

6.4.1　事务执行成功的流程

在 3PC 模型中，当事务执行成功时，在 CanCommit 阶段、PreCommit 阶段和 doCommit 阶段，事务管理器与资源管理器之间的消息发送与接收都是正常的，整个分布式事务最终会成功提交。事务执行成功的流程如图 6-6～图 6-8 所示。

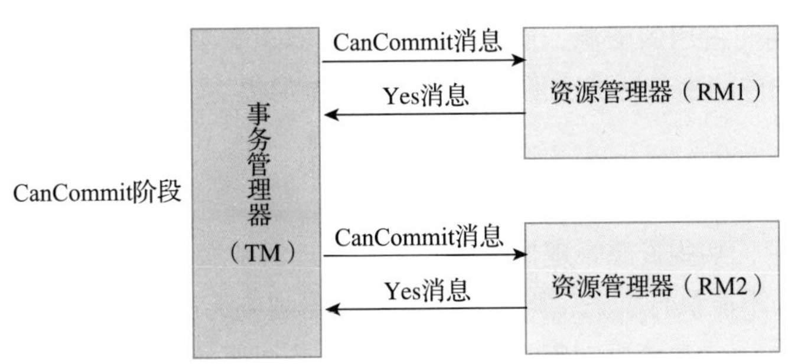

图 6-6　3PC 模型事务执行成功的 CanCommit 阶段

由图 6-6 可以看出，在事务执行成功的 CanCommit 阶段，事务管理器向参与全局事务的资源管理器发送 CanCommit 消息，资源管理器收到 CanCommit 消息，认为能够执行事务，会向事务管理器响应 Yes 消息，进入预备状态。

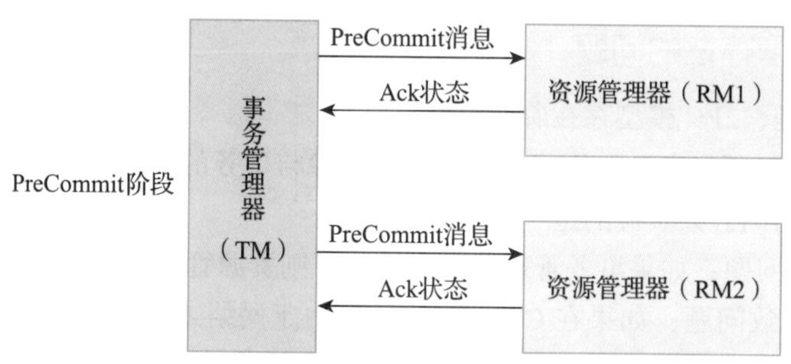

图 6-7 3PC 模型事务执行成功的 PreCommit 阶段

由图 6-7 可以看出，在事务执行成功的 PreCommit 阶段，事务管理器会向参与全局事务的资源管理器发送 PreCommit 消息，资源管理器收到 PreCommit 消息后，执行事务操作，将 Undo 和 Redo 信息写入事务日志，并向事务管理器响应 Ack 状态，但此时不会提交事务。

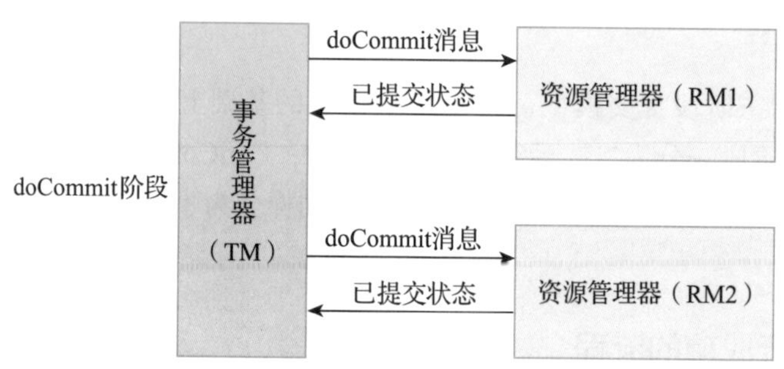

图 6-8 3PC 模型事务执行成功的 doCommit 阶段

由图 6-8 可以看出，在事务执行成功的 doCommit 阶段，事务管理器会向参与全局事务的资源管理器发送 doCommit 消息，资源管理器接收到 doCommit 消息后，正式提交事务，并释放执行事务期间占用的资源，同时向事务管理器响应事务已提交的状态。事务管理器收到资源管理器响应的事务已提交的状态，完成事务的提交。

6.4.2 事务执行失败的流程

在 3PC 模型中，某些资源管理器接收到事务管理器发送过来的 CanCommit 消息时，如果资源管理器认为不能执行事务，则会向事务管理器响应无法执行事务的 No 消息。之后事务管理器会在 PreCommit 阶段向资源管理器发送准备回滚的消息，资源管理器向事务管理器响应准备好事务回滚的消息。在 doRollback 阶段，事务管理器会向资源管理器发送回滚事务的消息。

3PC 模型中，事务执行失败的流程如图 6-9～图 6-11 所示。

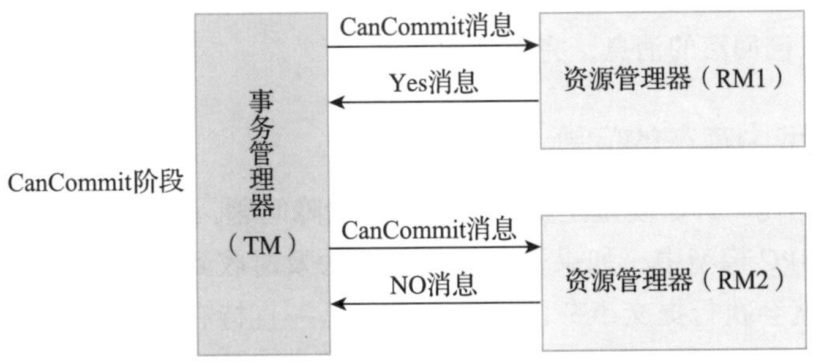

图 6-9　3PC 模型事务执行失败的 CanCommit 阶段

由图 6-9 可以看出，在事务执行失败的 CanCommit 阶段，事务管理器会向参与全局事务的资源管理器发送 CanCommit 消息，如果资源管理器收到 CanCommit 消息后，认为不能执行事务，则会向事务管理器响应 No 状态。

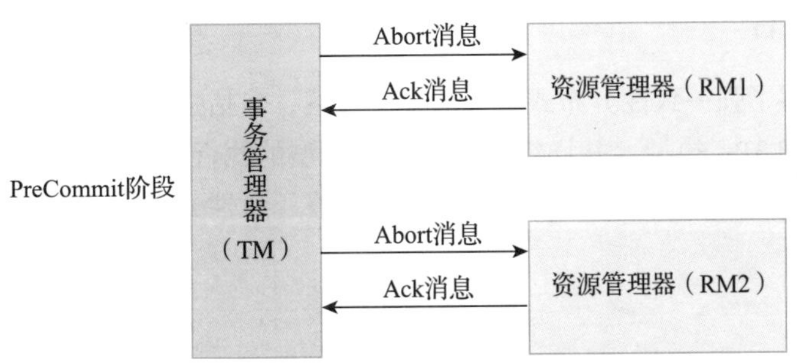

图 6-10　3PC 模型事务执行失败的 PreCommit 阶段

由图 6-10 可以看出，在事务执行失败的 PreCommit 阶段，事务管理器会向参与全局事务的资源管理器发送 Abort 消息，资源管理器收到 Abort 消息或者期间出现超时，都会中断事务的执行。

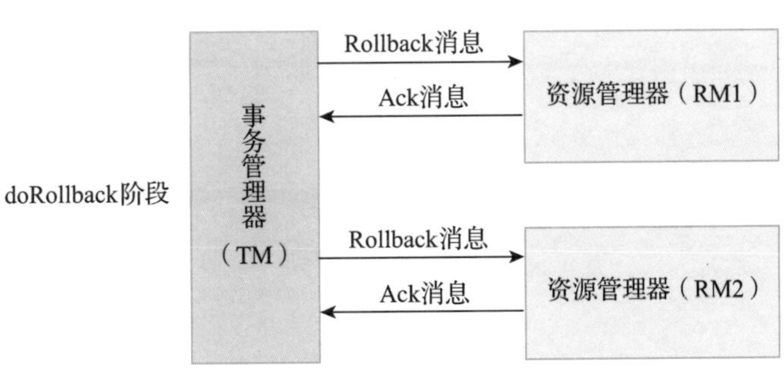

图 6-11　3PC 模型事务执行失败的 doRollback 阶段

由图 6-11 可以看出，在事务执行失败的 doRollback 阶段，事务管理器会向参与全局事务的资源管理器发送 Rollback 消息，资源管理器会利用 Undo Log 日志信息回滚事务，并释放执行事务期间占用的资源，向事务管理器返回事务已回滚的状态。事务管理器收到资源管理器返回的事务已回滚的消息，完成事务回滚。

6.4.3 3PC 模型中存在的问题

与 2PC 模型相比，3PC 模型主要解决了单点故障问题，并减少了事务执行过程中产生的阻塞现象。在 3PC 模型中，如果资源管理器无法及时收到来自事务管理器发出的消息，那么资源管理器就会执行提交事务的操作，而不是一直持有事务的资源并处于阻塞状态，但是这种机制会导致数据不一致的问题。

如果由于网络故障等原因，导致资源管理器没有及时收到事务管理器发出的 Abort 消息，则资源管理器会在一段时间后提交事务，这就导致与其他接收到 Abort 消息并执行了事务回滚操作的资源管理器的数据不一致。

6.5 本章小结

本章主要介绍了强一致性分布式事务的解决方案，包括强一致性分布式事务概述、DTP 模型、2PC 模型和 3PC 模型，并详细描述了各个模型的执行流程，同时对 2PC 模型和 3PC 模型存在的问题进行了简单的介绍。第 7 章将对最终一致性分布式事务解决方案进行介绍。

第 7 章 Chapter 7

最终一致性分布式事务解决方案

第 6 章主要介绍了强一致性分布式事务解决方案，本章对最终一致型分布式事务解决方案进行简单的介绍，涉及的内容如下。

- 最终一致性分布式事务概述。
- 服务模型。
- TCC 解决方案。
- 可靠消息最终一致性解决方案。
- 最大努力通知型解决方案。

7.1 最终一致性分布式事务概述

强一致性分布式事务解决方案要求参与事务的各个节点的数据时刻保持一致，查询任意节点的数据都能得到最新的数据结果。这就导致在分布式场景，尤其是高并发场景下，系统的性能受到影响。而最终一致性分布式事务解决方案并不要求参与事务的各节点数据时刻保持一致，允许其存在中间状态，只要一段时间后，能够达到数据的最终一致状态即可。本节将对最终一致性分布式事务的典型方案、适用场景和优缺点进行简单的介绍。

7.1.1 典型方案

业界对于数据的一致性问题，一直在探索有效的解决方案。为了解决分布式、高并发场景下系统的性能问题，业界基于 Base 理论提出了最终一致性分布式事务解决方案。

典型的最终一致性解决方案如下所示。

1）TCC 解决方案。

2）可靠消息最终一致性解决方案。

3）最大努力通知型解决方案。

本章后续小节会对这些方案进行简单的介绍。

7.1.2 适用场景

最终一致性分布式事务解决方案主要用于不要求结果数据时刻保持一致、允许存在中间状态，但经过一段时间后，各个节点的数据能够达到一致状态的场景。

在电商支付场景中，会涉及订单服务、支付服务、库存服务、积分服务、仓储服务等环节，每个服务都是单独部署的。订单服务会调用支付服务生成交易流水，订单服务会调用库存服务扣减商品库存，订单服务会调用积分服务为用户的账户增加积分，订单服务会调用仓储服务生成出库单。如果这一系列的服务调用操作使用强一致性分布式事务，很容易造成系统性能低下，导致系统卡顿，并且服务与服务之间的交互是通过网络进行的，由于网络的不稳定性，就会导致服务之间的调用出现各种各样的问题，难以完成强一致性分布式事务的提交操作。

上述电商支付场景就是最终一致性分布式事务解决方案的适用场景。在最终一致性分布式事务解决方案中，每个服务都存在中间状态，服务与服务之间不必保持强一致性，允许在某个时刻查询出来的数据存在短暂的不一致性，经过一段时间后，各个服务之间的数据能够达到最终一致性。这样，不仅各个服务的数据达到了最终一致性，还极大地提高了系统的整体性能并降低了分布式事务执行过程中出错的概率。

7.1.3 优缺点

最终一致性分布式事务解决方案的优点如下。

1）性能比较高，这是因为最终一致性分布式事务解决方案不要求数据时刻保持一致，不会因长时间持有事务占用的资源而消耗过多的性能。

2）具备可用性。

3）适合高并发场景。

最终一致性分布式事务解决方案的缺点如下。

1）因为数据存在短暂的不一致，所以在某个时刻查询出的数据状态可能会不一致。

2）对于事务一致性要求特别高的场景不太适用。

7.2 服务模式

最终一致性分布式事务解决方案存在 4 种典型的服务模式，分别为可查询操作、幂等操作、TCC 操作和可补偿操作。本节简单介绍这 4 种服务模式。

7.2.1　可查询操作

可查询操作服务模式需要服务的操作具有可标识性，主要体现在服务的操作具有全局唯一的标识，可以是业务的单据编码（如订单号），也可以是系统分配的操作流水号（如支付产生的交易流水号）。另外，在可查询的服务模式中，也要有完整的操作时间信息。可查询操作示意图如图 7-1 所示。

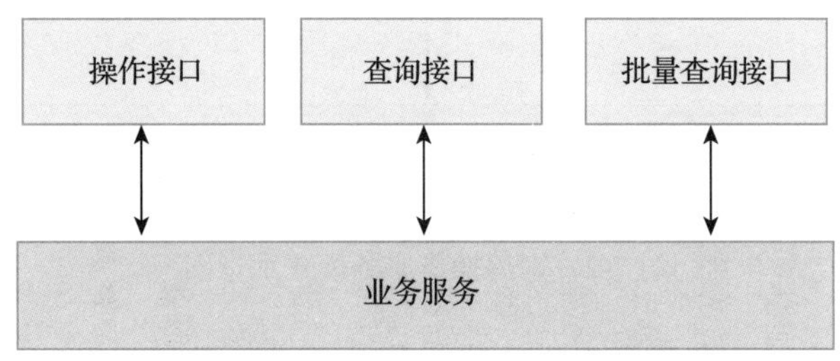

图 7-1　可查询操作示意图

由图 7-1 可以看出，在可查询操作中，业务服务需要提供操作业务的接口、查询某条业务数据的接口和批量查询业务数据的接口。

处理订单操作的方法片段如下，在一个方法中不仅要更新本地数据库中的订单状态，还要通过 RPC 调用的方式来处理远程服务的逻辑。也就是说，其他远程业务服务为订单服务提供了操作业务的接口。

```
public void handleOrder() {
    //订单服务本地更新订单状态
    orderDao.update();
    //调用资金账户服务给资金账户扣款
    accountService.update();
    //调用积分服务给积分账户增加积分
    pointService.update();
    //调用会计服务向会计系统写入会计原始凭证
    accountingService.insert();
    //调用物流服务生成物流信息
    logisticsService.save();
}
```

在上面的代码中，完成支付功能后需要处理订单的状态信息，在处理订单信息的方法中，除了更新订单状态的操作为本地操作外，其他操作都需要调用 RPC 接口来执行。在这种情况下，只使用本地事务就无法保证数据一致性了，需要引入分布式事务。在分布式事务的执行过程中，如果出现了错误，需要明确知道其他操作的处理情况。此时需要其他服务提供可查询的接口，以保证通过可查询的接口获取其他服务的处理情况。

7.2.2　幂等操作

幂等操作服务模式要求操作具有幂等性。幂等性是数学上的概念，指的是使用相同的参数执行同一个方法时，无论执行多少次，都能输出相同的结果。在编程中，幂等性指的是对于同一个方法来说，只要参数相同，无论执行多少次都与第一次执行时产生的影响相同。幂等操作示意图如图 7-2 所示。

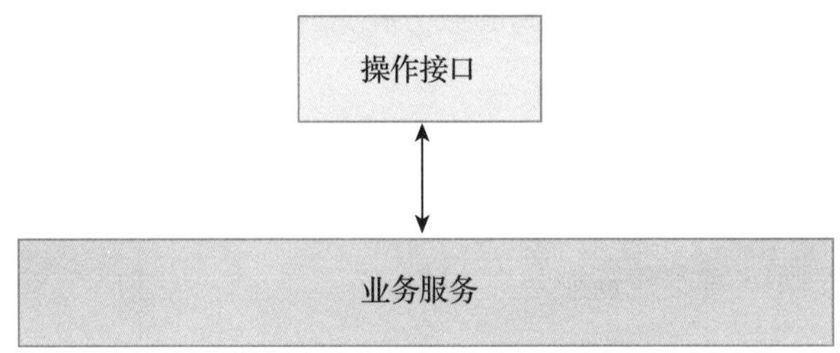

图 7-2 幂等操作服务模式示意图

由图 7-2 可以看出，业务服务对外提供操作业务数据的接口，并且需要在接口的实现中保证对数据处理的幂等性。

在分布式环境中，难免会出现数据不一致的情况。很多时候，为了保证数据的最终一致性，系统会提供很多重试操作。如果这些重试操作涉及的方法中，某些方法的实现不具有幂等性，则即使重试操作成功了，也无法保证数据最终一致性。

通常有两种实现幂等性的方式：一种是通过业务操作本身实现幂等性；另一种是通过系统缓存所有的请求与处理结果，当再次检测到相同的请求时，直接返回之前缓存的处理结果。

7.2.3 TCC 操作

TCC 操作服务模式主要包括 3 个阶段，分别为 Try 阶段（尝试业务执行）、Confirm 阶段（确定业务执行）和 Cancel 阶段（取消业务执行），如图 7-3 所示。

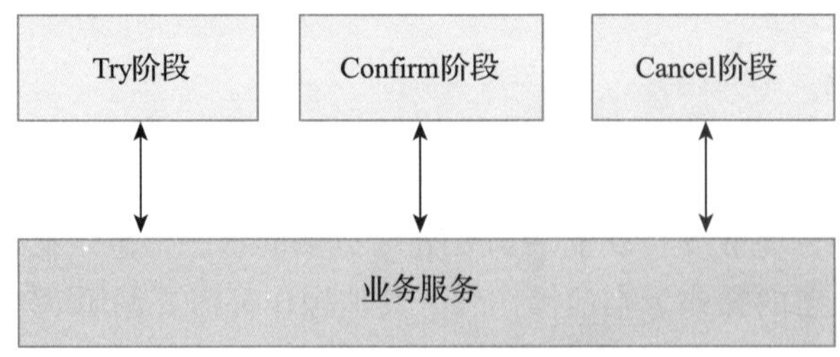

图 7-3 TCC 操作服务模式示意图

在 TCC 操作服务模式中，各阶段的主要功能及特性如下所示。

1. Try 阶段

1）完成所有业务的一致性检查。

2）预留必要的业务资源，并需要与其他操作隔离。

2. Confirm 阶段

1）此阶段会真正执行业务操作。

2）因为在 Try 阶段完成了业务的一致性检查，所以此阶段不会做任何业务检查。

3）只用 Try 阶段预留的业务资源进行操作。

4）此阶段的操作需要满足幂等性。

3. Cancel 阶段

1）释放 Try 阶段预留的业务资源。

2）此阶段的操作需要满足幂等性。

7.2.4　可补偿操作

在分布式系统中，如果某些数据处于不正常的状态，需要通过某种方式进行业务补偿，使数据能够达到最终一致性，这种因数据不正常而进行的补偿操作，就是可补偿操作服务模式。

可补偿服务模式示意图如图 7-4 所示。

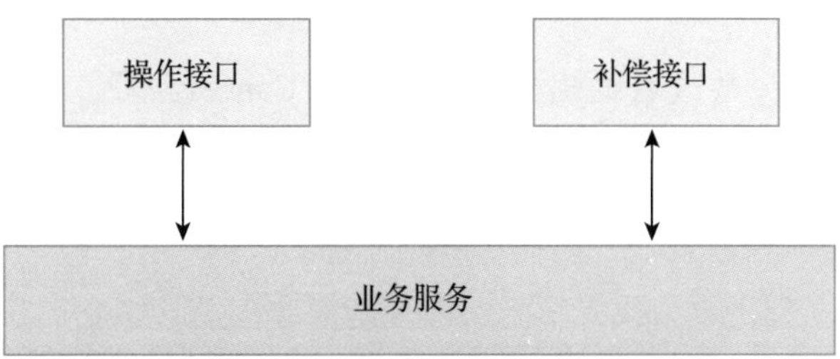

图 7-4　可补偿操作服务模式示意图

由图 7-4 可以看出，业务服务对外提供操作数据的接口时，也需要对外提供补偿业务的接口，当其他服务调用业务服务操作数据的接口出现异常时，能够通过补偿接口进行业务补偿操作。

1）在执行业务操作时，完成业务操作并返回业务操作结果，这些操作结果对外部都是可见的。

2）在进行业务补偿时，能够补偿或者抵消正向业务操作的结果，并且业务补偿操作需要满足幂等性。

7.3　TCC 解决方案

TCC 是一种典型的解决分布式事务问题的方案，主要解决跨服务调用场景下的分布式事务问题，广泛应用于分布式事务场景。

7.3.1 适用场景

TCC 解决方案适用于具有强隔离性、严格一致性要求的业务场景，也适用于执行时间比较短的业务。

对于电商业务场景中的下单减库存等业务，如果使用 TCC 分布式事务，则会经过 Try、Confirm、Cancel 三个阶段。

1. Try 阶段

提交订单并将订单的状态设置为待提交，调用库存服务预扣减库存，具体操作为在库存数据表中将商品库存字段的数据减去提交订单时传递的商品数量，同时在预扣减库存字段中增加提交订单时传递的商品数量。

2. Confirm 阶段

如果 Try 阶段的操作全部执行成功，则执行 Confirm 阶段。在 Confirm 阶段，订单服务将订单数据的状态标记为已提交。库存服务则将库存数据表中预扣减库存字段的数据减去提交订单时传递的商品数量，实现真正扣减库存。

3. Cancel 阶段

如果 Try 阶段执行失败或者抛出异常，则执行 Cancel 阶段。在 Cancel 阶段，订单服务将订单数据的状态标记为已取消。库存服务将库存数据表中商品库存字段的数据增加提交订单时传递的商品数量，同时对预扣减库存字段的数据减去提交订单时传递的商品数量，实现事务回滚。

7.3.2 需要实现的服务模式

在 TCC 分布式事务解决方案中，需要实现的服务模式包括 TCC 操作、幂等操作、可补偿操作和可查询操作。

例如，实现 TCC 分布式事务方案时，需要实现 Try、Confirm 和 Cancel 三个阶段的业务逻辑，这就是 TCC 操作。在 TCC 操作的每个阶段的方法都需要实现幂等性，这就是幂等操作。如果在执行分布式事务的过程中，业务服务或者网络出现了异常情况，则需要支持重试操作，以达到事务补偿的目的，这就是可补偿操作。另外，业务服务需要提供可以查询自身内部事务状态的接口，以供其他服务调用，这就是可查询操作。

7.3.3 方案的执行流程

从本质上讲，TCC 是一种应用层实现的二阶段提交协议，TCC 方案的执行流程如图 7-5 所示。

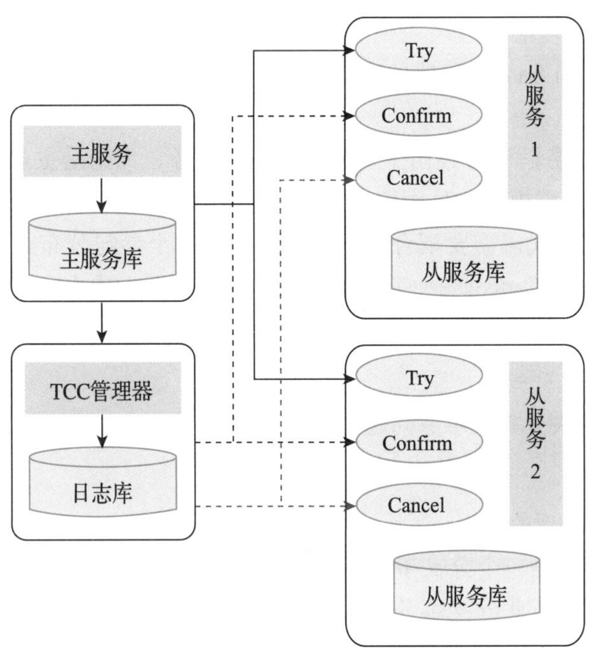

图 7-5　TCC 方案执行流程

1. Try 阶段

不会执行任何业务逻辑，仅做业务的一致性检查和预留相应的资源，这些资源能够和其他操作保持隔离。

2. Confirm 阶段

当 Try 阶段所有分支事务执行成功后开始执行 Confirm 阶段。通常情况下，采用 TCC 方案解决分布式事务时会认为 Confirm 阶段是不会出错的。也就是说，只要 Try 阶段的操作执行成功了，Confirm 阶段就一定会执行成功。如果 Confirm 阶段出错了，就需要引入重试机制或人工处理，对出错的事务进行干预。

3. Cancel 阶段

在业务执行异常或出现错误的情况下，需要回滚事务的操作，执行分支事务的取消操作，并且释放 Try 阶段预留的资源。通常情况下，采用 TCC 方案解决分布式事务时，同样会认为 Cancel 阶段也是一定会执行成功的。如果 Cancel 阶段出错了，也需要引入重试机制或人工处理，对出错的事务进行干预。

7.3.4　方案的优缺点

TCC 分布式事务的优点如下。

1）在应用层实现具体逻辑，锁定资源的粒度变小，不会锁定所有资源，提升了系统的性能。

2）Confirm 阶段和 Cancel 阶段的方法具备幂等性，能够保证分布式事务执行完毕后数据的一致性。

3）TCC 分布式事务解决方案由主业务发起整个事务，无论是主业务还是分支事务所在的业务，都能部署为集群模式，从而解决了 XA 规范的单点故障问题。

TCC 方案的缺点是代码需要耦合到具体业务中，每个参与分布式事务的业务方法都要拆分成 Try、Confirm 和 Cancel 三个阶段的方法，提高了开发成本。

7.3.5 需要注意的问题

使用 TCC 方案解决分布式事务问题时，需要注意空回滚、幂等和悬挂的问题。

1. 空回滚问题

（1）空回滚问题出现的原因

出现空回滚的原因是一个分支事务所在的服务器宕机或者网络发生异常，此分支事务调用失败，此时并未执行此分支事务 Try 阶段的方法。当服务器或者网络恢复后，TCC 分布式事务执行回滚操作，会调用分支事务 Cancel 阶段的方法，如果 Cancel 阶段的方法不能处理这种情况，就会出现空回滚问题。

（2）空回滚问题的解决方案

识别是否出现了空回滚操作的方法是判断是否执行了 Try 阶段的方法。如果执行了 Try 阶段的方法，就没有空回滚，否则，就出现了空回滚。

具体解决方案是在主业务发起全局事务时，生成全局事务记录，并为全局事务记录生成一个全局唯一的 ID，叫作全局事务 ID。这个全局事务 ID 会贯穿整个分布式事务的执行流程。再创建一张分支事务记录表，用于记录分支事务，将全局事务 ID 和分支事务 ID 保存到分支事务表中。执行 Try 阶段的方法时，会向分支事务记录表中插入一条记录，其中包含全局事务 ID 和分支事务 ID，表示执行了 Try 阶段。当事务回滚执行 Cancel 阶段的方法时，首先读取分支事务表中的数据，如果存在 Try 阶段插入的数据，则执行正常操作回滚事务，否则为空回滚，不做任何操作。

2. 幂等问题

（1）幂等问题出现的原因

由于服务器宕机、应用崩溃或者网络异常等原因，可能会出现方法调用超时的情况，为了保证方法的正常执行，往往会在 TCC 方案中加入超时重试机制。因为超时重试有可能导致数据不一致的问题，所以需要保证分支事务的执行以及 TCC 方案的 Confirm 阶段和 Cancel 阶段具备幂等性。

（2）幂等问题的解决方案

解决方案是在分支事务记录表中增加事务的执行状态，每次执行分支事务以及 Confirm

阶段和 Cancel 阶段的方法时，都查询此事务的执行状态，以此判断事务的幂等性。

3. 悬挂问题

（1）悬挂问题出现的原因

在 TCC 分布式事务中，通过 RPC 调用分支事务 Try 阶段的方法时，会先注册分支事务，再执行 RPC 调用。如果此时发生服务器宕机、应用崩溃或者网络异常等情况，RPC 调用就会超时。如果 RPC 调用超时，事务管理器会通知对应的资源管理器回滚事务。可能资源管理器回滚完事务后，RPC 请求达到了参与分支事务所在的业务方法，因为此时事务已经回滚，所以在 Try 阶段预留的资源就无法释放了。这种情况，就称为悬挂。总之，悬挂问题就是预留业务资源后，无法继续往下处理。

（2）解决悬挂问题的方案

解决方案的思路是如果执行了 Confirm 阶段或者 Cancel 阶段的方法，则 Try 阶段的方法就不能再执行。具体方案是在执行 Try 阶段的方法时，判断分支记录表中是否已经存在同一全局事务下 Confirm 阶段或者 Cancel 阶段的事务记录，如果存在，则不再执行 Try 阶段的方法。

7.4　可靠消息最终一致性解决方案

可靠消息最终一致性分布式事务解决方案指的是事务的发起方执行完本地事务之后，发出一条消息，事务的参与方，也就是消息的消费者一定能够接收到这条消息并处理成功。这个方案强调的是只要事务发起方将消息发送给事务参与方，事务参与方就一定能够执行成功，事务最终达到一致的状态。

7.4.1　适用场景

可靠消息最终一致性方案主要适用于消息数据能够独立存储，能够降低系统之间耦合度，并且业务对数据一致性的时间敏感度高的场景。例如，基于 RocketMQ 实现的可靠消息最终一致性分布式事务解决方案。

以电商支付场景，向用户发放优惠券为例，具体流程为订单服务向 RocketMQ 发送 Half 消息（Half 消息是 RocketMQ 中的概念），发送成功后，RocketMQ 会向订单服务响应 Half 消息发送成功的状态。接下来，订单服务执行本地事务，修改订单数据的状态，并向 RocketMQ 发送提交事务或者回滚事务的消息。如果是提交事务的消息，则 RocketMQ 会向优惠券服务投递事务消息，优惠券服务收到消息后，会执行为用户发放优惠券的逻辑。如果是回滚消息，则 RocketMQ 会删除相应的消息，不再向优惠券服务投递对应的事务消息。

7.4.2　需要实现的服务模式

可靠消息最终一致性分布式事务解决方案需要实现的服务模式是可查询操作和幂等操作。

在具体实现的过程中，需要参与分布式事务的业务服务提供可查询自身事务状态的接口，在发生异常时，能够让其他服务通过查询接口查询具体的事务状态，这就是可查询操作。参与分布式事务的各个业务接口需要保证数据操作的幂等性，只要参数相同，无论调用多少次接口，都应该和第一次调用接口产生的结果相同，这就是幂等操作。

7.4.3 方案的执行流程

可靠消息最终一致性解决方案中，事务发起方执行完本地事务后，通过可靠消息服务将消息发送给事务参与方，事务参与方接收到消息后，一定能够成功执行。这里的可靠消息服务可以通过本地消息表实现，也可以通过 RocketMQ 消息队列实现。

可靠消息最终一致性方案的执行流程如图 7-6 所示。

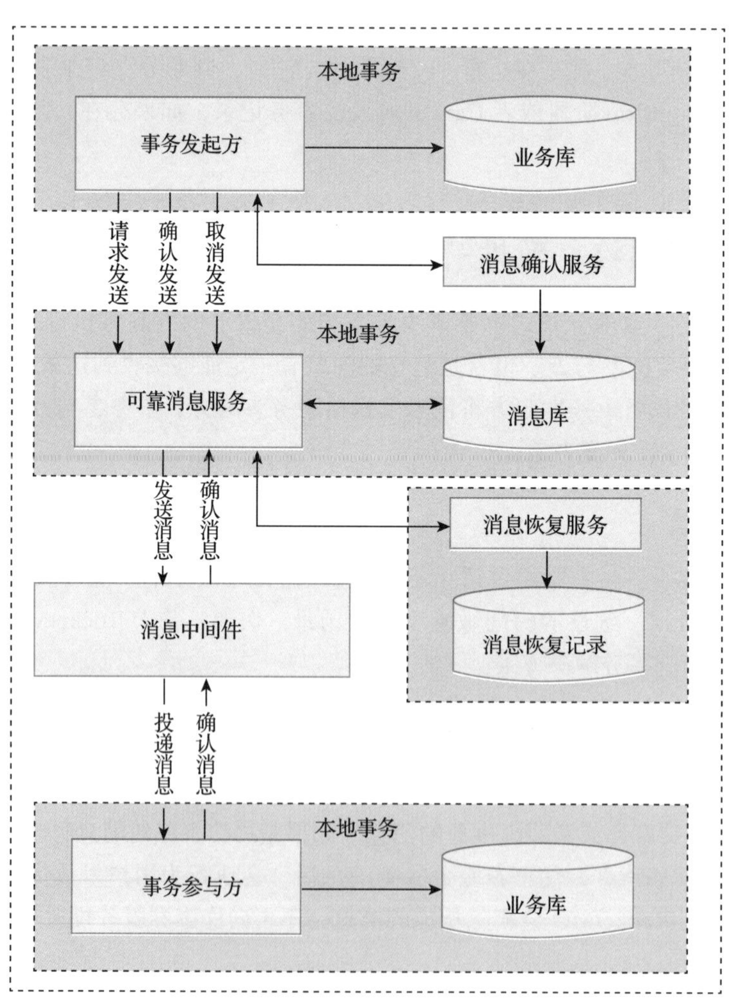

图 7-6 可靠消息最终一致性方案执行流程

首先，事务发起方将消息发送给可靠消息服务，这里的可靠消息服务可以基于本地数据表实现，也可以基于消息队列中间件实现。然后，事务参与方从可靠消息服务中接收消息。事务发起方和可靠消息服务之间、可靠消息服务和事务参与方之间都是通过网络进行通信的。由于网络本身的不稳定性，可能会造成分布式事务问题，因此在实现上，需要引入消息确认服务和消息恢复服务。

消息确认服务会定期检测事务发起方业务的执行状态和消息库中的数据，如果发现事务发起方业务的执行状态与消息库中的数据不一致，消息确认服务就会同步事务发起方的业务数据和消息库中的数据，保证数据一致性，确保事务发起方业务完成本地事务后消息一定会发送成功。

消息恢复服务会定期检测事务参与方业务的执行状态和消息库中的数据，如果发现事务参与方业务的执行状态与消息库中的数据不一致（这里的不一致，通常指的是事务参与方消费消息后，执行本地事务操作失败，导致事务参与方本地事务的执行状态与消息库中的数据不一致），消息恢复服务就会恢复消息库中消息的状态，使消息的状态回滚为事务发起方发送消息成功，但未被事务参与方消费的状态。

7.4.4　方案的优缺点

消息最终一致性方案的可靠消息服务可以基于本地消息表和消息队列中间件两种方式实现，本节对这两种实现方式的优缺点进行简单的介绍。

1. 基于本地消息表实现的最终消息一致性方案

（1）优点

在业务应用中实现了消息的可靠性，减少了对消息中间件的依赖。

（2）缺点

1）绑定了具体的业务场景，耦合性太高，不可公用和扩展。

2）消息数据与业务数据在同一个数据库，占用了业务系统的资源。

3）消息数据可能会受到数据库并发性的影响。

2. 基于消息队列中间件实现的最终消息一致性方案

（1）优点

1）消息数据能够独立存储，与具体的业务数据库解耦。

2）消息的并发性和吞吐量优于本地消息表方案。

（2）缺点

1）发送一次消息需要完成两次网络交互，一次是消息的发送，另一次是消息的提交或回滚。

2）需要实现消息的回查接口，增加了开发成本。

7.4.5 需要注意的问题

使用可靠消息最终一致性方案解决分布式事务问题时，需要注意本地事务与消息发送的原子性问题、事务参与方接收消息的可靠性与幂等性问题。

1. 事务发送方本地事务与消息发送的原子性问题

（1）原子性问题产生的原因

可靠消息最终一致性要求事务发起方的本地事务与消息发送的操作具有原子性，也就是事务发起方执行本地事务成功后，一定要将消息发送出去，执行本地事务失败后，一定要丢弃消息。执行本地事务和发送消息，要么都成功，要么都失败。

（2）原子性问题的解决方案

在实际的解决方案中，可以通过消息确认服务解决本地事务与消息发送的原子性问题。

2. 事务参与方接收消息的可靠性问题

（1）可靠性问题产生的原因

由于服务器宕机、服务崩溃或网络异常等原因，导致事务参与方不能正常接收消息，或者接收消息后处理事务的过程中发生异常，无法将结果正确回传到消息库中。此时，就会产生可靠性问题。

（2）可靠性问题的解决方案

可以通过消息恢复服务保证事务参与方的可靠性。

3. 事务参与方接收消息的幂等性问题

（1）幂等性问题产生的原因

在实际场景中，由于某种原因，可靠消息服务可能会多次向事务参与方发送消息，如果事务参与方的方法不具有幂等性，就会造成消息重复消费的问题，这就是典型的幂等性问题。

（2）幂等性问题的解决方案

解决方案就是事务参与方的方法实现要具有幂等性，只要参数相同，无论调用多少次接口或方法，得出的结果都与第一次调用接口或方法得出的结果相同。

7.5 最大努力通知型解决方案

当分布式事务跨越多个不同的系统，尤其是不同企业之间的系统时，解决分布式事务问题就需要用到最大努力通知型方案。

7.5.1 适用场景

最大努力通知型解决方案适用于最终一致性时间敏感度低的场景，并且事务被动方的处理结果不会影响主动方的处理结果。最典型的使用场景就是支付成功后，支付平台异步通知商户支付结果。

7.5.2　需要实现的服务模式

最大努力通知型解决方案需要实现的服务模式是可查询操作和幂等操作。

例如，在充值业务场景中，用户调用支付服务充值成功后，支付服务会按照一定的阶梯型通知规则调用账户服务的接口，向账户服务发送支付数据。此时，账户服务的接口需要满足幂等性，这就是幂等操作。如果支付服务调用账户服务的接口超过了设置的最大次数，仍然没有调用成功，则支付服务需要提供查询支付结果的接口，以便账户服务调用并恢复丢失的业务。

7.5.3　方案的执行流程

最大努力通知型分布式事务解决方案在执行的过程中，允许丢失消息，但需要业务主动方提供事务状态查询接口，以便业务被动方主动调用并恢复丢失的业务。最大努力通知型分布式事务执行流程如图 7-7 所示。

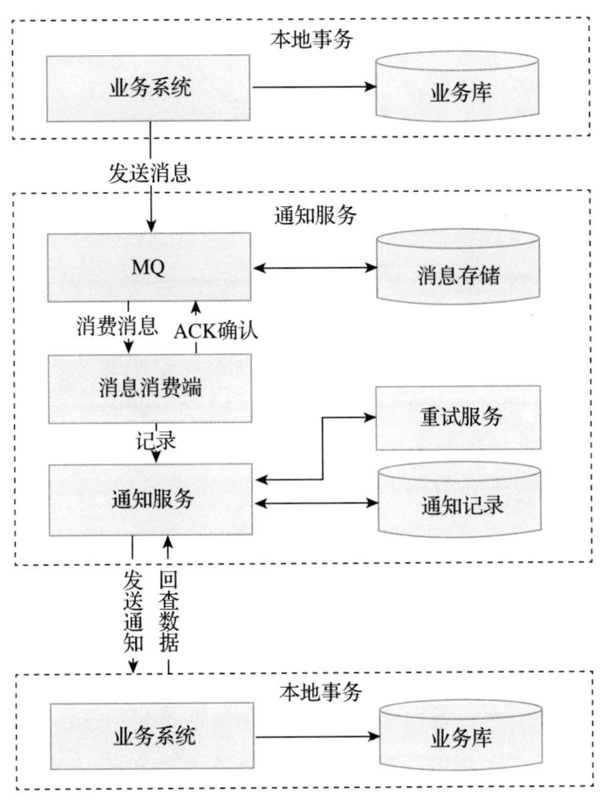

图 7-7　最大努力通知型解决方案流程

实现最大努力通知型方案时，需要实现如下功能。

1）业务主动方在完成业务处理后，会向业务被动方发送消息通知。发送消息通知时，允许消息丢失。

2）在实现上，业务主动方可以设置时间阶梯型通知规则，在消息通知失败后，可以按照规则再次通知，直到到达最大通知次数为止。

3）业务主动方需要提供查询接口供业务被动方按照需要查询，用于恢复丢失的消息。

7.5.4 方案的优缺点

最大努力通知型方案存在如下优点。

1）能够实现跨企业的数据一致性。

2）业务被动方的处理结果不会影响业务主动方的处理结果。

3）能够快速接入其他业务系统，达到业务数据一致性。

最大努力通知型方案存在如下缺点。

1）只适用于时间敏感度低的场景。

2）业务主动方发送的消息可能丢失，造成业务被动方收不到消息。

3）需要业务主动方提供查询消息的接口，业务被动方需要按照主动方的接口要求查询数据，增加了开发成本。

7.5.5 需要注意的问题

业务被动方需要保证接收通知的方法的幂等性，关键是要业务主动方通过一定的机制最大限度地将业务的处理结果通知给业务被动方，因此必须解决如下两个问题。

1. 消息重复通知产生的问题

（1）消息重复通知产生的原因

由于业务主动方发送消息通知后，业务被动方不一定能够接收到消息，因此需要按照一定的阶梯型通知规则重复向业务被动方发送消息通知。此时，就出现了消息重复通知的情况，因为业务被动方的方法被执行了多次，所以有可能造成数据不一致的问题。

（2）消息重复通知的解决方案

保证业务被动方接收消息通知的方法具备幂等性，则在业务上就能够解决消息重复通知的问题。

2. 消息通知丢失的问题

（1）消息通知丢失问题的原因

如果业务主动方尽最大努力都没有将消息通知给业务被动方，或者业务被动方接收到消息并执行完毕后，需要再次获取消息。此时，业务主动方已经删除对应的通知消息，不再向业务被动方发送消息通知，也就是说，消息通知已经丢失。

（2）消息通知丢失的解决方案

业务主动方需要提供查询消息的接口来满足业务被动方主动查询消息的需求，以恢复丢失的业务。另外，业务主动方在设计消息回查接口时，一定要注意接口的安全性和并发性。

7.5.6 最大努力通知与可靠消息最终一致性的区别

最大努力通知型方案和可靠消息最终一致性方案有着本质的不同，主要体现在设计不同、业务场景不同和解决的问题不同 3 个方面。

1. 设计不同

1）可靠消息最终一致性方案需要事务发起方一定要将消息发送成功。

2）最大努力通知型方案中，业务主动方尽最大努力将消息通知给业务被动方，但消息可能会丢失，业务被动方不一定能够接收到消息。

2. 业务场景不同

1）可靠消息最终一致性方案适用于时间敏感度高的场景，以异步的方式达到事务的最终一致。

2）最大努力通知型方案适用于时间敏感度低的场景，业务主动方只需要将处理结果通知出去。

3. 解决的问题不同

1）可靠消息最终一致性方案解决的是消息从事务发起方发出，到事务参与方接收的一致性，并且事务参与方接收到消息后，能够正确地执行事务操作，达到事务最终一致。

2）最大努力通知型方案虽然无法保证消息从业务主动方发出到业务被动方接收的一致性，但是能够提供消息接收的可靠性。这里的可靠性包括业务被动方能够接收到业务主动方通知的消息和业务被动方能够主动查询业务主动方提供的消息回查接口，来恢复丢失的业务。

7.6 本章小结

本章主要对分布式事务解决方案中的最终一致性分布式事务解决方案进行了简单的介绍，然后介绍了最终一致性分布式事务解决方案的服务模式，接着介绍了分布式事务中三大经典的最终一致性解决方案，分别为 TCC 解决方案、可靠消息最终一致性解决方案和最大努力通知型解决方案。第 8 章将对 XA 强一致性分布式事务的原理进行简单的介绍。

第三部分 Part 3

分布式事务原理

- 第 8 章　XA 强一致性分布式事务原理
- 第 9 章　TCC 分布式事务原理
- 第 10 章　可靠消息最终一致性分布式事务原理
- 第 11 章　最大努力通知型分布式事务原理

Chapter 8 第 8 章

XA 强一致性分布式事务原理

从本章开始，正式进入分布式事务原理相关的章节。原理和规范是解决分布式事务问题的基石。本章对 XA 强一致性分布式事务的基本原理进行介绍。

本章所涉及的内容如下所示。

- X/Open DTP 模型与 XA 规范分布式系统架构演进。
- MySQL 对 XA 规范的支持。
- XA 规范的优化与思考。
- 主流 XA 分布式事务的解决方案。

8.1 X/Open DTP 模型与 XA 规范

X/Open DTP 模型是 X/Open 组织定义的分布式事务标准规范，这个规范定义了分布式事务处理的一套规范和 API，具体的实现由各厂商负责。本节对 X/Open DTP 模型与 XA 规范进行简单介绍。

8.1.1 DTP 模型

DTP 模型主要定义了 3 个核心组件，分别是应用程序、资源管理器和事务管理器，三者之间的关系如图 8-1 所示。

1）应用程序用于定义事务边界，即定义事务的开始和结束，并且在事务边界内对资源进行操作。

2）资源管理器也称为事务参与者，如数据库、文件系统等，并提供访问资源的方式。

3）事务管理器也称为事务协调者，负责分配事务唯一标识，监控事务的执行进度，并负责事务的提交、回滚等操作。

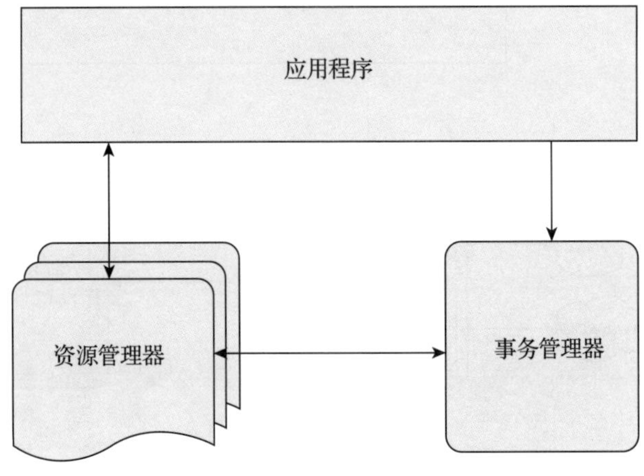

图 8-1　DTP 模型示意图

8.1.2　XA 规范

下面简要介绍 XA 规范。

1）xa_start：负责开启或恢复一个事务分支，并且管理 XID 到调用线程。

2）xa_end：负责取消当前线程与事务分支的关联。

3）xa_prepare：负责询问资源管理器是否准备好提交事务分支。

4）xa_commit：负责通知资源管理器提交事务分支。

5）xa_rollback：负责通知资源管理器回滚事务分支。

6）xa_recover：负责列出需要恢复的 XA 事务分支。

8.1.3　JTA 规范

JTA（Java Transaction API）为 J2EE 平台提供了分布式事务服务的能力。JTA 规范是 XA 规范的 Java 版，即把 XA 规范中规定的 DTP 模型交互接口抽象成 Java 接口中的方法，并规定每个方法要实现什么样的功能，其架构如图 8-2 所示。

JTA 定义的接口如下。

1）javax.transaction.TransactionManager：事务管理器，负责事务的 begin、commit、rollback 等命令。

2）javax.transaction.UserTransaction：用于声明一个分布式事务。

3）javax.transaction.TransactionSynchronizationRegistry：事务同步注册。

4）javax.transaction.xa.XAResource：定义资源管理器提供给事务管理器操作的接口。

5）javax.transaction.xa.Xid：事务 XID 接口。

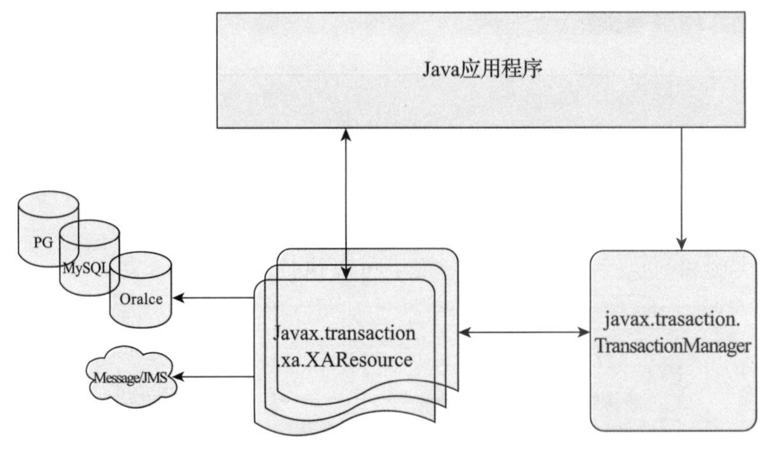

图 8-2 JTA 规范架构

事务管理器提供者：实现 UserTransaction、TransactionManager、Transaction、TransactionSynchronizationRegistry、Synchronization、XID 接口，通过与 XAResource 接口交互来实现分布式事务。

资源管理器提供者：XAResource 接口需要由资源管理器实现，该接口中定义了一些方法，这些方法会被事务管理器调用。

1）start 方法：开启事务分支，对应 XA 底层实现是 XA START。

2）end 方法：结束事务分支，对应 XA 底层实现是 XA END。

3）prepare 方法：准备提交分支事务，对应 XA 底层实现是 XA PREPARE。

4）commit 方法：提交分支事务，对应 XA 底层实现是 XA COMMIT。

5）rollback 方法：回滚分支事务，对应 XA 底层实现是 XA ROLLBACK。

6）recover 方法：列出所有处于 PREPARED 状态的事务分支，对应 XA 底层实现是 XA RECOVER。

8.1.4 XA 二阶段提交

一提到分布式事务，总会出现二阶段这个词，什么是二阶段，什么是 XA 的二阶段提交呢？

一阶段：执行 XA PREPARE 语句。事务管理器通知各个资源管理器准备提交它们的事务分支。资源管理器收到通知后执行 XA PREPARE 语句。

二阶段：执行 XA COMMIT/ROLLBACK 语句。事务管理器根据各个资源管理器的 XA PREPARE 语句执行结果，决定是提交事务还是回滚事务。如果所有的资源管理器都预提交成功，那么事务管理器通知所有的资源管理器执行 XA 提交操作；如果有资源管理器的 XA PREPARE 语句执行失败，则由事务管理器通知所有资源管理器执行 XA 回滚操作。

8.2　MySQL 对 XA 规范的支持

MySQL 从 5.0.3 版本开始支持 XA 分布式事务，且只有 InnoDB 存储引擎支持。MySQL Connector/J 从 5.0.0 版本开始直接提供对 XA 的支持。需要注意的是，在 DTP 模型中，MySQL 属于资源管理器，而一个完整的分布式事务中一般会存在多个资源管理器，由事务管理器来统一协调。因此，这里所说的 MySQL 对 XA 分布式事务的支持，一般指的是单台 MySQL 实例如何执行自己的事务分支。可以执行如下命令来查看 MySQL 对 XA 分布式事务的支持情况。

```
mysql> show engines;
+----------------+---------+------------------------------------------+-------+------+-------+
| Engine         | Support | Comment                                  | Transactions | XA   | Savepoints |
+----------------+---------+------------------------------------------+-------+------+-------+
| FEDERATED      | NO      | Federated MySQL storage engine           | NULL  | NULL | NULL  |
| MEMORY         | YES     | Hash based, stored in memory, useful for | NO    | NO   | NO    |
                             temporary tables
| InnoDB         | DEFAULT | Supports transactions, row-level locking, | YES  | YES  | YES   |
                             and foreign keys
| PERFORMANCE_   | YES     | Performance Schema                       | NO    | NO   | NO    |
  SCHEMA
| MyISAM         | YES     | MyISAM storage engine                    | NO    | NO   | NO    |
| MRG_MYISAM     | YES     | Collection of identical MyISAM tables    | NO    | NO   | NO    |
| BLACKHOLE      | YES     | /dev/null storage engine (anything you   | NO    | NO   | NO    |
                             write to it disappears)
| CSV            | YES     | CSV storage engine                       | NO    | NO   | NO    |
| ARCHIVE        | YES     | Archive storage engine                   | NO    | NO   | NO    |
+----------------+---------+------------------------------------------+-------+------+-------+
9 rows in set (0.00 sec)
```

8.2.1　MySQL XA 事务的语法

我们首先来看一下 MySQL 事务的语法。

1）XA {START|BEGIN} xid [JOIN|RESUME]：开启 XA 事务，注意如果使用的是 XA START, 那么不支持 [JOIN | RESUME] 语句。

2）XA END xid [SUSPEND [FOR MIGRATE]]：结束一个 XA 事务，不支持 [SUSPEND [FOR MIGRATE]] 语句。

3）XA PREPARE xid：准备提交 XA 事务（如果使用了一阶段提交，该过程可以省略）。

4）XA COMMIT xid [ONE PHASE]：提交 XA 事务。

5）XA ROLLBACK xid：回滚 XA 事务。

6）XA RECOVER [CONVERT XID]：列出所有处于 Prepare 阶段的 XA 事务。

8.2.2　MySQL XID 详解

在 MySQL 的事务语法中的最后都会跟上 XID，对于 MySQL 来说，XID 有什么特殊意义呢？ MySQL 使用 XID 作为一个事务分支的标识符。事实上，XID 作为事务分支标识符是在 XA 规范中定义的。XID 的结构描述如下。

```
#define XIDDATASIZE 128
#define MAXGTRIDSIZE 64
#define MAXBQUALSIZE 64
struct xid_t {
    long formatID;
    long gtrid_length;
    long bqual_length;
    char data[XIDDATASIZE];
    };
typedef struct xid_t XID;
extern int ax_reg(int, XID *, long);
extern int ax_unreg(int, long);
```

我们可以看到，在 XID 中有 4 个字段，下面分别解释各字段的含义。

1）formatID：记录 gtrid、bqual 的格式，类似 Memcached 中 flags 字段的作用。XA 规范中通过一个结构体约定了 XID 的组成部分，但没有规定 data 中存储的 gtrid、bqual 的内容应该是什么格式。

2）gtrid_length：全局事务标识符（Global Transaction Identifier），最大不能超过 64 字节。

3）bqual_length：分支限定符（Branch Qualifier），最大不能超过 64 字节。

4）data：XID 的值，即 gtrid 和 bqual 拼接后的内容。在 XID 的结构体中，没有 gtrid 和 bqual，只有 gtrid_length、bqual_length。由于二者的内容都存储在 data 中，因此我们可以根据 data 反推出 gtrid 和 bqual。举例来说，假设 gtrid 为 abc，bqual 为 def，那么 gtrid_length=3，bqual_length=3，data=abcdef。反推的时候，从 data[0] 到 data[gtrid_length－1] 之间的部分就是 gtrid 的值，从 data[gtrid_length] 到 data[gtrid_length+bqual_length－1] 部分就是 bqual 的值。

执行如下命令查看 MySQL 中的 XID 信息。

```
mysql> XA RECOVER;
+----------+-------------+-------------+--------+
| formatID | gtrid_length | bqual_length | data   |
+----------+-------------+-------------+--------+
|        7 |            3 |            3 | abcdef |
+----------+-------------+-------------+--------+
```

8.2.3 MySQL XA 事务的状态

MySQL XA 事务状态是正确执行 XA 事务的关键。每次执行 MySQL 的 XA 事务语句都会修改 XA 事务的状态，进而执行不同的 XA 语句。XA 事务状态流程如图 8-3 所示。

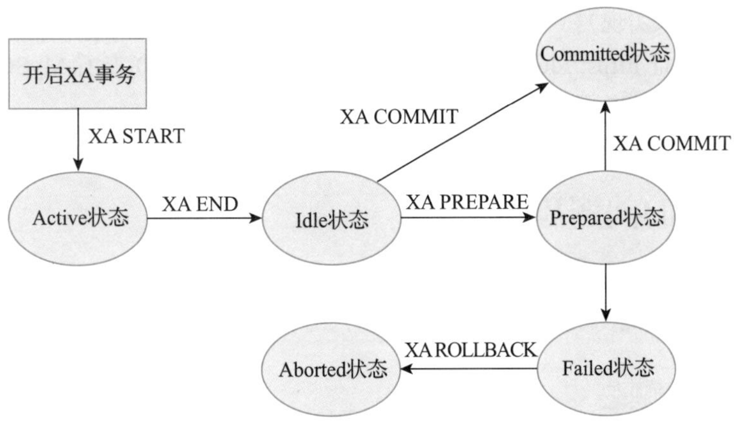

图 8-3　XA 事务状态流程图

注意

1）在 XA START 和 XA END 之间执行的是业务 SQL 语句，无论是否执行成功，都应该执行 XA END 语句。

2）在 IDLE 状态下的事务可以直接执行 XA COMMIT，这里我们可以这样理解，当只有一个资源管理器的时候，可以直接退化成一阶段提交。

3）只有状态为 Failed 的时候，才能执行 XA ROLLBACK 进行 XA 事务回滚。

4）XA 事务和非 XA 事务（即本地事务）是互斥的。例如，已经执行了 XA START 命令来开启一个 XA 事务，则本地事务不会被启动，直到 XA 事务被提交或回滚为止。相反的，如果已经使用 START TRANSACTION 启动了一个本地事务，则 XA 语句不能被使用，直到该事务被提交或回滚为止。

8.2.4　MySQL XA 的问题

1. MySQL 低于 5.7 版本会出现的问题

1）已经预提交的事务，在客户端退出或者服务宕机的时候，二阶段提交的事务会被回滚。

2）在服务器故障重启提交后，相应的 BinLog 会丢失。

MySQL 5.6 版本在客户端退出的时候，会自动回滚已经准备好的事务，这是因为，对于处于 Prepare 状态的事务，MySQL 是不会记录 BinLog 的（官方解释为减少 fsync，起到优化的作用），Prepare 状态以前的操作信息都保存在连接的 IO_CACHE 中，如果此时客户端退出了，那么 BinLog 信息会被丢弃，重启后会丢失数据。

2. MySQL 高于 5.7 版本的优化

事务在 Prepare 阶段就完成了写 BinLog 的操作（通过新增一种名为 XA_prepare_log_

event 的 event 类型来实现）。

读者可访问网址 https://dev.mysql.com/worklog/task/?id=6860 查看 MySQL 对于 XA 分布式事务的具体优化细节。

8.3 XA 规范的问题思考

XA 二阶段规范虽然提供了分布式事务的解决思路与方案，但是自身也存在很多问题，本节我们来一起探讨下。

8.3.1 XA 规范的缺陷

下面使用两个 MySQL 实例，完成一次 XA 分布式事务，如图 8-4 所示。

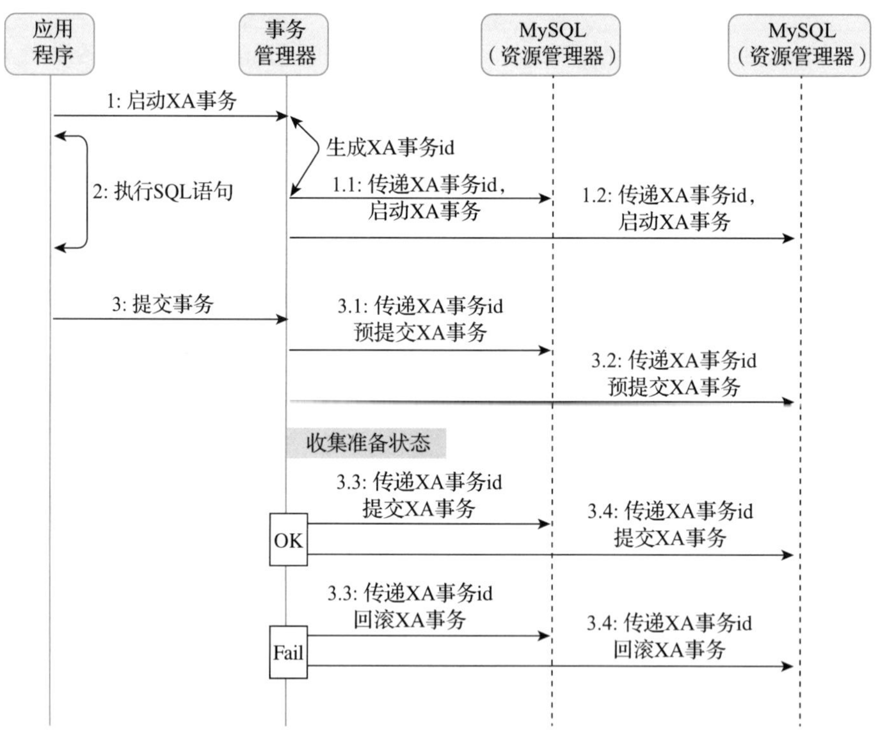

图 8-4 XA 分布式事务流程图

XA 规范中每个分支事务的执行都是同步的，并且只会存在一个事务协调者，由于网络的不稳定性，可能会出现数据不一致的问题。总体来说，XA 分布式事务会存在如下几个问题。

1. 同步阻塞

全局事务内部包含多个独立的事务分支，这些事务分支要么都成功，要么都失败。各个事务分支的 ACID 特性共同构成了全局事务的 ACID 特性，即单个事务分支支持的 ACID 特性被提升到分布式事务的范畴。即使在非分布事务中，如果对读操作很敏感，我们也需要将事务隔离级别设置为串行化。而分布式事务更是如此，可重复读隔离级别不足以保证分布式事务的一致性。如果我们使用 MySQL 来支持 XA 分布式事务，那么最好将事务隔离级别设置为串行化。串行化是 4 个事务隔离级别中最高的级别，也是执行效率最低的级别。

2. 单点故障

一旦协调者事务管理器发生故障，参与者资源管理器会一直阻塞下去。尤其在两阶段提交的第二个阶段，如果协调者发生故障，那么所有的参与者都将处于锁定事务资源的状态中，无法继续完成事务操作（如果是协调者宕机，可以重新选举一个协调者，但是无法解决因为协调者宕机导致的参与者处于阻塞状态的问题）。

3. 数据不一致

在 Commit 阶段，当协调者向参与者发送 commit 请求后，发生了局部网络异常或者在发送 commit 请求的过程中，协调者发生了故障，会导致只有一部分参与者接收到了 commit 请求。而这部分参与者接到 commit 请求之后就会执行 commit 操作，但是其他部分未接到 commit 请求的参与者无法执行事务提交。于是整个分布式系统便出现了数据不一致性的现象。

8.3.2　XA 流程的优化与异常思考

本节列举几条 XA 流程的优化与异常思考。

1）持久化事务协调阶段的各个状态。事务管理器作为一个单点的事务协同器，很有可能宕机，出现单点故障。其职责主要是事务协调，属于无状态的服务。宕机重启后，可以根据持久化的全局事务状态来恢复事务管理器的执行逻辑，需要将各个协调阶段以及该阶段中每个资源管理器的执行状态持久化到独立的数据库中，多个事务管理器共享一个持久化数据库。例如，Prepare 阶段的子阶段 branch_tansaction_ send、prepare_send、prepare_ack 阶段，Commit 阶段的子阶段 commit_send、commit_ack 阶段，记录每个子阶段中每个资源管理器的执行状态。

2）是否需要并行发送语句。在 branch_tansaction_ send、prepare_ send、commit_send 阶段，如果事务管理器往资源管理器发送的语句是串行执行的，单个全局事务的执行时间加长，事务管理器的 TPS（每秒事务请求数）会降低，可以在这些阶段将已生成的语句，通过线程池并行发送给各个资源管理器，事务管理器同步等待语句的返回值，以降低延时。

3）事务管理器在 prepare_send 阶段前宕机，重启恢复后，是否需要继续执行 prepare_send 动作。

4）事务管理器在 prepare_send 阶段宕机，可能会有部分资源管理器收到 prepare 语句，部分没有收到。重启后，向收到 prepare 语句的资源管理器发送 rollback 语句。

5）事务管理器在 prepare_ack 阶段记录各个资源管理器的执行状态后宕机，重启后，根据日志状态发送 rollback 或者 commit 语句。

- 事务管理器在 commit_send 阶段宕机，可能会有部分资源管理器收到 commit 语句，部分没有收到，重启后，向没有收到 commit 语句的资源管理器发送 commit 语句。
- 事务管理器在 commit_ ack 阶段记录各个资源管理器的执行状态后宕机，重启后，根据日志状态发送重试 commit 语句或者不操作。
- 资源管理器长时间没有收到事务管理器的 rollback 或者 commit 语句时，会一直持有数据库中相关数据的记录锁，不仅占用系统资源，而且会使得相关数据记录无法被其他业务修改，因此资源管理器要有自动回滚或者提交的功能。

8.3.3 解决 XA 数据不一致的问题

虽然 XA 规范存在一些缺陷，但是业界提出了解决相应问题的方案。本节简单介绍解决 XA 数据不一致问题的方案。

1. 日志存储

记录 XA 事务在每个流程中的执行状态，是解决 XA 数据不一致问题的关键。至于日志应该存储在哪里，使用什么存储，则根据具体需求确定，一般推荐采用中心化的存储方式，比如数据库。表 8-1 是一个简单的事务日志的数据结构。

表 8-1 事务日志数据结构

事务 id	资源 id	事务状态	超时时间	XID	更新时间
1	MySQL1	Commit	0	123456	

2. 自定义事务恢复

事务恢复，首先通过 XA recovery 命令从资源管理器中获取需要被恢复的事务记录，然后根据 XID 匹配应用程序中存储的日志，根据事务状态进行提交或回滚，大体流程如图 8-5 所示。

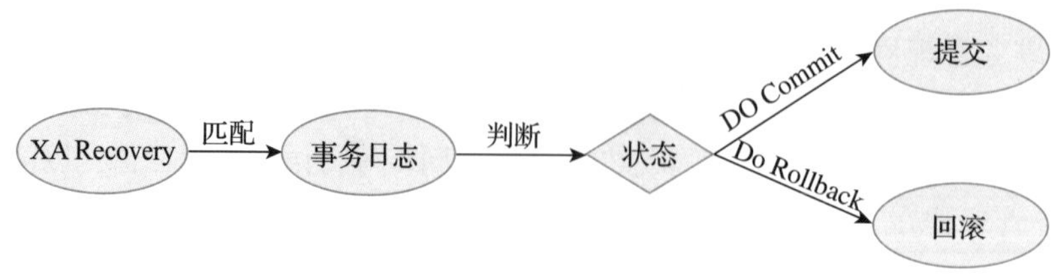

图 8-5 自定义事务流程图

8.3.4　解决事务管理器的单点故障问题

解决事务管理器的单点故障问题，我们一般会想到集群部署和注册中心。实际上，注册中心检测服务是否可用也是需要时间的。目前业界大致有两种解决方式，一种是去中心化部署（事务管理器嵌套在业务系统中），一种是中心化部署，如图 8-6 所示。

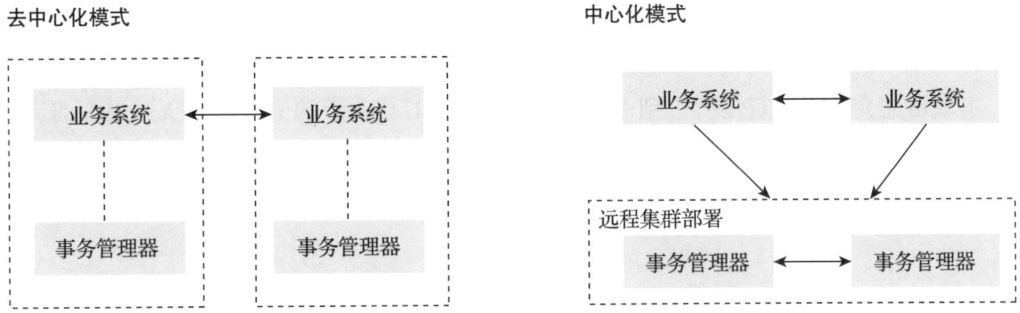

图 8-6　解决事务管理器单点故障问题的部署模型

1）去中心化部署：事务管理器嵌套在应用程序里面，不再单独部署。集群模式中事务角色由应用程序来解决。

2）中心化部署：事务管理器单独部署，然后与应用程序进行远程通信。集群模式中事务角色依赖其自身解决。

8.4　主流的解决方案

XA 规范虽已提出多年，但在开源社区中，完整的解决方案并不是很多，下面给大家简单介绍几个目前开源社区中主流的 XA 分布式事务解决方案。

1. Atomikos 解决方案

Atomikos 有免费的社区版本和收费的商业版本。

- 官网地址：https://www.atomikos.com。
- 社区版源码地址：https://github.com/atomikos/transactions-essentials。
- 社区版本与商业版对比：https://www.atomikos.com/Main/CompareSubscriptions?done_form=1。

2. Hmily 解决方案

Hmily 是国内 Dromara 开源社区提供的一站式分布式事务解决方案。

- 官网地址：https://dromara.org。
- 项目源码地址：https://github.com/dromara/hmily。

3. Narayana 解决方案

Narayana 是 Jboos 团队提供的 XA 分布式事务解决方案。

- 官网地址：http://narayana.io。
- 项目源码地址：https://github.com/jbosstm/narayana。

8.5 本章小结

本章首先介绍了 DTP 模型、XA 规范以及 MySQL 作为资源管理器对 XA 规范的支持，接着对 XA 规范的缺陷进行了一些思考并提出了相关的解决方案，最后简单介绍了目前主流的 XA 开源解决方案。第 9 章将对 TCC 分布式事务原理进行介绍。

第 9 章

TCC 分布式事务原理

基于前面章节介绍的 TCC 分布式事务解决方案，读者对 TCC 分布式事务应该有了大体的认识。本章详细介绍 TCC 分布式事务的原理，所涉及的内容如下。

- TCC 核心思想。
- TCC 实现原理。
- TCC 核心流程。
- TCC 关键技术。

9.1 TCC 核心思想

TCC 分布式事务最核心的思想就是在应用层将一个完整的事务操作分为三个阶段。在某种程度上讲，TCC 是一种资源，实现了 Try、Confirm、Cancel 三个操作接口。与传统的两阶段提交协议不同的是，TCC 是一种在应用层实现的两阶段提交协议，在 TCC 分布式事务中，对每个业务操作都会分为 Try、Confirm 和 Cancel 三个阶段，每个阶段所关注的重点不同，如图 9-1 所示。

1. Try 阶段

Try 阶段是准备执行业务的阶段，在这个阶段尝试执行业务，重点关注如下事项。

1）完成所有的业务检查，确保数据的一致性。

2）预留必要的业务资源，确保数据的隔离性。

在下单扣减库存的业务场景中，如果使用了 TCC 分布式事务，则需要在 Try 阶段检查商品的库存数量是否大于或者等于下单提交的商品数量，如果商品的库存数量大于或者等于下单提交的商品数量，则标记扣减库存数量。此时的商品数量并没有真正扣减，只是做资源预留操作，并且会将订单信息保存到数据库，标记为待提交状态。如果商品的库存数量小于下单提交的商品数量，则提示用户库存不足，并且删除提交的订单数据或者将订单状态标记为删除。

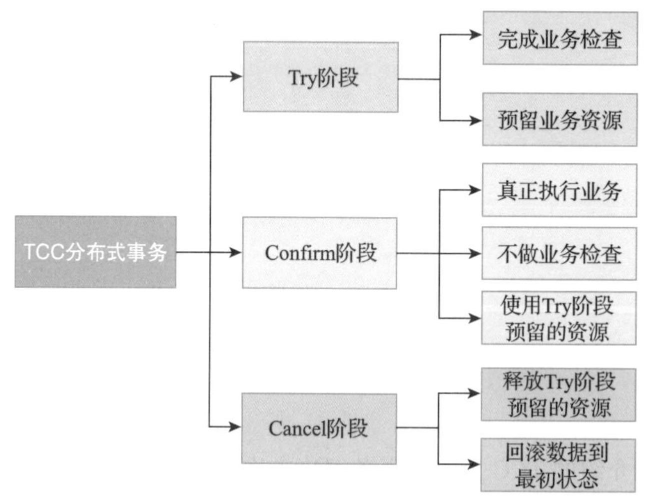

图 9-1 TCC 分布式事务每个阶段关注的重点

2. Confirm 阶段

Confirm 阶段是确认执行业务的阶段，在这个阶段确认执行的业务。此时，重点关注如下事项。

1）真正地执行业务。

2）不做任何业务逻辑检查，直接将数据持久化到数据库。

3）直接 Try 阶段预留的业务资源。

在下单扣减库存的业务场景中，由于在 Try 阶段已经检查过商品的库存数量大于或者等于下单提交的商品数量，因此在 Confirm 阶段不会进行二次检查，直接将订单的状态更新为“已提交”，并且真正执行扣减库存操作。在 Confirm 阶段是真正地执行业务操作，其间不会做任何业务检查，直接使用 Try 阶段预留的业务资源。

3. Cancel 阶段

Cancel 阶段取消执行业务，重点关注如下事项。

1）释放 Try 阶段预留的业务资源。

2）将数据库中的数据恢复到最初的状态。

在下单扣减库存的业务场景中，假设 Try 阶段检查的结果为商品的库存数量大于或者等于下单提交的商品数量，在执行完订单提交业务后，执行扣减库存操作时发生异常，或者在执行 Confirm 阶段的业务时发生异常。此时，会执行 Cancel 阶段的操作回滚业务，使数据回到提交订单之前的状态。

在某种程度上，TCC 分布式事务的三个阶段与关系型数据库的事务操作也存在类似的地方，如图 9-2 所示。

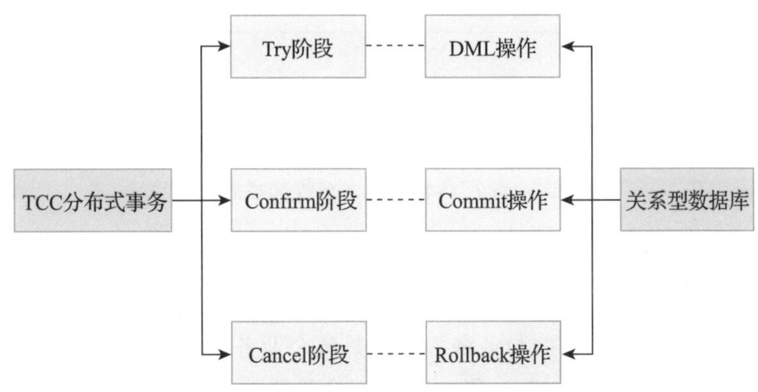

图 9-2　TCC 分布式事务与关系型数据库事务操作的对应关系

在一个分布式或微服务系统中，TCC 分布式事务的 Try 阶段是先把多个应用中的业务资源锁定，预留执行分布式事务的资源。同样，关系型数据库的 DML 操作会锁定数据库的行记录，持有数据库的资源。TCC 分布式事务的 Confirm 操作是在所有涉及分布式事务的应用的 Try 阶段都执行成功后确认并提交最终事务状态的操作，而关系型数据库的 Commit 操作是在所有的 DML 操作执行成功之后提交事务。TCC 分布式事务的 Cancel 操作是在涉及分布式事务的应用没有全部执行成功时，将已经执行成功的应用进行回滚，而关系型数据库的回滚操作是在执行的 DML 操作存在异常时执行的。关系型数据库中的 Commit 操作和 Rollback 操作也是一对反向业务操作，TCC 分布式事务中的 Confirm 操作和 Cancel 操作也是一对反向业务操作。

另外，由于使用 TCC 分布式事务时，各业务系统的事务未达到最终状态时，会存在短暂的数据不一致现象，因此各业务系统需要具备兼容数据最终一致性之前带来的可见性问题的能力。

9.2　TCC 实现原理

TCC 分布式事务在应用层将整体事务的执行分为 Try、Confirm、Cancel 三个阶段。每个阶段的执行不会过多地占用数据库资源，而是在 Try 阶段预留事务提交必须的业务资源。TCC 分布式事务的实现与其核心原理密不可分。本节就简单介绍下 TCC 分布式事务的核心原理。

9.2.1　TCC 核心组成

一个完整的 TCC 分布式事务需要包含三个部分：主业务服务、从业务服务和 TCC 管理器，如图 9-3 所示。

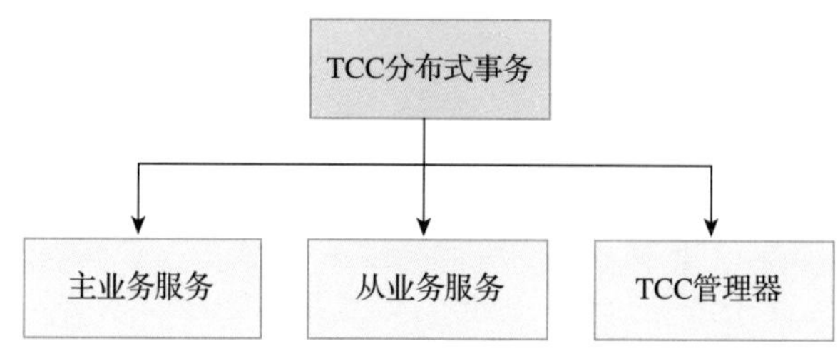

图 9-3 TCC 分布式事务包含的核心部分

主业务服务是 TCC 分布式事务的发起方，在下单扣减库存的业务场景中，订单服务是 TCC 分布式事务的发起方，就是主业务服务。

从业务服务主要负责提供 TCC 业务操作，是整个业务活动的操作方。从业务活动必须实现 TCC 分布式事务 Try、Confirm 和 Cancel 三个阶段的接口，供主业务服务调用。由于在 TCC 分布式事务的执行过程中，Confirm 阶段的操作和 Cancel 阶段的操作可能会被执行多次，因此需要 Confirm 阶段的操作和 Cancel 阶段的操作保证幂等性。

TCC 管理器在整个 TCC 分布式事务的执行过程中，管理并控制着整个事务活动，包括记录并维护 TCC 全局事务的事务状态和每个从业务服务的分支事务状态，并在参与分布式事务的所有分支事务的 Try 阶段都执行成功时，自动调用每个分支事务的 Confirm 阶段的操作，完成分布式事务，同时会在参与分布式事务的某些分支事务执行失败时，自动调用分支事务的 Cancel 操作回滚分布式事务。

9.2.2 TCC 核心原理

在使用 TCC 分布式事务解决分布式场景下的数据一致性问题时，需要将原本的一个事务接口改造成三个不同的事务逻辑，也就是前文说的 Try 阶段、Confirm 阶段和 Cancel 阶段。

原本一个接口的方法完成的事务逻辑也要分拆成如下执行流程。

1）依次执行所有参与 TCC 分布式事务的分支事务 Try 阶段的操作。

2）如果每个分支事务 Try 阶段的逻辑都执行成功，则 TCC 分布式事务管理器会自动调用每个分支事务 Confirm 阶段的方法并执行，完成整个分布式事务的逻辑。

3）如果某个分支事务的 Try 逻辑或者 Confirm 逻辑的执行出现问题，则 TCC 分布式事务管理器会自动感知这些异常信息，然后自动调用每个分支事务 Cancel 阶段的方法执行 Cancel 逻辑，回滚之前执行的各种操作，使数据恢复到执行 TCC 分布式事务之前的状态。

讲得直白点，就是如果遇到如下情况，TCC 分布式事务会在 Try 阶段检查参与分布式事务的各个服务、数据库和资源是否都能够保证分布式事务正常执行，能否将执行分布式事务的资源预留出来，而不是先执行业务逻辑操作。

1）数据库或其他数据存储服务宕机，例如下单扣减库存时，库存数据库宕机了。

2）某个应用服务宕机，例如下单扣减库存时，库存服务宕机了。

3）参与分布式事务的资源不足，例如下单扣减库存时，商品库存不足。

如果参与分布式事务的服务都正常执行了，也就是说，数据库或其他数据存储能够正常提供服务，所有参与分布式事务的应用服务正常，执行分布式事务时需要的资源充足，并且在 Try 阶段顺利预留出执行分布式事务需要的资源，再执行 TCC 分布式事务的 Confirm 阶段，就能够大概率保证分布式事务成功执行。

如果在 Try 阶段，某个服务执行失败了，可能是数据库或者其他数据存储宕机了，或者是这个服务宕机了，也有可能是这个服务对应的数据资源不足。此时，会自动执行各个服务 Cancel 阶段的逻辑，回滚 Try 阶段执行的业务逻辑，将数据恢复到执行分布式事务之前的状态。

其实，通过上面的逻辑，TCC 分布式事务还是不能保证执行结果数据的一致性。这里存在着一个问题，那就是如果发生了异常情况，例如，在下单扣减库存的业务场景中，订单服务突然宕机，然后重启订单服务，TCC 分布式事务如何保证之前没有执行完的事务继续执行呢？

这种问题在实际的业务场景中是经常出现的，在设计 TCC 分布式事务框架时必须要考虑这种异常场景。在执行 TCC 分布式事务时，需要记录一些分布式事务的活动日志，将这些活动日志存储到文件或者数据库中，将分布式事务的各个阶段和每个阶段执行的状态全部记录下来。

除了参与 TCC 分布式事务的某些服务宕机这种问题，还需要注意空回滚、幂等和悬挂等问题。有关空回滚、幂等和悬挂问题及解决方案，读者可以参考第 7 章的有关内容，这里笔者不再赘述。

综上可以得出图 9-4 所示的 TCC 分布式事务总体执行示意图。

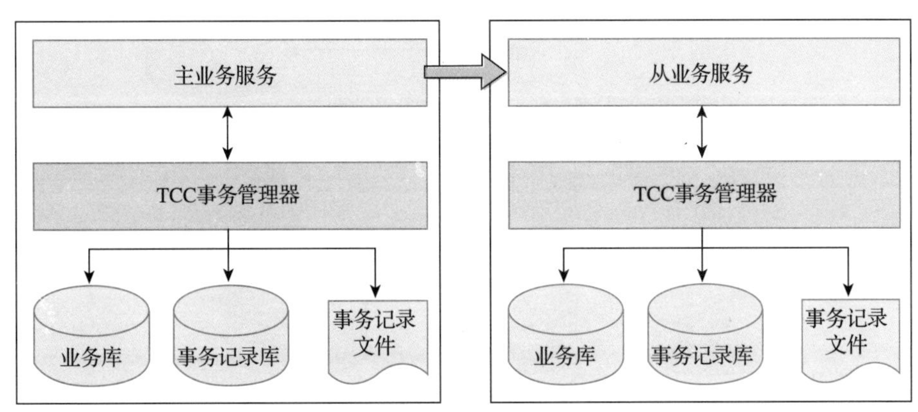

图 9-4　TCC 分布式事务总体执行示意图

无论是主业务服务还是从业务服务，在执行 TCC 分布式事务时，都需要 TCC 事务管理器的参与。在实际业务场景中，TCC 事务管理器作为某一种具体的 TCC 分布式事务框架，例如 Dromara 开源社区的 Hmily 框架，会在 Try 阶段进行业务检查、预留业务资源。在 Confirm 阶段不再进行业务检查，使用 Try 阶段预留的业务资源真正地执行业务操作。在 Cancel 阶段释放 Try 阶段预留的资源，使数据回滚到执行 TCC 分布式事务之前的状态。在 TCC 分布式事务的每个阶段，TCC 事务管理器都会将各个阶段和每个阶段执行的状态全部记录到事务记录数据库或者事务记录文件中。

通过上面的执行逻辑，只要业务逻辑中不存在明显的 Bug 和异常，TCC 分布式事务就能够保证所有参与分布式事务的服务逻辑要么全部执行成功，要么全部不执行。

9.3 TCC 核心流程

为了更好地理解 TCC 分布式事务的执行流程，本节以电商业务场景中提交订单、扣减库存、增加积分、创建出库单的场景为例，简单介绍 TCC 分布式事务每个阶段的核心执行流程。

9.3.1 业务场景介绍

在电商业务场景中，一个典型的业务场景就是支付订单。这个场景包含修改订单状态、扣减存库、增加积分、创建出库单等业务，这些业务要么全部执行成功，要么全部执行失败，必须是一个完整的事务。如果不能构成一个完整的事务，就有可能出现库存未扣减或者超卖的问题。

如果没有使用分布式事务，在订单服务中，修改订单状态成功，调用远程的库存服务出现异常，此时有可能出现修改订单成功，但库存未扣减的情况，如图 9-5 所示。

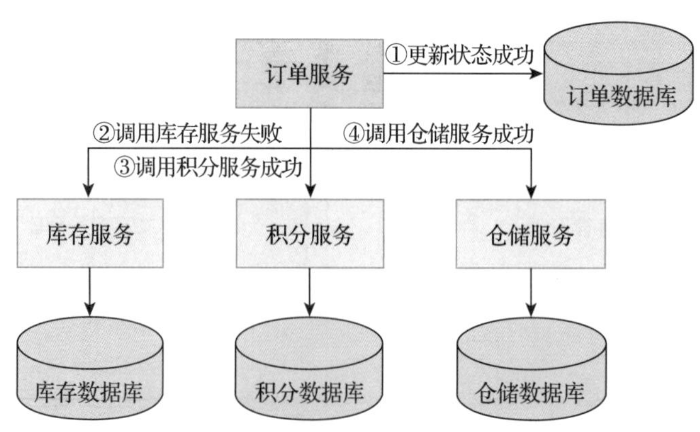

图 9-5 支付场景修改订单成功但库存未扣减

如果库存服务出现异常，则订单服务在第②步调用库存服务执行扣减库存的操作就失败了，随后调用积分服务增加积分和调用存储服务生成出库单却都成功了，此时就出现了支付修改订单状态成功，商品库存未扣减的情况。

如果修改订单状态的操作执行失败，而调用库存服务扣减商品库存的操作执行成功，此时就出现了商品库存被异常扣减的情况，可能会导致超卖的现象，如图 9-6 所示。

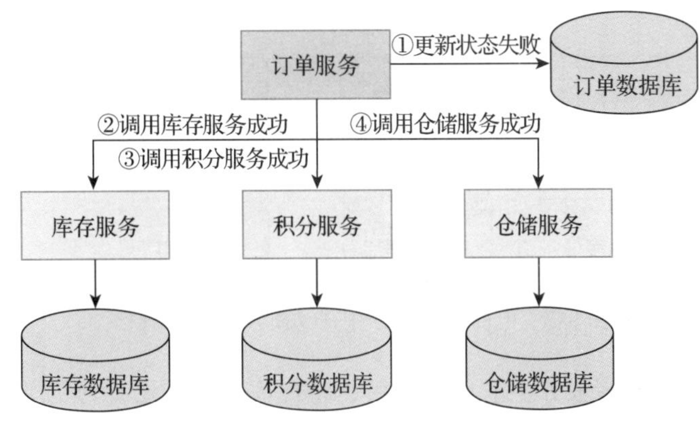

图 9-6　支付场景更新订单状态失败而库存却扣减成功

在支付订单的场景中，第①步更新订单操作失败，但是后续调用库存服务、积分服务和仓储服务都执行成功，这种情况可能就是用户支付失败，或者取消了支付，但是仍旧扣减了库存、增加了用户积分、提交了出库单，最终可能会导致商品超卖的严重问题。

在电商支付订单的业务场景中，涉及多个服务之间的调用，为了保证数据的一致性，必须使用分布式事务。接下来，结合电商支付订单的业务场景，简单介绍下 TCC 分布式事务中每个阶段的执行流程。

注意，在上述异常情况中，笔者只列举了更新订单状态和扣减库存失败的情况，积分服务和仓储服务也有可能会出现异常的情况，读者可以自行分析，笔者不再赘述。

9.3.2　Try 阶段流程

在电商支付订单的业务场景中，为了保证最终数据的一致性，对于订单服务，不能将订单状态直接更新为“支付成功”，而是要先更新为“支付中”的状态；对于库存服务，也不能直接扣减库存，而是要扣减库存后在冻结库存的字段中保存扣减库存的数量；对于积分服务，不能直接为用户账户增加积分，而是要在单独的字段中设置用户应该增加的积分；对于仓储服务，创建的出库单状态应该被标记为“不确定”，如图 9-7 所示。

在电商支付订单的场景中，Try 阶段主要的业务流程如下所示。

1）订单服务将订单数据库中订单的状态更新为“支付中”。

2）订单服务调用库存服务冻结部分库存，将冻结的库存数量也就是用户下单时提交的商品数量，单独写入商品库存表的冻结字段中，同时将商品库存数量减去冻结的商品数量。

3）订单服务调用积分服务进行预增加积分的操作，在用户积分数据表中，将要增加的积分写入单独的预增加积分字段中，而不是直接增加用户的积分。

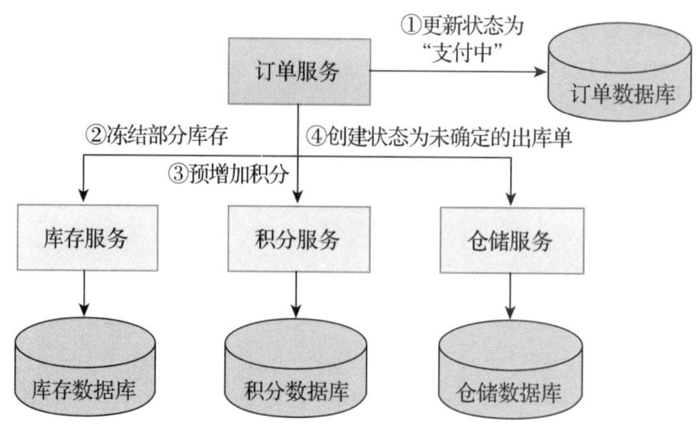

图 9-7 电商支付场景中 Try 阶段执行的流程

4）订单服务调用仓储服务生成出库单时，将出库单的状态标记为“未知”，并不直接生成正常的出库单。

9.3.3 Confirm 阶段流程

如果 Try 阶段的业务逻辑全部执行成功，则 TCC 分布式事务会执行 Confirm 阶段的业务逻辑。在实际场景中，Confirm 阶段的执行往往是由 TCC 分布式事务框架调用完成的。在订单服务中会将订单的状态由“支付中”更新为“支付成功”。在库存服务中会真正地扣减库存，将写入冻结字段的库存数量减去当次下单时提交的商品数量。在积分服务中会将当次支付产生的积分从预增加积分字段中扣除，并将对应的积分增加到用户积分账户中。在仓储服务中会将出库单的状态由“未知”更新为“已创建”，如图 9-8 所示。

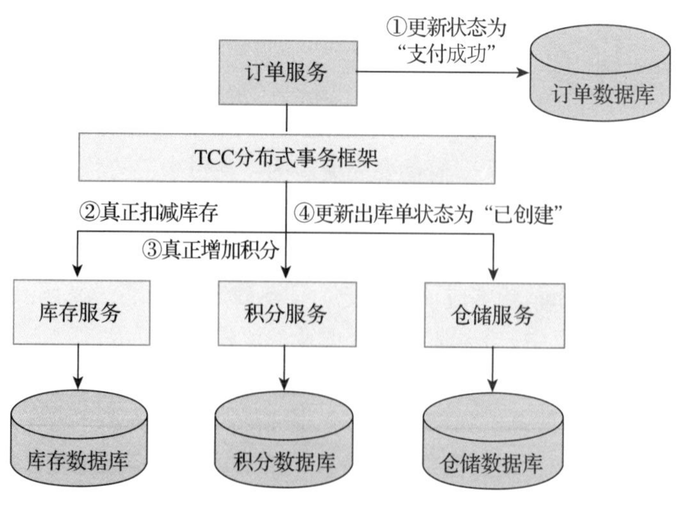

图 9-8 电商支付场景中 Confirm 阶段执行的流程

在电商支付订单的场景中，Confirm 阶段主要的业务流程如下所示。

1）订单服务将订单数据库中订单的状态更新为“支付成功”。

2）TCC 分布式事务框架调用库存服务中 Confirm 阶段的方法，真正地扣减库存，将预扣减字段中的库存数量减去当次下单提交的商品数量。

3）TCC 分布式事务框架调用积分服务中 Confirm 阶段的方法，真正地增加积分，将预增加积分字段中的积分数量减去当次支付产生的积分数量，并且在用户的积分账户中增加当次支付产生的积分数量。

4）TCC 分布式事务框架调用仓储服务中 Confirm 阶段的方法，将出库单的状态更新为“已创建”。

9.3.4　Cancel 阶段流程

如果 Try 阶段的业务执行失败，或者某个服务出现异常等，TCC 分布式事务框架能够感知到这些异常信息，会自动执行 Cancel 阶段的流程，对整个 TCC 分布式事务进行回滚。在实际场景中，Cancel 阶段的执行往往是由 TCC 分布式事务框架调用完成的。

在订单服务中，将订单的状态更新为“已取消”。在库存服务中，将当次下单提交的商品数量加回到商品库存字段中，并且在预扣减库存的字段中减去当次下单提交的商品数量。在积分服务中，在预增加积分字段中减去当次支付产生的积分数量。在仓储服务中，将出库单的状态标记为“已取消”。具体流程如图 9-9 所示。

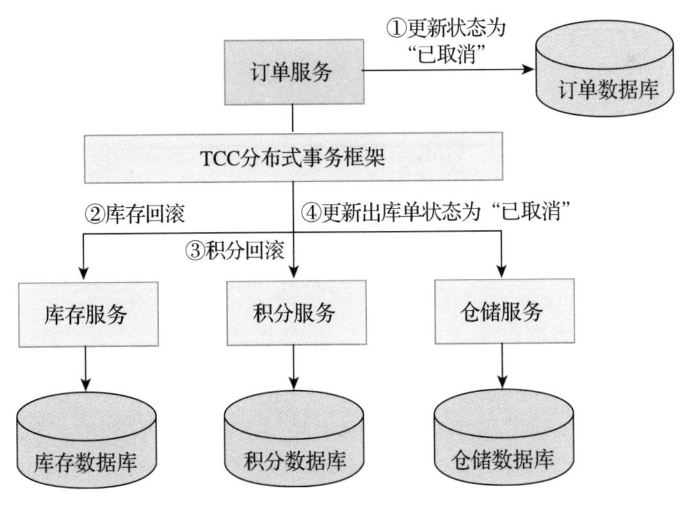

图 9-9　电商支付场景中 Cancel 阶段执行的流程

在电商支付订单的场景中，Cancel 阶段主要的业务流程如下所示。

1）订单服务将订单数据库中订单的状态标记为“已取消”。

2）TCC 分布式事务框架调用库存服务 Cancel 阶段的方法进行事务回滚，将库存数据表中的预扣减库存字段中存储的商品数量减去当次下单提交的商品数量，并且将库存数据表中的商品库存字段存储的商品库存数量增加当次下单提交的商品数量。

3）TCC 分布式事务框架调用积分服务 Cancel 阶段的方法进行事务回滚，将积分数据中的预增加积分字段中的积分数量减去当次支付产生的积分数量。

4）TCC 分布式事务框架调用仓储服务 Cancel 阶段的方法进行事务回滚，将出库单的状态标记为“已取消”。

9.4 TCC 关键技术

在 TCC 事务管理器，也就是 TCC 分布式事务框架的实现过程中，有几项关键技术需要注意。本节就以 Dromara 开源社区的 TCC 分布式事务框架 Hmily 为例，简单介绍实现 TCC 分布式事务框架的关键技术。

1. AOP 切面

实现 TCC 分布式事务的第一个核心技术就是 AOP 切面。无论是 TCC 分布式事务的发起者，还是参与者，都需要经过 AOP 切面的处理。通过 AOP 切面拦截具体的业务逻辑，在 AOP 切面中执行事务日志的记录、远程调用等逻辑。Hmily 框架中大量使用了 Spring 的 AOP 切面，处理分布式事务问题。

2. 反射技术

实现 TCC 分布式事务的第二个核心技术就是反射技术。TCC 分布式事务中 Confirm 阶段的方法和 Cancel 阶段的方法是通过反射技术调用的。这也就是 Hmily 框架在 Try 阶段的方法上使用注解来指定 Confirm 方法和 Cancel 方法的原因。在 Try 阶段的方法上使用注解指定 Confirm 方法和 Cancel 方法，Hmily 框架会在执行完 Try 方法后，使用反射技术自动调用 Confirm 方法或者 Cancel 方法。

3. 持久化技术

实现 TCC 分布式事务的第三个核心技术就是持久化技术。在分布式事务的实现中，所有参与事务的服务都存在数据的持久化操作。在分布式环境中，由于网络的不稳定性，随时都有可能出现调用服务方法失败的情况，在 TCC 分布式事务中，需要保证数据的最终一致性。如果只有一部分服务的请求被正常处理，则另一部分服务的请求最终也需要被处理，对请求数据持久化是必不可少的。Hmily 框架不仅支持使用 Redis、ZooKeeper、文件、缓存、ETCD、MongoDB 等进行持久化操作，还提供了 SPI 扩展接口，使具体业务能够根据实际需求实现自身的持久化技术。

4. 序列化技术

实现 TCC 分布式事务的第四个核心技术就是序列化技术。在分布式环境中，数据的持久化和在网络中的传输，都需要序列化技术的支持。Hmily 框架支持的序列化技术包括

JDK 自带的序列化技术、Hessian 序列化技术、Kyro 序列化技术、MsgPack 序列化技术和 ProtoBuf 序列化技术。另外，Hmily 框架还提供了 SPI 扩展接口，使具体的业务能够根据实际需求实现自身的序列化技术。

5. 定时任务

实现 TCC 分布式事务的第五个核心技术就是定时任务。在分布式环境中，由于网络的不稳定性，难免会出现方法调用失败的情况，此时，需要利用定时任务来重试方法的调用操作。Hmily 框架实现了当方法调用失败时，使用定时任务进行重试的机制。

6. 动态代理

实现 TCC 分布式事务的第六个核心技术就是动态代理。分布式环境中存在很多远程调用框架，在分布式事务的实现过程中，需要通过动态代理的方式支持多种远程调用框架。例如，在 Hmily 框架中通过动态代理支持多种远程调用框架，这些远程调用框架包括 Apache Dubbo、Alibaba Dubbo、BRPC、gRPC、Motan、Sofa-RPC、Spring Cloud、Tars 等。

7. 多配置源技术

实现 TCC 分布式事务的第七个核心技术就是多配置源技术。在分布式环境中，为了便于管理各业务系统的配置，往往会集中存储各业务系统的配置，并通过相应的技术快速同步到各业务系统的本地缓存中。由于在真正的业务场景中，会存在不同的配置存储技术，因此实现分布式事务时，需要支持多配置源技术。例如，在 Hmily 框架中，就实现了多种配置源技术，这些配置源包括 Apollo、Consul、ETCD、Loader、Nacos、ZooKeeper、本地存储等。另外，Hmily 框架还提供了 SPI 扩展接口，使具体的业务能够根据实际需求实现自身的配置源技术。

9.5　本章小结

本章主要对 TCC 分布式事务的原理进行了简单的介绍。首先介绍了 TCC 分布式事务的核心思想，接下来介绍了 TCC 分布式事务的实现原理，包括 TCC 分布式事务的核心组成部分和 TCC 分布式事务的核心原理，随后对 TCC 分布式事务的核心流程进行了详细的介绍，最后简单介绍了实现 TCC 分布式事务的关键技术。第 10 章将对基于可靠消息最终一致性的分布式事务原理进行介绍。

Chapter 10 第 10 章

可靠消息最终一致性分布式事务原理

可靠消息最终一致性是分布式事务解决方案中一种典型的柔性事务解决方案。这种分布式事务解决方案通常有两种实现方式：一种是基于本地消息表方案实现，另一种是基于RocketMQ 事务消息实现。同时，需要注意消息发送的一致性和消息的可靠性问题。本章简单介绍可靠消息最终一致性的基本原理，所涉及的内容如下。

- 基本原理。
- 本地消息表。
- 独立消息服务。
- RocketMQ 事务消息。
- 消息发送的一致性。
- 消息接收的一致性。
- 消息的可靠性。

10.1 基本原理

可靠消息最终一致性的基本原理是事务发起方（消息发送者）执行本地事务成功后发出一条消息，事务参与方（消息消费者）接收到事务发起方发送过来的消息，并成功执行本地事务。事务发起方和事务参与方最终的数据能够达到一致的状态。

这里主要强调如下两点。

1）事务发起方一定能够将消息成功发送出去。

2）事务参与方一定能够成功接收到消息。

可以利用消息中间件实现可靠消息最终一致性分布式事务方案，如图 10-1 所示。

图 10-1　可靠消息最终一致性基本原理图

事务发起方将消息发送给消息中间件，事务参与方从消息中间件中订阅（接收）消息。事务发起方会通过网络将消息发送给消息中间件，而事务参与方也需要通过网络接收消息中间件的消息。网络的不确定性可能会造成事务发起方发送消息失败，也可能会造成事务参与方接收消息失败，即造成分布式事务的问题。

在使用可靠消息最终一致性方案解决分布式事务的问题时，需要确保消息发送和消息消费的一致性，从而确保消息的可靠性。

10.2　本地消息表

为了防止在使用消息一致性方案处理分布式事务的过程中出现消息丢失的情况，使用本地事务保证数据业务操作和消息的一致性，也就是通过本地事务，将业务数据和消息数据分别保存到本地数据库的业务数据表和本地消息表中，然后通过定时任务读取本地消息表中的消息数据，将消息发送到消息中间件，等到消息消费者成功接收到消息后，再将本地消息表中的消息删除。这种方式实现的分布式事务就是基于本地消息表的可靠消息最终一致性分布式事务。

10.2.1　实现原理

基于本地消息表实现的可靠消息最终一致性方案的核心思想是将需要通过分布式系统处理的任务，比如同步数据等操作，通过消息或者日志的形式异步执行，这些消息或者日志可以存储到本地文件中，也可以存储到本地数据库的数据表中，还可以存储到消息中间件中，然后通过一定的业务规则进行重试。这种方案要求各个服务的接口具有幂等性，原理如图 10-2 所示。

存放消息的本地消息表和存放数据的业务数据表位于同一个数据库中，这种设计能够保证使用本地事务达到消息和业务数据的一致性，并且引入消息中间件实现多个分支事务之间的最终一致性，整体流程如下所示。

第一步：事务发起方向业务数据表成功写入数据后，会向本地消息表发送一条消息数据，因为写业务数据和写消息数据在同一个本地事务中，所以本地事务会保证这条消息数据一定能够正确地写入本地消息表。

第二步：使用专门的定时任务将本地消息表中的消息写入消息中间件，如果写入成功，会将消息从本地消息表中删除。否则，继续根据一定的规则进行重试操作。

第三步：如果消息根据一定的规则写入消息中间件仍然失败，可以将失败的消息数据转储到“死信”队列数据表中，后续进行人工干预，以达到事务最终一致性的目的。

第四步：事务参与方，也就是消息消费者会订阅消息中间件的消息，当接收到消息中间件的消息时，完成本地的业务逻辑。

第五步：事务参与方的本地事务执行成功，则整个分布式事务执行成功。否则，会根据一定的规则进行重试。如果仍然不能成功执行本地事务，则会给事务发起方发送一条事务执行失败的消息，以此来通知事务发起方进行事务回滚。

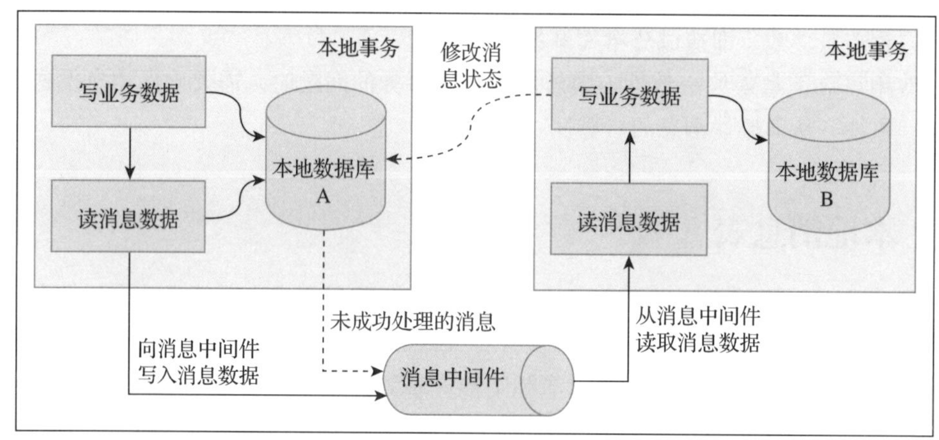

图 10-2　基于本地消息表实现的可靠消息最终一致性原理

10.2.2　优缺点

可靠消息最终一致性分布式事务解决方案是处理分布式事务的典型方案，也是业界使用比较多的一种方案。基于本地消息表实现的可靠消息方案是其中一种具体实现方式，这种实现方式有如下明显的优点。

1）使用消息中间件在多个服务之间传递消息数据，在一定程度上避免了分布式事务的问题。

2）作为业界使用比较多的一种方案，相对比较成熟。

也有比较明显的缺点，如下所示。

1）无法保证各个服务节点之间数据的强一致性。

2）某个时刻可能会查不到提交的最新数据。

3）消息表会耦合到业务库中，需要额外手动处理很多发送消息的逻辑，不利于消息数据的扩展。如果消息表中存储了大量的消息数据，会对操作业务数据的性能造成一定的影响。

4）消息发送失败时需要重试，事务参与方需要保证消息的幂等。

5）如果消息重试后仍然失败，则需要引入人工干预机制。

6）消息服务与业务服务耦合，不利于消息服务的扩展和维护。

7）消息服务不能共用，每次需要实现分布式事务时，都需要单独开发消息服务逻辑，增加了开发和维护的成本。

10.3　独立消息服务

顾名思义，独立消息服务就是将消息处理部分独立部署成单独的服务，以便消息服务能够单独开发和维护，这样就实现了消息服务和业务服务的解耦、消息数据和业务数据的解耦，方便对消息服务进行扩展。

10.3.1　实现原理

独立消息服务是在本地消息表的基础上进一步优化，将消息服务独立出来，并将消息数据从本地消息表独立成单独消息数据库，引入消息确认服务和消息恢复服务，如图 10-3 所示。

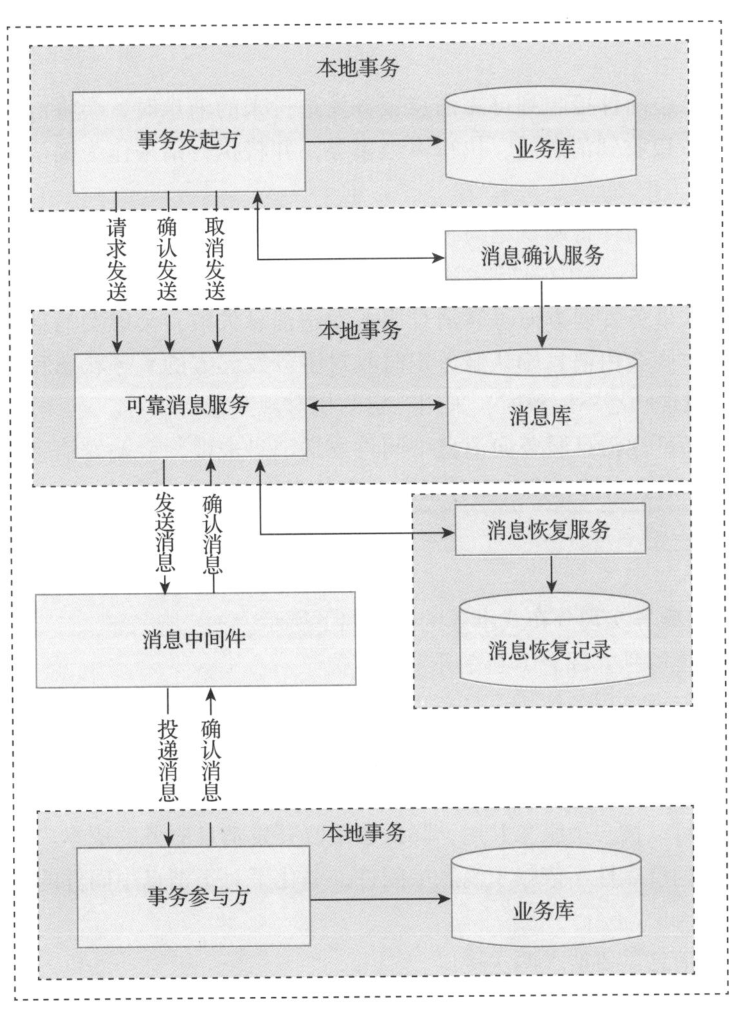

图 10-3　独立消息服务实现的分布式事务

独立消息服务实现的分布式事务中有几个核心服务，分别为可靠消息服务、消息确认服务、消息恢复服务和消息中间件，具体流程如下所示。

第一步：事务发起方向可靠消息服务成功发送消息后，执行本地事务。

第二步：可靠消息服务接收到事务发起方发送的消息后，将消息存储到消息库中，并将消息记录的状态标记为“待发送”，并不会马上向消息中间件发送消息。同时，向事务发起方响应消息发送已就绪的状态。

第三步：当事务发起方的事务执行成功时，事务发起方会向可靠消息服务发送确认消息，否则，发送取消消息。

第四步：当可靠消息服务接收到事务发起方发送过来的确认消息时，会将消息发送到消息中间件，并将消息库中保存的当前消息记录状态标记为“已发送”。如果可靠消息接收到事务发起方发送的取消消息，会直接将消息库中保存的当前消息删除或者标记为“已删除”。

第五步：消息中间件接收到可靠消息服务发送过来的消息时，会将消息投递给业务参与方，业务参与方接收到消息后，执行本地事务，并将执行结果作为确认消息发送到消息中间件。

第六步：消息中间件将确认结果投递到可靠消息服务，可靠消息服务接收到确认消息后，根据结果状态将消息库中的当前消息记录标记为“已完成”。

第七步：如果事务发起方向可靠消息服务发送消息失败，会触发消息重试机制。如果重试后仍然失败，则会由消息确认服务定时校对事务发起方的事务状态和消息数据库中当前消息的状态，发现状态不一致时，采用一定的校对规则进行校对。

第八步：如果可靠消息服务向消息中间件发送消息失败，会触发消息重试机制。如果重试后仍然失败，则会由消息恢复服务根据一定的规则定时恢复消息库中的消息数据。

10.3.2 优缺点

使用独立消息服务实现分布式事务的优点如下所示。

1）消息服务能够独立部署、独立开发和维护。

2）消息服务与业务服务解耦，具有更好的扩展性和伸缩性。

3）消息表从本地数据库解耦出来，使用独立的数据库存储，具有更好的扩展性和伸缩性。

4）消息服务可以被多个服务共用，降低了重复开发消息服务的成本。

5）消息数据的可靠性不依赖于消息中间件，弱化了对于消息中间件的依赖性。

缺点如下。

1）发送一次消息需要请求两次接口。

2）事务发起方需要开发比较多的事务查询接口，在一定程度上增加了开发成本。

10.4　RocketMQ 事务消息

RocketMQ 是阿里巴巴开源的一款支持事务消息的消息中间件，于 2012 年正式开源，2017 年成为 Apache 基金会的顶级项目。RocketMQ 的高可用机制以及可靠消息设计能够在系统发生异常时保证事务达到最终一致性。

10.4.1　实现原理

RocketMQ 主要由 Producer 端和 Broker 端组成。RocketMQ 的事务消息主要是为了让 Producer 端的本地事务与消息发送逻辑形成一个完整的原子操作，即 Producer 端的本地事务和消息发送逻辑要么全部执行成功，要么全部不执行。在 RocketMQ 内部，Producer 端和 Broker 端具有双向通信能力，使得 Broker 端具备事务协调者的功能。RocketMQ 提供的消息存储机制本身就能够对消息进行持久化操作，这些可靠的设计能够保证在系统出现异常时，事务依然能够达到一致性。

RocketMQ 4.3 版之后引入了完整的事务消息机制，其内部实现了完整的本地消息表逻辑，使用 RocketMQ 实现可靠消息分布式事务就不用用户再实现本地消息表的逻辑了，极大地减轻了开发工作量。

使用 RocketMQ 实现可靠消息分布式事务解决方案的基本原理如图 10-4 所示。

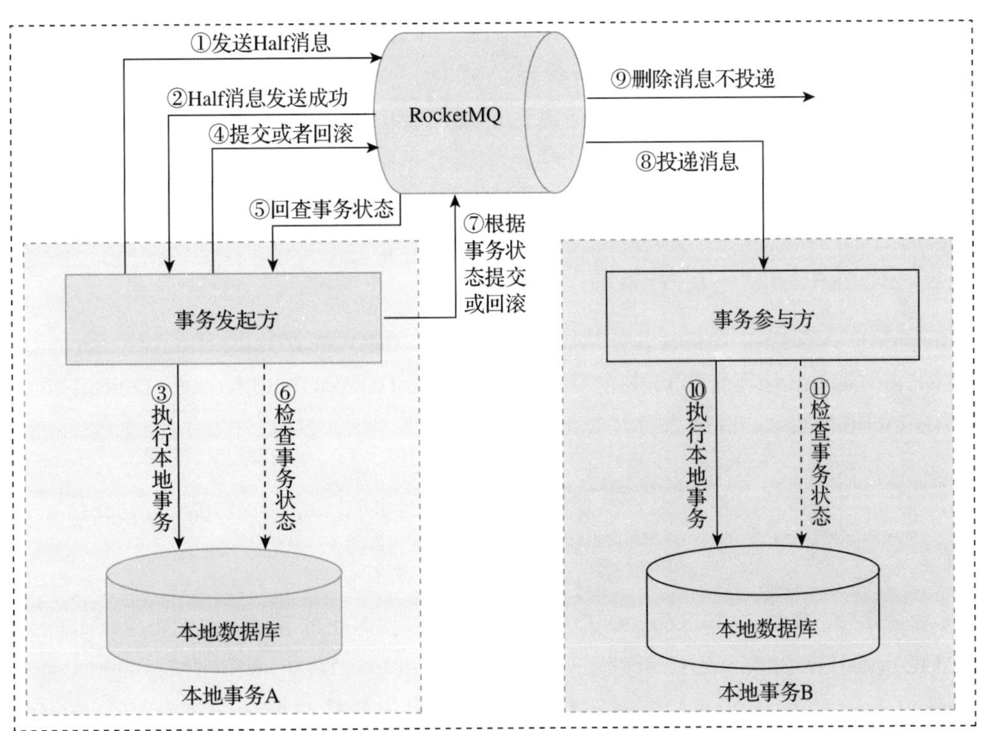

图 10-4　RocketMQ 实现可靠消息分布式事务解决方案的基本原理

整体流程如下所示。

第一步：事务发起方向 RocketMQ 发送 Half 消息。

第二步：RocketMQ 向事务发起方响应 Half 消息发送成功。

第三步：事务发起方执行本地事务，向本地数据库中插入、更新、删除数据。

第四步：事务发起方向 RocketMQ 发送提交事务或者回滚事务的消息。

第五步：如果事务参与方未收到消息或者执行事务失败，且 RocketMQ 未删除保存的消息数据，则 RocketMQ 会回查事务发起方的接口，查询事务状态，以此确认是再次提交事务还是回滚事务。

第六步：事务发起方查询本地数据库，确认事务是否是执行成功的状态。

第七步：事务发起方根据查询到的事务状态，向 RocketMQ 发送提交事务或者回滚事务的消息。

第八步：如果第七步中，事务发起方向 RocketMQ 发送的是提交事务的消息，则 RocketMQ 会向事务参与方投递消息。

第九步：如果第七步中，事务发起方向 RocketMQ 发送的是回滚事务的消息，则 RocketMQ 不会向事务参与方投递消息，并且会删除内部存储的消息数据。

第十步：如果 RocketMQ 向事务参与方投递的是执行本地事务的消息，则事务参与方会执行本地事务，向本地数据库中插入、更新、删除数据。

第十一步：如果 RocketMQ 向事务参与方投递的是查询本地事务状态的消息，则事务参与方会查询本地数据库中事务的执行状态。

在使用 RocketMQ 实现分布式事务时，上述流程中的主要部分都由 RocketMQ 自动实现了，开发人员只需要实现本地事务的执行逻辑和本地事务的回查方法，重点关注事务的执行状态即可。

10.4.2 RocketMQ 本地事务监听接口

RocketMQ 内部提供了本地事务的监听接口 RocketMQLocalTransactionListener。RocketMQLocalTransactionListener 接口中主要有 executeLocalTransaction(Message, Object) 和 checkLocalTransaction(Message) 两个方法，源码如下所示。

```
public interface RocketMQLocalTransactionListener {
    RocketMQLocalTransactionState executeLocalTransaction(Message msg, Object arg);
    RocketMQLocalTransactionState checkLocalTransaction(Message msg);
}
```

当事务发起方成功向 RocketMQ 发送准备执行事务的消息后，RocketMQ 会回调 RocketMQLocalTransactionListener 接口中的 executeLocalTransaction(Message, Object) 方法。executeLocalTransaction(Message, Object) 方法中主要接收两个参数：一个是 Message 类型参数，表示回传的消息；另一个是 Object 类型参数，是事务发起方调用 RocketMQ 的

send() 方法时传递的参数。此方法会返回事务的状态，当返回 COMMIT 时，表示事务提交，当返回 ROLLBACK 时，表示事务回滚，当返回 UNKNOW 时，表示事务回调。

当需要回查本地事务状态时，调用 checkLocalTransaction(Message) 方法。checkLocalTransaction(Message) 方法中接收一个 Message 类型参数，表示要回查的事务消息。此方法返回事务的状态，同 executeLocalTransaction(Message, Object) 方法返回的事务状态，这里不再赘述。

使用 RocketMQ 实现分布式事务时，事务发起方向 RocketMQ 发送事务消息比较简单，代码片段如下所示。

```
//创建一个事务消息生产者
TransactionMQProducer producer = new TransactionMQProducer("ProducerGroup");
//设置Producer端的地址
producer.setNamesrvAddr("127.0.0.1:9876");
//启动Producer端
producer.start();
//设置TransactionListener实现
//transactionListener表示发送准备消息成功后执行的回调接口
producer.setTransactionListener(transactionListener);
//发送事务消息
SendResult sendResult = producer.sendMessageInTransaction(msg, null);
```

10.5　消息发送的一致性

消息发送一致性指的是事务发起方执行本地事务与产生消息数据和发送消息的整体一致性。换句话说，就是事务发起方执行事务操作成功，则一定能够将其产生的消息成功发送出去。这里一般会将消息发送到消息中间件中，例如 Kafka、RocketMQ、RabbitMQ 等。消息发送的一致性包括消息发送与确认机制、消息发送的不可靠性、保证发送消息的一致性。

10.5.1　消息发送与确认机制

消息发送的一致性涉及消息的发送与确认机制。常规消息中间件的消息发送与确认机制如下所示。

第一步：消息生产者生成消息并将消息发送给消息中间件。这里可以通过同步和异步的方式发送。

第二步：消息中间件接收到消息后，将消息数据持久化存储到磁盘。这里可以根据配置调整存储策略。

第三步：消息中间件向消息生产者返回消息的发送结果。这里返回的可以是消息发送的状态，也可以是异常信息。

第四步：消息消费者监听消息中间件并消费指定主题中的数据。

第五步：消息消费者获取消息中间件中的数据后，执行本地的业务逻辑。

第六步：消息消费者对已经成功消费的消息向消息中间件进行确认，消息中间件收到消费者反馈的确认消息后，将确认后的消息从消息中间件中删除。

一般情况下，常规的消息中间件对消息的处理流程无法实现消息发送的一致性，因此，直接使用现成的消息中间件无法完全实现消息发送的一致性。在实现分布式事务时，需要手动开发消息发送与确认机制以满足消息发送的一致性。

10.5.2 消息发送的不一致性

如果不做处理，消息的发送是不可靠的，无法满足消息发送的一致性。这里通过几个具体的案例来说明因消息发送的不可靠性导致的不一致问题。

1）先操作数据库，再发送消息，代码片段如下所示。

```
public void saveDataAndSendMessage(){
    //保存交易流水信息
    payService.save(payInfo);
    //发送消息
    messageService.sendMessage(message);
}
```

这种情况无法保证消息发送的一致性，可能虽然数据保存成功了，但是消息发送失败了。事务参与方未能收到消息，无法执行事务参与方的业务逻辑，最终导致事务的不一致。

2）先发送消息，再操作数据库，代码片段如下所示。

```
public void saveDataAndSendMessage(){
    //发送消息
    messageService.sendMessage(message);
    //保存交易流水信息
    payService.save(payInfo);
}
```

这种情况无法保证消息发送的一致性，可能虽然消息发送成功了，但是保存数据失败了。事务参与方收到消息并成功地执行了本地事务操作，而事务发起方保存数据失败了，最终导致事务的不一致。

3）在同一事务中，先发送消息，后操作数据库，代码片段如下所示。

```
@Transactional
public void saveDataAndSendMessage(){
    //发送消息
    messageService.sendMessage(message);
    //保存交易流水信息
    payService.save(payInfo);
}
```

这种情况下，虽然使用了 Spring 的 @Transactional 注解，使发送消息和保存数据的操作在同一事务中，但是仍然无法保证消息发送的一致性。可能消息发送成功，数据库操作失败，消息发送成功后无法进行回滚操作。事务发起方执行事务失败，事务参与方接收到消息后执行事务成功，最终导致事务的不一致。

4）在同一事务中，先操作数据库，后发送消息，代码片段如下所示。

```
@Transactional
public void saveDataAndSendMessage(){
    //保存交易流水信息
    payService.save(payInfo);
    //发送消息
    messageService.sendMessage(message);
}
```

这种情况下，如果保存数据成功，而发送消息失败，则抛出异常，对保存数据的操作进行回滚，最终，保存数据的操作和发送消息的操作都执行失败，看上去发送消息满足一致性了，实际上，这种情况仍然无法满足消息发送的一致性。

如果数据保存成功，消息发送成功，由于网络出现故障等异常情况，导致发送消息的响应超时，则抛出异常，回滚保存数据的操作。但是事务参与者可能已经成功接收到消息，并成功执行了事务操作，最终导致事务的不一致。

10.5.3 如何保证消息发送的一致性

要保证消息发送的一致性，就要实现消息的发送与确认机制。事务发起方向消息中间件成功发送消息后，消息中间件向事务发起方返回消息发送成功的状态。当事务参与方接收到消息并处理完事务操作后，需要向消息中间件发送确认消息，整体流程如图 10-5 所示。

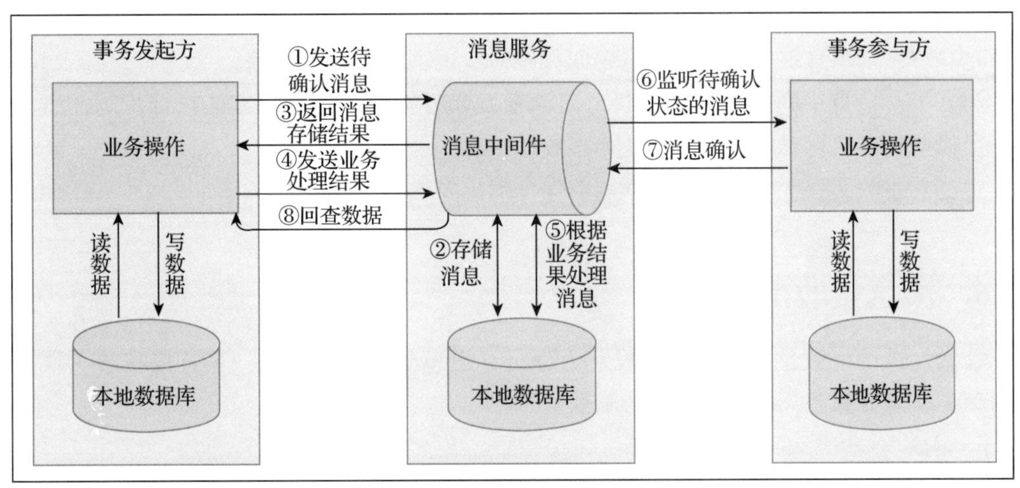

图 10-5 消息发送一致性流程

主体流程如下所示。

第一步：事务发起方向消息中间件发送待确认消息。

第二步：消息中间件接收到事务发起方发送过来的消息，将消息存储到本地数据库，此时并不会向事务参与方投递消息。

第三步：消息中间件向事务发起方返回消息存储结果，事务发起方根据返回的结果确定执行的业务逻辑。当消息中间件向事务发起方返回的结果为“存储成功”时，事务发起方会执行后续的业务逻辑。否则，事务发起方不再执行后续的业务逻辑，必要时，还会向上层抛出异常信息。

第四步：事务发起方完成业务处理后，把业务处理的结果发送给消息中间件。

第五步；消息中间件收到事务发起方发送过来的结果数据后，根据结果确定后续的处理逻辑。如果事务发起方发送过来的结果为“成功”，消息中间件会更新本地数据库中的消息状态为“待发送”。否则，将本地数据库中的消息状态标记为“已删除”，或者直接删除数据库中相应的消息记录。

第六步：事务参与方会监听消息中间件，并接收状态为“待发送”的消息，当收到消息中间件的消息后，会执行对应的业务逻辑，消息中间件中对应的记录变更为“已发送”。

第七步：事务参与方的业务操作完成后，会向消息中间件发送确认消息，表示事务参与方已经收到消息并且执行完对应的业务逻辑，消息中间件会将消息从本地数据库中删除。

第八步：为了保证事务发起方一定能够将消息发送出去，在事务发起方的应用服务中需要暴露一个回调查询接口。消息服务在后台开启一个线程，定时扫描消息服务中状态为“待发送”的消息，回调事务发起方提供的回调查询接口，根据消息服务中的业务参数回查事务发起方本地事务的执行状态。如果消息服务查询到事务发起方的事务状态为“执行成功”。同时，当前消息中间件中对应的消息状态为“待发送”，则将对应的消息投递出去，并且将对应的消息记录更新为“已发送”。如果消息服务查询到事务发起方的执行状态为“执行失败”，则消息服务会删除消息中间件中对应的消息，不再投递。

第九步：消息中间件也会根据状态向事务发起方投递事务参与方的执行状态，事务发起方会根据状态执行对应的操作，比如事务回滚等。

经过上述的流程，事务发起方就能够保证消息发送的一致性了。

10.6 消息接收的一致性

消息发送的一致性主要由事务发起方保证，消息服务进行辅助。消息接收的一致性需要由事务参与方保证，消息服务进行辅助。

10.6.1 消息接收与确认机制

消息接收的一致性在一定程度上需要满足消息的接收与确认机制，具体过程如下所示。

第一步：消息中间件向消息消费方投递消息。

第二步：消息消费方接收到消息中间件投递过来的消息，执行本地业务逻辑，执行完成后，将执行结果发送到消息中间件。

第三步：消息中间件接收到消费者发送过来的结果状态，如果状态为“执行成功”，则删除对应的消息记录，或者将其状态设置为“已删除”。

第四步：如果消息中间件向消息消费方投递消息失败，会根据一定的规则进行重试。如果重试多次后，仍然无法投递到消息消费方，则会将对应的消息存储到死信队列中，后续进行人工干预。

第五步：如果消息消费方执行完业务逻辑后，无法成功将结果返回给消息中间件，则同样需要引入重试机制，在消息消费方单独开启一个线程，定时扫描本地数据库中状态为执行完成但向消息中间件发送消息失败的记录，并定时向消息中间件发送状态结果。

这里，有两点需要注意。

1）消息消费方接收消息中间件消息的接口需要满足幂等性。

2）消息消费方向消息中间件发送结果状态时，如果需要重试，则应限制最大的重试次数，否则，消息发送操作可能会变成死循环。

常规消息中间件无法做到上述流程，在实现分布式事务时，需要手动实现。

10.6.2　消息接收的不一致性

如果对消息的接收逻辑不做任何限制和处理，消息的接收是不可靠的，会导致每次接收到消息后，对事务的处理得出不同的结果，最终导致消息接收的不一致性，具体表现在如下几个方面。

1）事务参与方接收消息的方法没有实现幂等，消息中间件向事务参与方多次重试投递消息时，事务参与方得出不同的业务处理结果，导致事务参与方与事务发起方的事务结果不一致。

2）事务参与方可能无法收到消息中间件投递的消息，但是消息中间件未实现消息重试投递机制，事务参与方无法执行分支事务，导致事务参与方与事务发起方的事务结果不一致。

3）事务参与方执行完本地业务逻辑后，无法正确地将执行结果反馈给消息中间件，消息中间件无法正确删除已处理过的消息，会再次向事务参与方重试投递消息，可能会导致事务参与方与事务发起方的事务结果不一致。

4）事务参与方无法保证完整收到消息中间件投递过来的消息，导致事务参与方与事务发起方的事务结果不一致。

事务参与方如果需要保证消息接收的一致性，需要对消息的接收逻辑进行相应的限制和处理，并且消息中间件需要支持重试消息投递的逻辑。

10.6.3　如何保证消息接收的一致性

如果需要实现消息接收的一致性，则需要解决如下几个问题。

1）限制消息中间件重复投递消息的最大次数。

2）事务参与方接收消息的接口满足幂等性。

3）实现事务参与方与消息中间件之间的确认机制。

4）消息中间件中的消息多次重试投递失败后，放入死信队列，后续引入人工干预机制。

具体处理流程如图 10-6 所示。

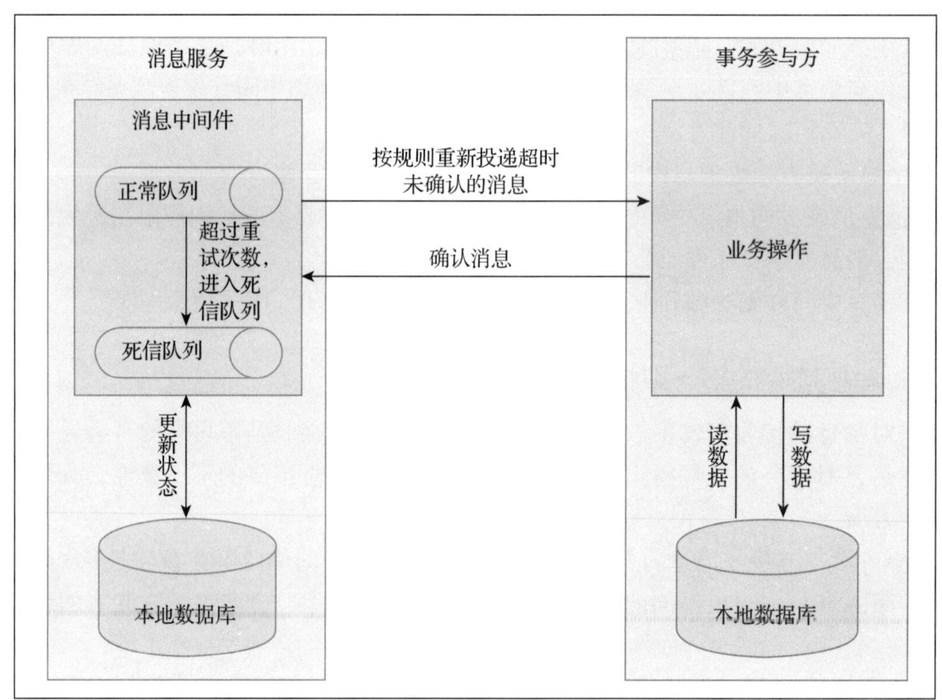

图 10-6　保证消息接收一致性流程图

整体流程说明如下所示。

第一步：消息中间件向事务参与方投递消息时，如果投递失败，则会按照一定的重试规则重新投递未确认的消息，也就是会按照一定的规则，扫描发送失败并且状态为“待发送”的消息，将其投递给事务参与方。

第二步：如果重试次数达到最大重试次数，仍然无法成功将消息投递出去，则将对应的消息存入死信队列，后续通过人工干预投递。

第三步：如果消息正确投递出去，则会将数据库中存储的对应的消息记录状态更新为“已发送”。

第四步：事务参与方接收到消息中间件投递的消息，执行业务逻辑后，将执行的结果发送给消息中间件。

第五步：消息中间件接收到事务参与方发送的确认消息后，根据确认消息更新数据库中对应消息的记录状态。还会根据确认消息执行是否向事务发起方投递消息的逻辑，事务发起方根据接收的消息执行相应的逻辑处理，比如事务回滚等。

总之，上述流程需要满足消息中间件重试消息投递时，有最大重试次数。事务接收方的接口需要满足幂等性。事务接收方与消息中间件之间需要实现消息确认机制。消息中间件向事务参与方多次投递消息失败后，达到最大重试次数，需要将消息放入死信队列，并引入人工干预机制。

经过上述流程，消息的接收就能够保证一致性了。

10.7　消息的可靠性

在实现可靠消息最终一致性分布式事务时，需要满足消息的可靠性，这里的可靠性包括消息发送的可靠性、消息存储的可靠性和消息消费的可靠性。

10.7.1　消息发送的可靠性

消息发送的可靠性除了要满足消息发送的一致性，还需要保证事务发起方的可靠性，最简单的实现方式就是多副本机制。也就说，将事务发起方部署多份，形成集群模式。

另外，还需要保证消息生产和发送的可靠性。引入回调确认机制，在事务发起方提供回调接口，在消息发送异常时，消息服务也能通过一定的机制回调事务发起方提供的回调接口，获取事务发起方的事务执行状态和消息数据，确保消息一定被消息服务成功接收。消息服务收到消息后，会返回一个确认信息，表示消息服务已经成功收到事务发起方发送的消息。如果事务发起方在一定时间内未收到消息服务返回的确认消息，就会触发消息重试机制，按照一定的规则重新发送消息。

例如，事务发起方消息发送成功，但是由于网络异常，未能收到消息服务返回的确认消息，此时，事务发起方就会按照一定的规则重新发送消息，消息服务就有可能收到多条相同的消息数据。因此消息服务也需要实现幂等。

消息的重试机制需要实现响应时长判断逻辑（例如，超出 1 分钟，未收到返回的确认信息，就认为本次消息需要重新发送），也需要对重试的次数进行限制。

10.7.2　消息存储的可靠性

消息存储的可靠性就是确保消息能够进行持久化，不会因为消息堆积、服务崩溃、服务器宕机、网络故障等因素，造成消息丢失。

实现消息存储的可靠性最简单的方式就是消息存储的多副本机制，将原本只存储一份的消息，冗余存储成多份。目前，大多数消息中间件都实现了消息的冗余副本机制，这里不再赘述。

10.7.3 消息消费的可靠性

消息消费的可靠性除了要满足消息接收的一致性外，还要确保消息被成功消费，避免由于消息丢失，事务参与方崩溃或者服务器宕机造成消息消费不成功。此时，就需要将事务参与方冗余成多个副本，部署成集群模式。

除了事务参与方的多副本机制，还要实现事务参与方的重试机制与幂等机制，按照一定的规则获取消息中间件中的数据，以确保事务发起方成功收到消息并成功消费。

例如，使用 RocketMQ 消息中间件实现的分布式事务中，事务参与方从 RocketMQ 消息中间件中拉取消息，如果成功获取消息并执行完本地事务操作，则会向 RocketMQ 返回确认消息。如果事务参与方从 RocketM Q 拉取消息失败，或者消费消息失败，就需要重新获取消息进行消费，如果达到一定的重试次数仍然失败，则会将该消息发送到 RocketMQ 的重试队列中。

如果事务参与者崩溃或者服务器宕机，RocketMQ 会认为该消息没有被事务参与方成功消费，会被其他的事务参与方重新消费。此时，就有可能造成事务参与方重复消费消息的情况，因此需要事务参与方实现消息的幂等操作。

10.8 本章小结

本章主要介绍了可靠消息最终一致性的原理，首先介绍了可靠消息最终一致性的基本原理。接下来分别介绍了可靠消息最终一致性的三种实现原理，分别为本地消息表，独立消息服务和 RocketMQ 事务消息。随后介绍了消息发送的一致性和消息接收的一致性。最后简单介绍了消息的可靠性。只有满足了本章所描述的全部内容，才能实现一个完整的可靠消息最终一致性分布式事务解决方案。第 11 章将对最大努力通知型分布式事务原理进行简单的介绍。

第 11 章 Chapter 11

最大努力通知型分布式事务原理

最大努力通知型分布式事务解决方案适用于数据能够最终达到一致的场景，并且对时间的敏感度比较低的场景。例如，支付成功后通知商户付款成功，这种场景往往是两个不同系统之间的分布式事务场景。本章对最大努力通知型分布式事务的原理进行简单的介绍。

本章所涉及的内容如下。

- ❑ 适用场景。
- ❑ 方案特点。
- ❑ 基本原理。
- ❑ 异常处理。
- ❑ 注意事项。

11.1 适用场景

在前面的章节中，虽然简单提到过最大努力通知型分布式事务解决方案的应用场景，但不够全面。这里就最大努力通知型分布式事务解决方案适用的场景进行总结。总体来说，最大努力通知型分布式事务解决方案适用于满足如下特点的场景。

1）业务主动方完成业务逻辑操作后，向业务被动方发送消息，允许消息丢失。

2）业务主动方需要提供消息回查接口，供业务被动方回查调用，以恢复丢失的业务消息。

3）业务被动方未接收到业务主动方发送的消息，或者接收到消息执行业务逻辑失败，业务被动方查询业务主动方提供的消息回查接口，进行数据校对。

4）业务被动方接收到业务主动方发送过来的消息，执行完业务处理（或者先将消息存储到本地，后续进行业务处理），需要向业务主动方返回已成功接收消息的状态，避免业务主动方触发消息重试机制。

5）业务主动方未及时收到业务被动方返回的确认消息时，会根据一定的延时策略向业务被动方重新发送消息数据。

6）业务被动方的业务处理结果不影响业务主动方的业务处理结果。

满足如上业务场景的往往是两个不同系统之间需要满足事务的最终一致性。

11.2 方案特点

特殊的使用场景决定了最大努力通知型方案具有如下特点。

1）使用到的服务模式有可查询操作、幂等操作。

2）对最终一致性的时间敏感度低，短则几秒钟或几分钟，长则数天才能达到事务的一致性。

3）业务被动方对业务的处理结果不会影响业务主动方对业务的处理结果。

4）多用于跨企业的系统，或者企业内部比较独立的系统之间实现事务的一致性，总之，就是不同系统之间实现事务的一致性。

5）业务主动方完成业务处理操作后向业务被动方发送通知消息，并允许消息丢失。

6）业务主动方可以根据一定的策略设置阶梯型通知规则，在通知失败后，按照规则进行重复通知，直到通知的次数达到设置的最大次数为止。

7）业务主动方需要提供查询接口给业务被动方按照需求进行校对查询，以便恢复可能丢失的业务消息。

11.3 基本原理

最大努力通知型分布式事务原理比较简单，在业务主动方主要分为业务处理服务、消息中间件、消息消费服务和消息通知服务四大部分。这四大部分协调完成了最大努力通知型分布式事务，具体如图 11-1 所示。

基本流程如下所示。

1）业务处理服务处理完业务逻辑，向消息中间件发送消息数据。

2）消息中间件接收到消息数据后，将消息保存到消息数据库中，并将消息记录的状态标记为待发送。

3）消息消费服务订阅消息中间件中的消息数据，当接收到消息数据时，会向消息中间件发送确认消息。

4）消息中间件接收到消息消费者发送的确认消息，会将消息数据库中对应的消息记录状态更新为“已发送”。

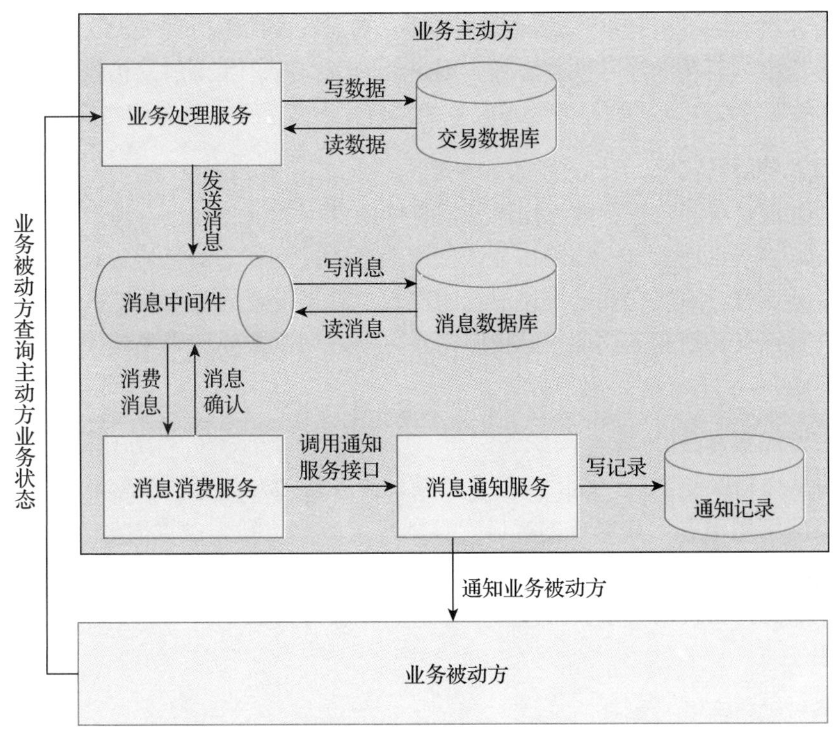

图 11-1　最大努力通知型分布式事务基本原理

5）消息消费者调用消息通知服务的接口，将消息数据传递给消息通知服务。

6）消息通知服务向业务被动方发送通知消息，并将通知记录保存到通知记录库中。

7）如果业务被动方没有收到通知消息，或者收到通知消息后处理业务逻辑失败，或者需要再次获取通知消息，则会按照需求主动查询业务主动方提供的回调接口，以便恢复丢失的业务消息。

8）业务被动方接收消息通知的接口需要实现消息的幂等操作。

11.4　异常处理

11.3 节简单介绍了最大努力通知型分布式事务原理，在原理实际落地的过程中，难免会出现异常的情况。这些异常情况主要有消息中间件宕机、消息消费服务宕机、消息通知服务宕机、业务被动方宕机等。

1. 消息中间件宕机

业务处理服务向消息中间件发送消息失败，导致整个通知流程不可用，无法将消息正确通知到业务被动方。

这种异常情况并不会影响整个服务，如果消息中间件宕机，消息无法发送出去，业务处理服务会多次尝试将消息发送给消息中间件，直到重试次数达到最大重试次数为止。如果在重试过程中，消息中间件恢复服务，则继续向下执行。如果消息仍然发送失败，则业务被动方会按照需求主动查询业务处理服务的接口，恢复丢失的业务消息。

2. 消息消费服务宕机

如果消息消费服务宕机，则无法消费消息中间件中的消息数据，消息中间件根据一定的规则会尝试多次投递消息。如果在尝试投递消息的过程中，消息消费服务已经恢复，则继续执行后续流程。如果在重试投递消息的次数达到了设置的最大重试次数时，消息恢复服务仍然没有恢复，则业务被动方会按照需求主动查询业务处理服务的接口，恢复丢失的业务消息。

3. 消息通知服务宕机

如果消息通知服务宕机，则无法向业务被动方发送通知消息。消息消费服务会根据一定的规则重新调用消息通知服务的接口，直到重试次数达到了设置的最大重试次数为止。如果在重试的过程中消息通知服务已经恢复，则继续执行后续通知逻辑。如果此时消息通知服务仍然未能恢复，则业务被动方会按照需求主动查询业务处理服务的接口，恢复丢失的业务消息。

4. 业务被动方宕机

如果业务被动方宕机，则消息通知服务向业务被动方发送通知消息失败。消息通知服务会按照一定的规则向业务被动方进行阶梯式消息通知，直到达到设置的最大重试次数为止。如果在重试的过程中业务被动方的服务已经恢复，则会成功发送消息通知。如果此时业务被动方仍然处于宕机状态，则消息通知服务不再向业务被动方发送消息通知。待业务被动方的服务恢复后，可以根据具体的业务需求，主动查询业务处理服务提供的回调接口，恢复丢失的业务消息。

综上所述，只要业务主动方提供了回调查询接口，业务被动方保证接口的幂等性，消息数据是允许丢失的。

在实现最大努力通知型分布式事务时，最关键的两点是业务主动方提供回调查询接口，业务被动方接收消息通知的接口保证幂等性。

11.5 本章小结

本章的内容比较简单，主要对最大努力通知型分布式事务的原理进行了简单的介绍。首先总结了最大努力通知型分布式事务的使用场景和方案特点。然后简单介绍了最大努力型分布式事务的基本原理和异常情况的处理方式。第 12 章进入实战内容，对 XA 分布式事务实战进行简单的介绍。

第四部分 Part 4

分布式事务源码与实战

Chapter 12 第 12 章

XA 强一致性分布式事务解决方案源码解析

本章是对 XA 强一致性分布式事务的实战与源码解析。实战是基于 XA 规范处理数据一致性的最好体验，源码解析则带领我们深入底层，学习和理解 XA 规范在底层处理过程中所遇到的挑战与难题。本章涉及的内容如下。

- 分布式数据一致性场景的搭建。
- Atomikos 解决方案源码解析。
- Narayana 解决方案源码解析。

12.1 分布式数据一致性场景的搭建

搭建分布式数据一致性场景的模式多种多样，我们可以选择多个微服务，也可以选择分布式数据库，还可以选择分布式数据库的中间件。本章选取 Apache ShardingSphere-Proxy（5.0.0-beta）作为分布式数据一致性体验的场景。Apache ShardingSphere-Proxy（5.0.0-beta）提供了代理多个数据库的功能，整合并提供了 XA 分布式事务的功能。

12.1.1 构建环境

构建环境的方式有两种，一种是直接下载可执行包，另一种是下载源码并编译。以下采用直接下载可执行包的方式。

第一步：访问地址 https://www.apache.org/dyn/closer.cgi/shardingsphere/5.0.0-beta/apache-shardingsphere-5.0.0-beta-shardingsphere-proxy-bin.tar.gz 下载包。

第二步：解压缩 TAR 包，包括 3 个目录。

- /bin：存放的是可执行脚本，包含 Windows、Linux 启动脚本。
- /conf：存放的是 Proxy 的配置（包含分库分表、登录权限等）。
- /lib：Proxy 所需要的依赖包。

第三步：将 MySQL 的驱动复制到 /lib 目录下。

12.1.2 准备环境

第一步：ShardingSphere-Proxy 是用 Java 语言开发的，我们首先安装 JDK。

第二步：安装 MySQL，在 MySQL 中执行以下脚本。

```
---创建两个测试数据库
CREATE SCHEMA IF NOT EXISTS demo_ds_0;
CREATE SCHEMA IF NOT EXISTS demo_ds_1;

----demo_ds_0 创建两张表t_order_0 与 t_order_1
CREATE TABLE IF NOT EXISTS demo_ds_0.t_order_0 (order_id BIGINT NOT NULL AUTO_
    INCREMENT, user_id INT NOT NULL, status VARCHAR(50), PRIMARY KEY (order_id));
CREATE TABLE IF NOT EXISTS demo_ds_0.t_order_1 (order_id BIGINT NOT NULL AUTO_
    INCREMENT, user_id INT NOT NULL, status VARCHAR(50), PRIMARY KEY (order_id));

----demo_ds_1 创建两张表t_order_0 与 t_order_1
CREATE TABLE IF NOT EXISTS demo_ds_1.t_order_0 (order_id BIGINT NOT NULL AUTO_
    INCREMENT, user_id INT NOT NULL, status VARCHAR(50), PRIMARY KEY (order_id));
CREATE TABLE IF NOT EXISTS demo_ds_1.t_order_1 (order_id BIGINT NOT NULL AUTO_
    INCREMENT, user_id INT NOT NULL, status VARCHAR(50), PRIMARY KEY (order_id));
```

12.1.3 修改配置

修改 /conf 下的配置，打开 server.yaml，代码如下。

```
rules:
    - !AUTHORITY
        users:
            - root@%:root
            - sharding@:sharding
        provider:
            type: NATIVE

props:
    max-connections-size-per-query: 1
    executor-size: 16
    proxy-frontend-flush-threshold: 128
    proxy-transaction-type: XA
    xa-transaction-manager-type: Atomikos
    proxy-opentracing-enabled: false
    proxy-hint-enabled: false
    sql-show: false
    check-table-metadata-enabled: false
```

```
    lock-wait-timeout-milliseconds: 50000 # The maximum time to wait for a lock
    show-process-list-enabled: false
```

打开并修改 config-sharding.yaml。

```
schemaName: sharding_db

dataSources:
    ds_0:
        url: jdbc:mysql://数据库地址:数据库端口/demo_ds_0?serverTimezone=UTC&useSSL=false
        username: root
        password:
        connectionTimeoutMilliseconds: 30000
        idleTimeoutMilliseconds: 60000
        maxLifetimeMilliseconds: 1800000
        maxPoolSize: 50
        minPoolSize: 1
        maintenanceIntervalMilliseconds: 30000
    ds_1:
        url: jdbc:mysql://数据库地址:数据库端口/demo_ds_1?serverTimezone=UTC&useSSL=false
        username: root
        password:
        connectionTimeoutMilliseconds: 30000
        idleTimeoutMilliseconds: 60000
        maxLifetimeMilliseconds: 1800000
        maxPoolSize: 50
        minPoolSize: 1
        maintenanceIntervalMilliseconds: 30000

rules:
- !SHARDING
    tables:
        t_order:
            actualDataNodes: ds_${0..1}.t_order_${0..1}
            tableStrategy:
                standard:
                    shardingColumn: order_id
                    shardingAlgorithmName: t_order_inline
            keyGenerateStrategy:
                column: order_id
                keyGeneratorName: snowflake
        t_order_item:
            actualDataNodes: ds_${0..1}.t_order_item_${0..1}
            tableStrategy:
                standard:
                    shardingColumn: order_id
                    shardingAlgorithmName: t_order_item_inline
            keyGenerateStrategy:
                column: order_item_id
                keyGeneratorName: snowflake
    bindingTables:
        - t_order,t_order_item
    defaultDatabaseStrategy:
```

```
      standard:
        shardingColumn: user_id
        shardingAlgorithmName: database_inline
    defaultTableStrategy:
      none:

    shardingAlgorithms:
      database_inline:
        type: INLINE
        props:
          algorithm-expression: ds_${user_id % 2}
      t_order_inline:
        type: INLINE
        props:
          algorithm-expression: t_order_${order_id % 2}
      t_order_item_inline:
        type: INLINE
        props:
          algorithm-expression: t_order_item_${order_id % 2}

    keyGenerators:
      snowflake:
        type: SNOWFLAKE
        props:
          worker-id: 123
```

12.1.4　启动

执行 bin 目录下的脚本，启动 ShardingSphere-Proxy。

- Windows 系统执行 start.bat 命令。
- Linux/Mac 系统执行 start.sh 命令。

12.1.5　验证

使用 MySQL 的客户端进行验证，操作如下。

```
>mysql -P3307 -uroot -proot
Warning: Using a password on the command line interface can be insecure.
Welcome to the MySQL monitor.  Commands end with ; or \g.
Your MySQL connection id is 2
Server version: 5.6.23-ShardingSphere-Proxy 5.0.0-beta

Copyright (c) 2000, 2015, Oracle and/or its affiliates. All rights reserved.

Oracle is a registered trademark of Oracle Corporation and/or its
affiliates. Other names may be trademarks of their respective
owners.
```

继续执行如下命令。

```
mysql> show databases;
```

```
+--------------+
| SCHEMA_NAME |
+--------------+
| sharding_db |
+--------------+
1 row in set (0.23 sec)
```

以上我们搭建了 ShardingSphere-Proxy，新建了两个数据库 demo_ds_0 和 demo_ds_1。每个数据库中都有 t_order_0 和 t_order_1 两张表。配置的分库规则是根据 t_order 表中的 user_id 列的值对 2 取模，分表规则是根据 t_order 表中的 order_id 列的值对 2 取模。

12.2 ShardingSphere 对 XA 分布式事务方案的整合

ShardingSphere 定义了一套服务提供接口（Service Provider Interface，SPI）来实现 XA 规范中 TransactionManager 的整合。整体架构如图 12-1 所示。

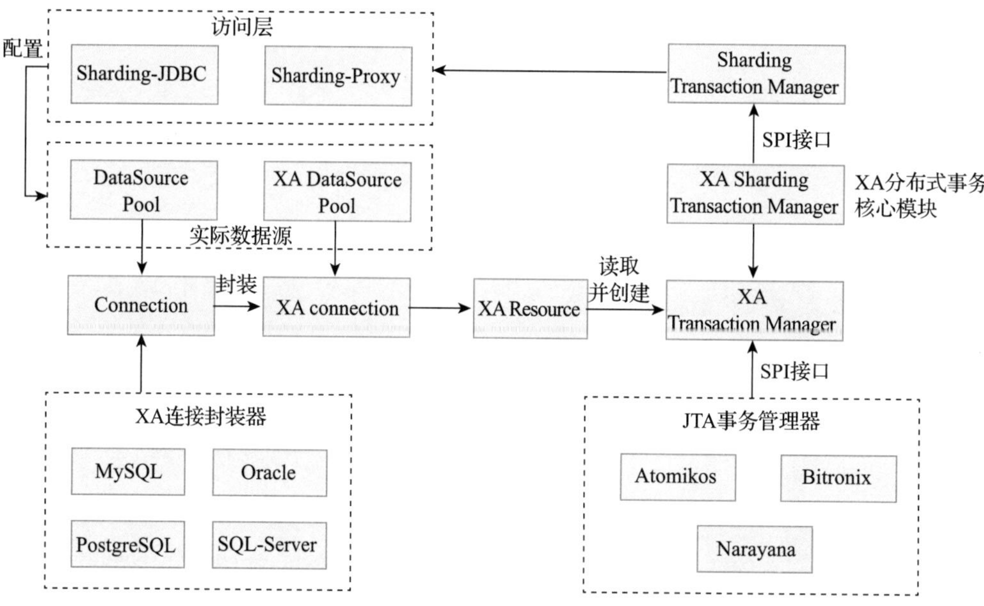

图 12-1 ShardingSphere 整合 XA 分布式事务架构图

12.2.1 ShardingTransactionManager 接口

这个接口是 ShardingSphere 处理分布式事务的顶级接口，目前的实现有 XASharding-TransactionManager、SeataATShardingTransactionManager，接口代码如下。

```
/**
 * ShardingTransactionManager
```

```
 */
public interface ShardingTransactionManager extends AutoCloseable {

    /**
     * 分布式事务管理器的初始化接口
     */
    void init(DatabaseType databaseType, Collection<ResourceDataSource> resource
        DataSources, String transactionMangerType);

    /**
     * 获取事务类型
     * Get transaction type.
     *
     * @return transaction type
     */
    TransactionType getTransactionType();

    /**
     * 判断是否在事务中
     * Judge is in transaction or not.
     *
     * @return in transaction or not
     */
    boolean isInTransaction();

    /**
     * 获取数据库连接
     * Get transactional connection.
     *
     * @param dataSourceName data source name
     * @return connection
     * @throws SQLException SQL exception
     */
    Connection getConnection(String dataSourceName) throws SQLException;

    /**
     * 开启事务
     * Begin transaction.
     */
    void begin();

    /**
     * 提交事务
     * Commit transaction.
     */
    void commit();

    /**
     * 回滚事务
     * Rollback transaction.
     */
    void rollback();
}
```

12.2.2 XATransactionManager 接口

此接口是定义、整合各种XA分布式事务框架事务管理器的接口，目前的实现有AtomikosTransactionManager、NarayanaXATransactionManager，接口定义如下。

```
/**
 * XATransactionManager.
 */
public interface XATransactionManager extends AutoCloseable, TypedSPI {

    /**
     * 初始化 XA 事务管理器
     */
    void init();

    /**
     * 注册恢复资源
     * @param dataSourceName data source name
     * @param xaDataSource XA data source
     */
    void registerRecoveryResource(String dataSourceName, XADataSource xaDataSource);

    /**
     * 删除恢复资源
     * @param dataSourceName data source name
     * @param xaDataSource   XA data source
     */
    void removeRecoveryResource(String dataSourceName, XADataSource xaDataSource);

    /**
     * 注册资源（同JTA里面的定义）
     * @param singleXAResource single XA resource
     */
    void enlistResource(SingleXAResource singleXAResource);

    /**
     * 获取JTA规范事务管理器
     * @return transaction manager
     */
    TransactionManager getTransactionManager();
}
```

12.2.3 DataSourceSwapper 类

此类将原始的DataSource转换成XADatasource，核心代码如下。

```
public XADataSource swap(final DataSource dataSource) {
//创建XADataSource
    XADataSource result = createXADataSource();
//设置属性
    setProperties(result, getDatabaseAccessConfiguration(dataSource));
    return result;
```

```
    }

    private XADataSource createXADataSource() {
        XADataSource result = null;
        List<ShardingSphereException> exceptions = new LinkedList<>();
        for (String each : xaDataSourceDefinition.getXADriverClassName()) {
            try {
//通过驱动名称，以SPI的方式加载
                result = loadXADataSource(each);
            } catch (final ShardingSphereException ex) {
                exceptions.add(ex);
            }
        }
        if (null == result && !exceptions.isEmpty()) {
            if (exceptions.size() > 1) {
                throw new ShardingSphereException("Failed to create [%s] XA DataSource",
                    xaDataSourceDefinition);
            } else {
                throw exceptions.iterator().next();
            }
        }
        return result;
    }
```

12.2.4 XAConnectionWrapper 接口

该接口的作用是适配关系型数据库连接，并将原始的数据库连接转换成 XAConnection 连接，目前的实现有 MySQLXAConnectionWrapper、H2XAConnection-Wrapper、MariaDB-XAConnectionWrapper、OracleXAConnectionWrapper、PostgreSQLXAConnectionWrapper，接口定义如下。

```
    /**
     * XAConnectionWrapper
     */
    public interface XAConnectionWrapper {

        /**
         * 将XA数据源与原始连接，包装成XA数据源连接
         * @param xaDataSource XA data source
         * @param connection connection
         * @return sharding XA connection
         */
        XAConnection wrap(XADataSource xaDataSource, Connection connection);
    }
```

12.2.5 XA 事务初始化

启动 ShardingSphere-Proxy 并且指定分布式事务类型为 XA，在启动过程中会进入 XA-ShardingTransactionManager.init() 方法，代码如下。

```
public void init(final DatabaseType databaseType, finalCollection<ResourceDataSour
    ce> resourceDataSources, final String transactionMangerType) {
    xaTransactionManager = XATransactionManagerLoader.getInstance().getXATransac
        tionManager(transactionMangerType);
    xaTransactionManager.init();
    resourceDataSources.forEach(each -> cachedDataSources.put(each.getOriginalName(),
        newXATransactionDataSource(databaseType, each)));
}

private XATransactionDataSource newXATransactionDataSource(final DatabaseType
    databaseType, final ResourceDataSource resourceDataSource) {
    String resourceName = resourceDataSource.getUniqueResourceName();
    DataSource dataSource = resourceDataSource.getDataSource();
    return new XATransactionDataSource(databaseType, resourceName, dataSource,
        xaTransactionManager);
}
```

如上述代码所示，首先根据 XA 事务管理器类型，获取不同的 XATransactionManager，并进行初始化。然后将原始的 DataSource 转换成 XADataSource 保存起来。下面重点分析 new XATransactionDataSource(databaseType, resourceName, dataSource, xaTransaction-Manager) 方法，代码如下。

```
public XATransactionDataSource(final DatabaseType databaseType, final String
    resourceName, final DataSource dataSource, final XATransactionManager
    xaTransactionManager) {
    this.databaseType = databaseType;
    this.resourceName = resourceName;
    this.dataSource = dataSource;
    if (!CONTAINER_DATASOURCE_NAMES.contains(dataSource.getClass().getSimpleName())) {
        xaDataSource = XADataSourceFactory.build(databaseType, dataSource);
        this.xaTransactionManager = xaTransactionManager;
        xaTransactionManager.registerRecoveryResource(resourceName, xaDataSource);
    }
}
```

在上述代码中，XADataSourceFactory.build(databaseType, dataSource) 表示根据数据库类型，将 DataSource 转换成 XADatasource。xaTransactionManager.registerRecoveryResource (resourceName, xaDataSource) 表示注册恢复资源，用于 XA 事务的恢复。

12.2.6 XA 资源注册

先来看一下 JTA 规范中关于事务资源注册的接口。

```
public boolean enlistResource(XAResource xaRes)
    throws RollbackException, IllegalStateException,
    SystemException;
```

1）事务资源注册的接口需要使用一个 XAResource 资源对象完成 XA 分布式事务的所

有流程。

2）执行一条 SQL 语句，需要先获取连接，ShardingSphere 正是在获取连接的同时将连接转换成 XAResource，具体注册流程如图 12-2 所示。

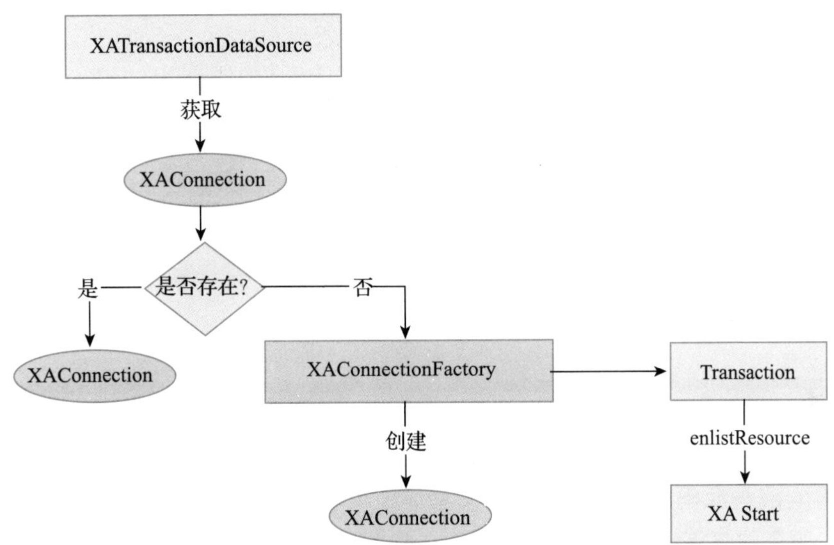

图 12-2　ShardingSphere 整合 XA 方案的事务资源注册流程

根据图 12-2 所示的流程，我们进入 org.apache.shardingsphere.transaction.xa.jta.datasourceXATransactionDataSource.getConnection() 方法，代码如下。

```
public Connection getConnection() throws SQLException, SystemException,
    RollbackException {
 //先检查是否已经存在连接，这一步是XA的关键，因为XA事务必须在同一个连接中
    if (CONTAINER_DATASOURCE_NAMES.contains(dataSource.getClass().getSimpleName()))
{
        return dataSource.getConnection();
    }
    //获取数据库连接
    Connection result = dataSource.getConnection();
    //转换成XAConnection，其实是同一个连接
    XAConnection xaConnection = XAConnectionFactory.createXAConnection(databaseT
        ype, xaDataSource, result);
    //获取JTA事务定义接口
    Transaction transaction = xaTransactionManager.getTransactionManager().
        getTransaction();
    if (!enlistedTransactions.get().contains(transaction)) {
    //进行资源注册
        transaction.enlistResource(new SingleXAResource(resourceName, xaConnection.
            getXAResource()));
        transaction.registerSynchronization(new Synchronization() {
            @Override
            public void beforeCompletion() {
```

```
                enlistedTransactions.get().remove(transaction);
            }

            @Override
            public void afterCompletion(final int status) {
                enlistedTransactions.get().clear();
            }
        });
        enlistedTransactions.get().add(transaction);
    }
    return result;
}
```

上面代码的逻辑关键点是，对于 ShardingSphere 来说，因为在一个事务里面会有多个 SQL 语句，所以路由到相同库的 SQL 语句，如果想要获取同一个 XAConnection，只能注册一次，这样才能进行 XA 事务的提交与回滚。

12.3 ShardingSphere 对 Atomikos 方案的实战与源码解析

本节将实战与源码解析相结合，向大家详细讲解 Atomikos-XA 方案中框架的初始化、事务提交、事务回滚等流程。以下内容基于之前搭建的环境。

12.3.1 Atomikos-XA 分布式事务初始化流程

首先，简单介绍下 Atomikos 中 XA 分布式事务的初始化流程，如图 12-3 所示。

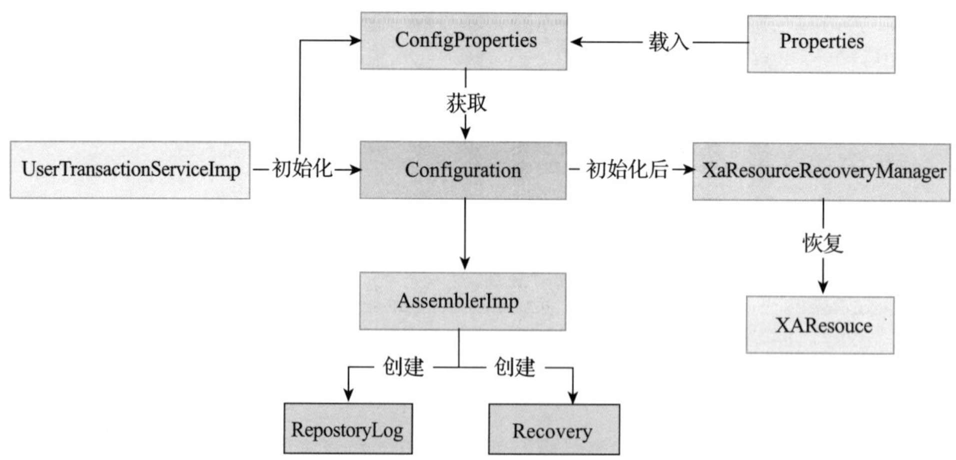

图 12-3 Atomikos 中 XA 分布式事务的初始化流程

启动并初始化 ShardingSphere-Proxy，进入 XaTransactionManager.init() 方法，这是一个 SPI 的实现。因为我们配置的类型是 Atomikos，最后会进入 AtomikosTransaction-

Manager.init() 方法，这个类的源码如下。

```
public final class AtomikosTransactionManager implements XATransactionManager {

    private UserTransactionManager transactionManager;

    private UserTransactionService userTransactionService;

    @Override
    public void init() {
        transactionManager = new UserTransactionManager();
        userTransactionService = new UserTransactionServiceImp();
        userTransactionService.init();
    }

    @Override
    public void registerRecoveryResource(final String dataSourceName, final XADataSource
        xaDataSource) {
        userTransactionService.registerResource(new AtomikosXARecoverableResource
            (dataSourceName, xaDataSource));
    }

    @Override
    public void removeRecoveryResource(final String dataSourceName, final XADataSource
        xaDataSource) {
        userTransactionService.removeResource(new AtomikosXARecoverableResource
            (dataSourceName, xaDataSource));
    }

    @SneakyThrows({SystemException.class, RollbackException.class})
    @Override
    public void enlistResource(final SingleXAResource xaResource) {
        transactionManager.getTransaction().enlistResource(xaResource);
    }

    @Override
    public TransactionManager getTransactionManager() {
        return transactionManager;
    }

    @Override
    public void close() {
        userTransactionService.shutdown(true);
    }

    @Override
    public String getType() {
        return XATransactionManagerType.ATOMIKOS.getType();
    }
}
```

这里重点关注 userTransactionService.init() 方法，在该方法中进入 initialize() 方法，代码如下所示。

```
private void initialize() {
    //添加恢复资源，我们暂时不用关心
    for (RecoverableResource resource : resources_) {
        Configuration.addResource ( resource );
    }
    for (LogAdministrator logAdministrator : logAdministrators_) {
        Configuration.addLogAdministrator ( logAdministrator );
    }
    //注册插件，我们暂时不用关心
    for (TransactionServicePlugin nxt : tsListeners_) {
            Configuration.registerTransactionServicePlugin ( nxt );
    }
    //获取配置属性，重点关心
    ConfigProperties configProps = Configuration.getConfigProperties();
    configProps.applyUserSpecificProperties(properties_);
    //进行初始化
    Configuration.init();
}
```

我们需要关注 initialize() 方法是如何获取配置属性的，最后进入 com.atomikos.icatch.provider.imp.AssemblerImp.initializeProperties() 方法，代码如下所示。

```
public ConfigProperties initializeProperties() {
    Properties defaults = new Properties();
    //读取classpath下的transactions-defaults.properties文件
    loadPropertiesFromClasspath(defaults, DEFAULT_PROPERTIES_FILE_NAME);
    Properties transactionsProperties = new Properties(defaults);
    //读取classpath下的transactions.properties文件配置，覆盖transactions-defaults.
    //properties文件中相同key的值
    loadPropertiesFromClasspath(transactionsProperties, TRANSACTIONS_PROPERTIES_
        FILE_NAME);
    Properties jtaProperties = new Properties(transactionsProperties);
    //读取classpath下的jta.properties文件配置，覆盖transactions-defaults.properties、
    //transactions.properties文件中相同key的值
    loadPropertiesFromClasspath(jtaProperties, JTA_PROPERTIES_FILE_NAME);
    Properties customProperties = new Properties(jtaProperties);
    //读取通过java -Dcom.atomikos.icatch.file方式指定的自定义配置文件路径，覆盖之前相同key的值
    loadPropertiesFromCustomFilePath(customProperties);
    Properties finalProperties = new Properties(customProperties);
    ConfigProperties configProperties = new ConfigProperties(finalProperties);
    checkRegistration(configProperties);
    return configProperties;
}
```

获取配置后，我们需要重点关注 Configuration 类的初始化方法，代码如下。

```
public static synchronized boolean init() {
   boolean startupInitiated = false;
   if (service_ == null) {
      startupInitiated = true;
      //以SPI方式加载插件注册，我们暂时不用关心
      addAllTransactionServicePluginServicesFromClasspath();
      ConfigProperties configProperties = getConfigProperties();
```

```
        //调用插件的BeforeInit()方法进行初始化
        notifyBeforeInit(configProperties);
        //进行事务日志恢复的初始化，很重要，接下来重点详解
        assembleSystemComponents(configProperties);
        //进入系统注解的初始化
        initializeSystemComponents(configProperties);
        notifyAfterInit();
        if (configProperties.getForceShutdownOnVmExit()) {
            addShutdownHook(new ForceShutdownHook());
        }
    }
    return startupInitiated;
}
```

接下来，重点来看事务日志恢复的初始化，进入 assembleSystemComponents(configProperties) 方法后会进入 com.atomikos.icatch.provider.imp.AssemblerImp.assembleTransactionService() 方法，代码如下。

```
public TransactionServiceProvider assembleTransactionService(
        ConfigProperties configProperties) {
    RecoveryLog recoveryLog =null;
    //打印配置信息
    logProperties(configProperties.getCompletedProperties());
    //获取配置的事务管理器唯一名称
    String tmUniqueName = configProperties.getTmUniqueName();
    long maxTimeout = configProperties.getMaxTimeout();
    int maxActives = configProperties.getMaxActives();
    boolean threaded2pc = configProperties.getThreaded2pc();
    //以SPI方式加载OltpLog
    OltpLog oltpLog = createOltpLogFromClasspath();
    if (oltpLog == null) {
        LOGGER.logInfo("Using default (local) logging and recovery...");
        Repository repository = createRepository(configProperties);
        oltpLog = createOltpLog(repository);
        recoveryLog = createRecoveryLog(repository);
    }
    StateRecoveryManagerImp recoveryManager = new StateRecoveryManagerImp();
    recoveryManager.setOltpLog(oltpLog);
    //生成id生成器，用于生成XID
    UniqueIdMgr idMgr = new UniqueIdMgr ( tmUniqueName );
    int overflow = idMgr.getMaxIdLengthInBytes() - MAX_TID_LENGTH;
    if ( overflow > 0 ) {
        // see case 73086
        String msg = "Value too long : " + tmUniqueName;
        LOGGER.logFatal ( msg );
        throw new SysException(msg);
    }
    return new TransactionServiceImp(tmUniqueName, recoveryManager, idMgr, maxTimeout,
        maxActives, !threaded2pc, recoveryLog);
}
```

首先重点分析下 createOltpLogFromClasspath() 方法，该方法采用 SPI 的方式加载

OltpLog，如果没有扩展，会默认返回 null。Atomikos 会创建框架自定义的资源来存储事务日志，代码如下所示。

```
private OltpLog createOltpLogFromClasspath() {
    OltpLog ret = null;
    //以SPI的方式加载，如果是用户自定义扩展日志存储，那么应该实现该接口
    ServiceLoader<OltpLogFactory> loader =
ServiceLoader.load(OltpLogFactory.class,Configuration.class.getClassLoader());
    int i = 0;
        for (OltpLogFactory l : loader ) {
        ret = l.createOltpLog();
        i++;
    }
    if (i > 1) {
    String msg = "More than one OltpLogFactory found in classpath - error in
        configuration!";
    LOGGER.logFatal(msg);
    throw new SysException(msg);
    return ret;
}
```

接下来，我们分析 Repository repository = createRepository(configProperties) 代码，如下所示。

```
private CachedRepository createCoordinatorLogEntryRepository(
        ConfigProperties configProperties) throws LogException {
    InMemoryRepository inMemoryCoordinatorLogEntryRepository = new InMemory
        Repository();
    //创建内存存储并初始化
    inMemoryCoordinatorLogEntryRepository.init();
    //创建文件方法存储，作为内存存储的备份，文件存储会创建xa.tx.lck的文件名称
    FileSystemRepository backupCoordinatorLogEntryRepository = new FileSystem
        Repository();
    backupCoordinatorLogEntryRepository.init();
    CachedRepository repository =
new CachedRepository(inMemoryCoordinatorLogEntryRepository,
        backupCoordinatorLogEntryRepository);
    repository.init();
    return repository;
}
```

接下来分析 com.atomikos.icatch.config.Configuration.init() 方法中的 notifyAfterInit() 方法，代码如下所示。

```
private static void notifyAfterInit() {
    //插件的初始化
    for (TransactionServicePlugin p : tsListenersList_) {
        p.afterInit();
    }
    for (LogAdministrator a : logAdministrators_) {
        a.registerLogControl(service_.getLogControl());
```

```
        }
        //设置事务恢复服务，进行事务的恢复
        for (RecoverableResource r : resourceList_ ) {
            r.setRecoveryService(recoveryService_);
        }
    }
```

插件初始化后，进入 com.atomikos.icatch.jta.JtaTransactionServicePlugin.afterInit() 方法，代码如下所示。

```
public void afterInit() {
    TransactionManagerImp.installTransactionManager(Configuration.getCompositeTr
        ansactionManager(), autoRegisterResources);
    //重点注意RecoveryLog recoveryLog = Configuration.getRecoveryLog()，如果用户
        采用SPI的方式扩展了com.atomikos.recovery.OltpLog，这里就会返回null，且不会对
        XaResourceRecoveryManager进行初始化
    RecoveryLog recoveryLog = Configuration.getRecoveryLog();
    long maxTimeout = Configuration.getConfigProperties().getMaxTimeout();
    if (recoveryLog != null) {
        XaResourceRecoveryManager.installXaResourceRecoveryManager(new De
            faultXaRecoveryLog(recoveryLog, maxTimeout),Configuration.
            getConfigProperties().getTmUniqueName());
    }
}
```

下面分析事务恢复服务，从 setRecoveryService (RecoveryService recoveryService) 方法开始，之后会进入 recover() 方法，代码如下。

```
public void recover() {
    XaResourceRecoveryManager xaResourceRecoveryManager =
 XaResourceRecoveryManager.getInstance();
    if (xaResourceRecoveryManager != null) { //null for LogCloud recovery
        try {
            xaResourceRecoveryManager.recover(getXAResource());
        } catch (Exception e) {
            refreshXAResource(); //cf case 156968
        }
    }
}
```

这里重点关注添加了英文注释的代码，如果用户采用 SPI 的方式扩展了 com.atomikos.recovery.OltpLog，那么 XaResourceRecoveryManager 为 null，表示进行云端恢复，反之进行事务恢复。事务恢复很复杂，后续会单独介绍。

12.3.2 Atomikos-XA 分布式事务 Begin 流程

下面结合 ShardingSphere-Proxy 实战讲解 Begin 流程。在连接 ShardingSphere-Proxy 的 MySQL 客户端执行以下命令。

```
mysql> begin;
```

ShardingSphere-Proxy 收到命令后，最后会进入 XAShardingTransactionManager 的 begin() 方法，然后执行 XA 分布式事务框架的 Begin 流程。Atomikos-XA 分布式事务的 Begin 流程如图 12-4 所示。

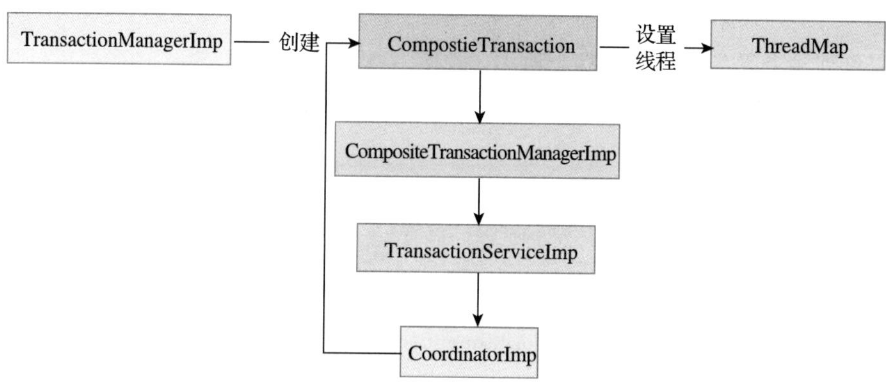

图 12-4 Atomikos-XA 分布式事务的 Begin 流程

连接到 ShardingSphere-Proxy 的 MySQL 客户端后，执行 begin 命令，调用 org.apache.shardingsphere.transaction.xa.ShardingTransactionManager.begin() 方法，最后会调用 com.atomikos.icatch.jta.TransactionManagerImp.begin() 方法，代码如下所示。

```
public void begin ( int timeout ) throws NotSupportedException,
        SystemException
{
    CompositeTransaction ct = null;
    ResumePreviousTransactionSubTxAwareParticipant resumeParticipant = null;

    ct = compositeTransactionManager.getCompositeTransaction();
    if ( ct != null && ct.getProperty (  JTA_PROPERTY_NAME ) == null ) {
        LOGGER.logWarning ( "JTA: temporarily suspending incompatible transaction:
            " + ct.getTid() +
                " (will be resumed after JTA transaction ends)" );
        ct = compositeTransactionManager.suspend();
        resumeParticipant = new ResumePreviousTransactionSubTxAwareParticipant ( ct );
    }

    try {
        ct = compositeTransactionManager.createCompositeTransaction ( ( ( long )
            timeout ) * 1000 );
        if ( resumeParticipant != null ) ct.addSubTxAwareParticipant (
            resumeParticipant );
        if ( ct.isRoot () && getDefaultSerial () )
            ct.setSerial ();
        ct.setProperty ( JTA_PROPERTY_NAME , "true" );
    } catch ( SysException se ) {
        String msg = "Error in begin()";
        LOGGER.logError( msg , se );
```

```
        throw new ExtendedSystemException ( msg , se );
    }
    recreateCompositeTransactionAsJtaTransaction(ct);
}
```

这里只需要关注 compositeTransactionManager.createCompositeTransaction() 方法，具体操作是创建事务补偿点，代码如下所示。

```
public CompositeTransaction createCompositeTransaction ( long timeout ) throws
    SysException
{
    CompositeTransaction ct = null , ret = null;
    ct = getCurrentTx ();
    if ( ct == null ) {
        ret = getTransactionService().createCompositeTransaction ( timeout );
        if(LOGGER.isDebugEnabled()){
           LOGGER.logDebug("createCompositeTransaction ( " + timeout + " ): "
                + "created new ROOT transaction with id " + ret.getTid ());
        }
    } else {
        if(LOGGER.isDebugEnabled()) LOGGER.logDebug("createCompositeTransaction
            ( " + timeout + " )");
        ret = ct.createSubTransaction ();
    }
    Thread thread = Thread.currentThread ();
    setThreadMappings ( ret, thread );
    return ret;
}
```

创建事务补偿点后，把它放到以当前线程作为 key 的 Map 中。

12.3.3　Atomikos-XA 分布式事务资源注册原理

本节重点关注 AtomikosTransactionManager 接口返回的 TransactionManager 接口，进入 com.atomikos.icatch.jta.TransactionImp.enlistResource() 方法，截取部分代码如下。

```
try {
  restx = (XAResourceTransaction) res
        .getResourceTransaction(this.compositeTransaction);
  restx.setXAResource(xares);
  restx.resume();
} catch (ResourceException re) {
  throw new ExtendedSystemException(
        "Unexpected error during enlist", re);
} catch (RuntimeException e) {
  throw e;
}

addXAResourceTransaction(restx, xares);
}

return true;
```

这里重点关注 restx.resume() 方法。定位到 this.xaresource.start(this.xid, flag) 方法，发现该方法已经在 MySQL 的驱动包里，代码如下所示。

```
public synchronized void resume() throws ResourceException {
    try {
            this.xaresource.start(this.xid, flag);

    } catch (XAException xaerr) {
        String msg = interpretErrorCode(this.resourcename, "resume",
            this.xid, xaerr.errorCode);
        LOGGER.logWarning(msg, xaerr);
        throw new ResourceException(msg, xaerr);
    }
    setState(TxState.ACTIVE);
    this.knownInResource = true;
}
```

组装 XA START 语句，并在数据库中执行。

```
public void start(Xid xid, int flags) throws XAException {
    StringBuilder commandBuf = new StringBuilder(MAX_COMMAND_LENGTH);
    commandBuf.append("XA START ");
    appendXid(commandBuf, xid);
    switch (flags) {
        case TMJOIN:
            commandBuf.append(" JOIN");
            break;
        case TMRESUME:
            commandBuf.append(" RESUME");
            break;
        case TMNOFLAGS:
            break;
        default:
            throw new XAException(XAException.XAER_INVAL);
    }

   dispatchCommand(commandBuf.toString());
   this.underlyingConnection.setInGlobalTx(true);
}
```

到这里，整个资源注册的流程已经完成。我们来总结一下，在一个 XA 事务里面，对于在同一个数据库执行多条 SQL 语句获取连接的时候，只会在资源注册里面执行一次 XA START 语句。

12.3.4 Atomikos-XA 分布式事务 Commit 流程

在 MySQL 中连接 ShardingSphere-Proxy 客户端，执行以下命令。

```
>begin;
> insert into t_order(user_id, order_id, status) values(1, 1, 'xa');
> insert into t_order(user_id, order_id, status) values(2, 2, 'xa');
```

```
>commit;
```

上面的命令开启 XA 事务，并且执行了两条 SQL 语句。根据分库分表规则，第一条 SQL 语句会路由到 demo_ds_1 库中的 t_order_1 表，第二条 SQL 语句会路由到 demo_ds_0 中的 t_order_0 表，执行了一次跨库分布式事务。具体流程如图 12-5 所示。

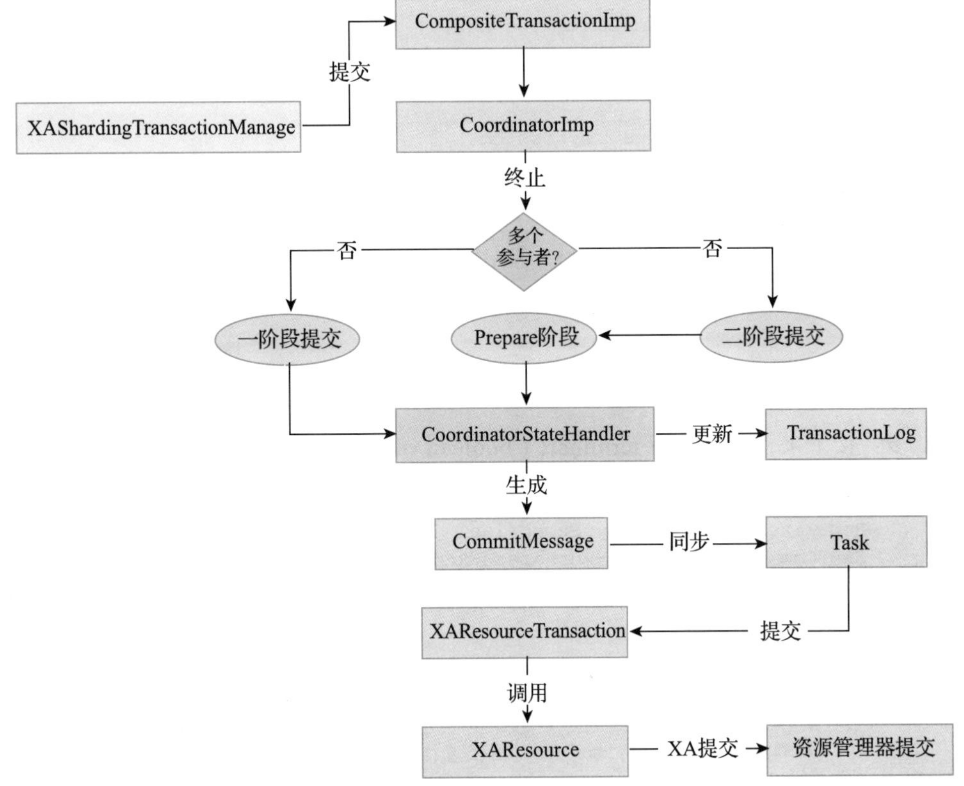

图 12-5　Atomikos-XA 分布式事务 Commit 流程

第一步：首先进入 XAShardingTransactionManager.commit() 方法，之后会进入 com.atomikos.icatch.imp.CompositeTransactionImp.commit() 方法，代码如下。

```
/**
 * @see com.atomikos.icatch.CompositeTransaction#commit()
 */
public void commit () throws HeurRollbackException, HeurMixedException,
        HeurHazardException, SysException, SecurityException,
        RollbackException
{
//这里只是更新事务状态与事务日志状态
    doCommit ();
    setSiblingInfoForIncoming1pcRequestFromRemoteClient();
```

```
    if ( isRoot () ) {
        try {
            //真正的提交操作
            coordinator.terminate ( true );
        }

        catch ( RollbackException rb ) {
            throw rb;
        } catch ( HeurHazardException hh ) {
            throw hh;
        } catch ( HeurRollbackException hr ) {
            throw hr;
        } catch ( HeurMixedException hm ) {
            throw hm;
        } catch ( SysException se ) {
            throw se;
        } catch ( Exception e ) {
            throw new SysException (
                    "Unexpected error: " + e.getMessage (), e );
        }
    }
}
```

第二步：接下来，重点分析 terminate (boolean commit) 方法，如下所示。

```
protected void terminate ( boolean commit ) throws HeurRollbackException,
        HeurMixedException, SysException, java.lang.SecurityException,
        HeurCommitException, HeurHazardException, RollbackException,
        IllegalStateException

{
   synchronized ( fsm_ ) {
      if ( commit ) {
         if ( participants_.size () <= 1 ) {
            //判断有几个参与者，如果只有一个，直接一阶段提交
            commit ( true );
         } else {
            //否则，执行XA二阶段提交流程，先准备，再提交
            int prepareResult = prepare ();
            if ( prepareResult != Participant.READ_ONLY )
               commit ( false );
         }
      } else {
         rollback ();
      }
   }
}
```

第三步：重点分析二阶段的 prepare() 方法，核心代码如下。

```
Enumeration<Participant> enumm = participants.elements ();
//获取所有的参与者资源，循环
while ( enumm.hasMoreElements () ) {
```

```
    Participant p = (Participant) enumm.nextElement ();
//封装成PrepareMessage对象
    PrepareMessage pm = new PrepareMessage ( p, result );
    if ( getCascadeList () != null && p.getURI () != null ) { //null for OTS
        Integer sibnum = (Integer) getCascadeList ().get ( p.getURI () );
        if ( sibnum != null ) { // null for local participant!
            p.setGlobalSiblingCount ( sibnum.intValue () );
        }
        p.setCascadeList ( getCascadeList () );
    }
    //异步提交执行
    getPropagator ().submitPropagationMessage ( pm );
} // while
```

第四步：通过线程的 run() 方法进入 PrepareMessage.send() 方法，代码如下所示。

```
protected Boolean send () throws PropagationException
{
    Participant part = getParticipant ();
    int ret = 0;
    Boolean result = null;
    try {
        ret = part.prepare ();
        if ( ret == Participant.READ_ONLY )
            result = null;
        else
            result = new Boolean ( true );
    } catch ( HeurHazardException heurh ) {
        throw new PropagationException ( heurh, false );
    } catch ( RollbackException jtr ) {
        result = new Boolean ( false );
    } catch ( Exception e ) {
        HeurHazardException heurh = new HeurHazardException ();
        throw new PropagationException ( heurh, false );

    }
    return result;
}
```

第五步：通过 part.prepare() 方法进入 com.atomikos.datasource.xa.XAResourceTransaction.prepare() 方法，代码如下所示。

```
public synchronized int prepare() throws RollbackException,
        HeurHazardException, HeurMixedException, SysException {
    int ret = 0;
    if (TxState.ACTIVE == this.state) {
        suspend();
    }

    //省略其他非关键代码
    ret = this.xaresource.prepare(this.xid);

    }
```

suspend() 方法里面执行了 this.xaresource.end(this.xid, XAResource.TMSUCCESS)，在底层封装并执行了 XA END XID 语句。this.xaresource.prepare(this.xid) 在底层封装并执行了 XA PREPARE XID 语句。

第六步：回到 commit() 方法，进入 com.atomikos.icatch.imp.CoordinatorStateHandler.commitFromWithinCallback() 方法，核心代码如下。

```
Enumeration<Participant> enumm = participants.elements ();
//获取所有的参与者循环
while ( enumm.hasMoreElements () ) {
    Participant p = enumm.nextElement ();
    if ( !readOnlyTable_.contains ( p ) ) {
        //构造对象
        CommitMessage cm = new CommitMessage ( p, commitresult, onePhase );
        if ( onePhase && cascadeList_ != null ) {
            Integer sibnum = cascadeList_.get ( p );
            if ( sibnum != null )
                p.setGlobalSiblingCount ( sibnum.intValue () );
            p.setCascadeList ( cascadeList_ );
        }
        //异步提交
        propagator_.submitPropagationMessage ( cm );
    }
}
```

第七步：与 prepare 阶段类似，Commit 流程构造了 CommitMessage 对象进行异步提交，通过线程的 run() 方法进入 CommitMessage.send() 方法，代码如下所示。

```
protected Boolean send () throws PropagationException
{
    Participant part = getParticipant ();
    try {
        part.commit ( onephase_ );
        return null;
    } catch ( RollbackException rb ) {
        throw new PropagationException ( rb, false );
    } catch ( HeurMixedException heurm ) {
        throw new PropagationException ( heurm, false );
    } catch ( HeurRollbackException heurr ) {
        throw new PropagationException ( heurr, false );
    } catch ( Exception e ) {
        String msg = "Unexpected error in commit";
        LOGGER.logError ( msg, e );
        HeurHazardException heurh = new HeurHazardException();
        throw new PropagationException ( heurh, true );
    }
}
```

第八步：通过 part.commit() 方法进入 com.atomikos.datasource.xa.XAResourceTransaction.commit() 方法，代码如下所示。

```
if (!onePhase) {
    testOrRefreshXAResourceFor2PC();
}
if (LOGGER.isDebugEnabled()) {
    LOGGER.logDebug("XAResource.commit ( " + this.xidToHexString
         + " , " + onePhase + " ) on resource " + this.resourcename +
         " represented by XAResource instance " + this.xaresource);
}
this.xaresource.commit(this.xid, onePhase);
```

this.xaresource.commit(this.xid, onePhase) 在底层封装了 XA COMMIT XID 语句。

本节执行了两条 SQL 语句，这两条 SQL 语句分别路由到不同的数据库表。这里提出一个思考题：多个资源参与者使用 for 循环一个一个提交事务，假设最后一个事务出现异常，会不会造成数据的不一致性？读者可自行思考，笔者不再赘述。

12.3.5　Atomikos-XA 分布式事务 Rollback 流程

接上述环境，在 MySQL 中连接 ShardingSphere-Proxy 客户端，执行以下命令。

```
>begin;
> insert into t_order(user_id, order_id, status) values(1, 1, 'xa');
> insert into t_order(user_id, order_id, status) values(2, 2, 'xa');
>rollback;
```

这里开启了 XA 分布式事务，执行了两条 SQL 语句，最后执行 rollback 命令，发现真实的数据库表中不会存在上述数据。带着这个问题，我们结合图 12-6 所示的流程图进行源码解析。

进入 org.apache.shardingsphere.transaction.xa.XAShardingTransactionManager.rollback() 方法后会进入 com.atomikos.icatch.imp.CompositeTransactionImp.rollback() 方法，代码如下所示。

```
/**
 * @see com.atomikos.icatch.CompositeTransaction#rollback()
 */
public void rollback () throws IllegalStateException, SysException
{
    //清空资源，同时更新事务日志状态等
    doRollback ();
    if ( isRoot () ) {
        try {
            coordinator.terminate ( false );
        } catch ( Exception e ) {
            throw new SysException ( "Unexpected error in rollback: " + e.getMessage
                (), e );
        }
    }
}
```

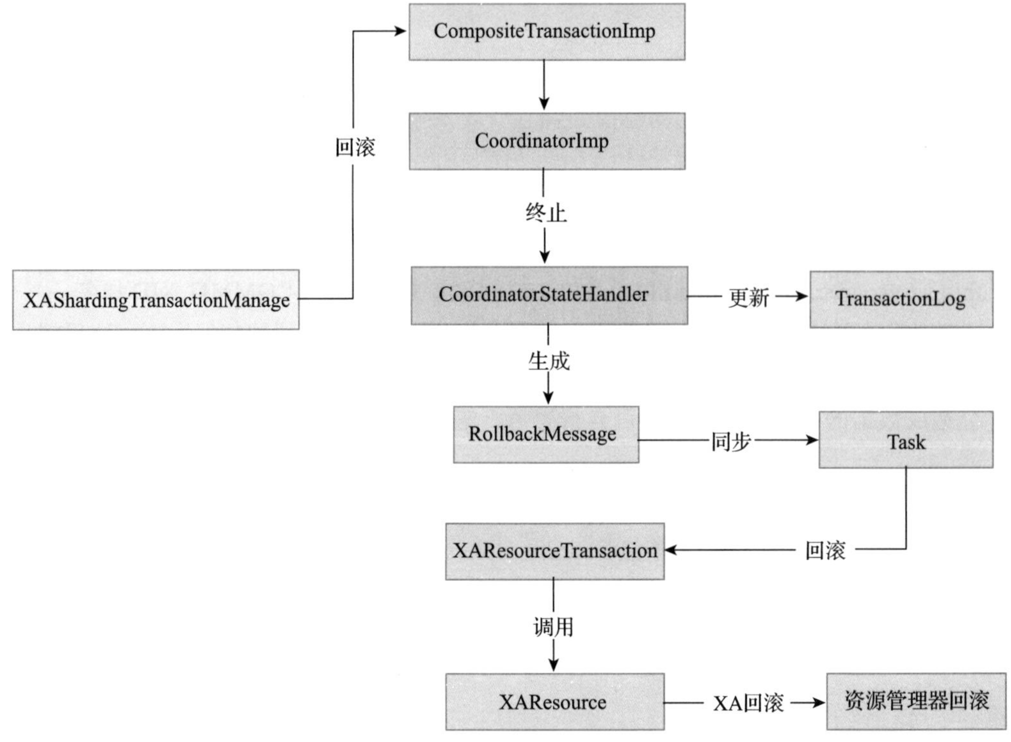

图 12-6 Atomikos-XA 分布式事务 Rollback 流程

重点关注 coordinator.terminate (false)，它和 Commit 流程是一样的，只不过在 Commit 流程里面，参数传递的是 true，代码如下所示。

```
protected void terminate ( boolean commit ) throws HeurRollbackException,
        HeurMixedException, SysException, java.lang.SecurityException,
        HeurCommitException, HeurHazardException, RollbackException,
        IllegalStateException

{
    synchronized ( fsm_ ) {
        if ( commit ) {
            if ( participants_.size () <= 1 ) {
                commit ( true );
            } else {
                int prepareResult = prepare ();
                if ( prepareResult != Participant.READ_ONLY )
                    commit ( false );
            }
        } else {
            //直接进行回滚
            rollback ();
        }
    }
```

```
}
```

进入 rollback() 方法，核心代码如下所示。

```
Enumeration<Participant> enumm = participants.elements ();
while ( enumm.hasMoreElements () ) {
    Participant p = enumm.nextElement ();
    if ( !readOnlyTable_.contains ( p ) ) {
        RollbackMessage rm = new RollbackMessage ( p,
                rollbackresult, indoubt );
        propagator_.submitPropagationMessage ( rm );
    }
}
```

在 rollback() 方法中，获取所有资源参与者进行循环回滚，将要回滚的事务封装成 PropagationMessage 对象，然后进行异步回滚。

根据线程的 run() 方法，最后会进入 com.atomikos.datasource.xa.XAResourceTransaction.rollback() 方法，其核心代码如下所示。

```
//如果状态是激活的，需要先执行 XA END XID
if (this.state.equals(TxState.ACTIVE)) {
    suspend();
}
this.xaresource.rollback(this.xid);
```

这里，this.xaresource.rollback(this.xid) 方法在底层封装并执行了 XA ROLLBACK XID 语句。

回滚流程相对来说比较简单，其核心逻辑是做如下两件事情。

1）清理资源，包括事务日志等。

2）对每个资源参与者发起 XA ROLLBACK XID 语句。

12.3.6 Atomikos-XA 分布式事务恢复流程

在 8.3 节中，简单介绍了 XA 事务存在的问题，包括 XA 事务数据不一致的问题和事务管理器单点故障的问题。我们需要在实际的项目中解决 XA 事务存在的问题，而 Atomikos-XA 方案提供了事务恢复的机制，能够有效解决 XA 事务存在的问题。

本节对 Atomikos-XA 方案的事务恢复进行分析。解决方法很简单，就是在事务操作的每一步，都人为记录事务状态，我们可以把日志存储在需要存储的地方，可以是本地存储，也可以是中心化存储。Atomikos 的开源版本是使用内存加文件的方式，将日志存储在本地。这样，在集群系统中，如果有节点宕机，日志又存储在本地，就需要重启服务解决相关的问题。

接下来分析 Atomikos-XA 分布式事务的恢复流程。

com.atomikos.icatch.imp.TransactionServiceImp.init() 方法会初始化一个定时任务，进行事务的恢复，代码如下所示。

```
@Override
public void recover() {
    XaResourceRecoveryManager xaResourceRecoveryManager = XaResourceRecoveryManager.
        getInstance();
    if (xaResourceRecoveryManager != null) { //null for LogCloud recovery
        try {
            //进行事务的恢复
            xaResourceRecoveryManager.recover(getXAResource());
        } catch (Exception e) {
            refreshXAResource(); //cf case 156968
        }
    }
}
```

这里重点关注 XATransactionalResource.recover() 方法，具体流程如图 12-7 所示。

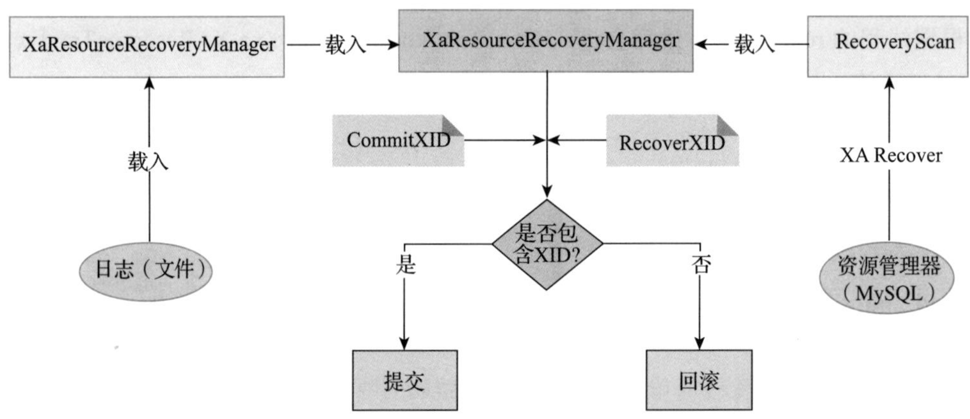

图 12-7　Atomikos-XA 分布式事务恢复流程

在 XaResourceRecoveryManager 类的源码中，需要关注 recover (XaResource) 方法，具体如下所示。

```
public void recover(XAResource xaResource) throws XAException {
    //根据XA recovery协议，从XAResource中获取XID集合
    List<XID> xidsToRecover = retrievePreparedXidsFromXaResource(xaResource);
    Collection<XID> xidsToCommit;
    try {
        //获取事务日志中存储的XID集合
        xidsToCommit = retrieveExpiredCommittingXidsFromLog();
        for (XID xid : xidsToRecover) {
            if (xidsToCommit.contains(xid)) {
                replayCommit(xid, xaResource);
            } else {
                attemptPresumedAbort(xid, xaResource);
            }
        }
    } catch (LogException couldNotRetrieveCommittingXids) {
```

```
            LOGGER.logWarning("Transient error while recovering - will retry
                later...", couldNotRetrieveCommittingXids);
        }
    }
```

首先我们来分析从 XAResource 中获取 XID 集合的代码，通过 retrievePreparedXidsFromXaResource(xaResource) 方法后进入 com.atomikos.datasource.xa.RecoveryScan.recoverXids() 方法，代码如下所示。

```
public static List<XID> recoverXids(XAResource xaResource, XidSelector selector)
    throws XAException {
    List<XID> ret = new ArrayList<XID>();
        boolean done = false;
        int flags = XAResource.TMSTARTRSCAN;
        Xid[] xidsFromLastScan = null;
        List<XID> allRecoveredXidsSoFar = new ArrayList<XID>();
        do {
            //根据XA Recovery协议，从XAResource中获取XID
            xidsFromLastScan = xaResource.recover(flags);
            flags = XAResource.TMNOFLAGS;
            done = (xidsFromLastScan == null || xidsFromLastScan.length == 0);
            if (!done) {
                done = true;
                for ( int i = 0; i < xidsFromLastScan.length; i++ ) {
                    XID xid = new XID ( xidsFromLastScan[i] );
                    if (!allRecoveredXidsSoFar.contains(xid)) {
                        allRecoveredXidsSoFar.add(xid);
                        done = false;
                        //筛选出符合自己框架定义的XID
                        if (selector.selects(xid)) {
                            ret.add(xid);
                        }
                    }
                }
            }
        } while (!done);

    return ret;
}
```

上述代码核心包含两个逻辑，首先根据 XA Recovery 协议从 XAResource 中获取 XID，然后筛选出符合自己框架定义的 XID。

接下来从事务日志中获取 XID 集合，进入 retrieveExpiredCommittingXidsFromLog() 方法，然后进入 com.atomikos.recovery.xa.DefaultXaRecoveryLog.getExpiredCommittingXids() 方法，代码如下所示。

```
public Set<XID> getExpiredCommittingXids() throws LogReadException {
    Set<XID> ret = new HashSet<XID>();
    Collection<ParticipantLogEntry> entries = log.getCommittingParticipants();
    for (ParticipantLogEntry entry : entries) {
```

```
        if (expired(entry) && !http(entry)) {
            XID xid = new XID(entry.coordinatorId, entry.uri);
            ret.add(xid);
        }
    }
    return ret;
}
```

获取所有存储日志并转换成XID对象。再来看日志的数据结构，协调者实体类CoordinatorLogEntry代码如下所示。

```
public class CoordinatorLogEntry implements Serializable {

    private static final long serialVersionUID = -919666492191340531L;

    public final String id;

    public final boolean wasCommitted;

    public final String superiorCoordinatorId;

    //多个参与者
    public final ParticipantLogEntry[] participants;
```

参与者实体类如下所示。

```
public class ParticipantLogEntry implements Serializable {

    private static final long serialVersionUID = 1728296701394899871L;

    public final String coordinatorId;

    public final String uri;

    public final long expires;

    public final TxState state;

    public final String resourceName;
```

最后回到主线，将事务日志中需要提交的XID集合与通过XA Recovery协议获取的XID集合进行匹配，代码如下所示。

```
for (XID xid : xidsToRecover) {
    if (xidsToCommit.contains(xid)) {
        //如果能匹配，进行提交
        replayCommit(xid, xaResource);
    } else {
        //进行回滚
        attemptPresumedAbort(xid, xaResource);
    }
}
```

事务提交代码如下。

```
private void replayCommit(XID xid, XAResource xaResource) {
    if (LOGGER.isDebugEnabled()) LOGGER.logDebug("Replaying commit of xid: " + xid);
    try {
        //执行XA commit协议，进行事务提交
        xaResource.commit(xid, false);
        log.terminated(xid);
    } catch (XAException e) {
        if (alreadyHeuristicallyTerminatedByResource(e)) {
            handleHeuristicTerminationByResource(xid, xaResource, e, true);
        } else if (xidTerminatedInResourceByConcurrentCommit(e)) {
            log.terminated(xid);
        } else {
            LOGGER.logWarning("Transient error while replaying commit - will retry
                later...", e);
        }
    }
}
```

事务回滚代码如下。

```
private void attemptPresumedAbort(XID xid, XAResource xaResource) {
    try {
        log.presumedAborting(xid);
        if (LOGGER.isDebugEnabled()) LOGGER.logDebug("Presumed abort of xid: " + xid);
        try {
            //执行XA rollback协议，进行事务回滚
            xaResource.rollback(xid);
            log.terminated(xid);
        } catch (XAException e) {
            if (alreadyHeuristicallyTerminatedByResource(e)) {
                handleHeuristicTerminationByResource(xid, xaResource, e, false);
            } else if (xidTerminatedInResourceByConcurrentRollback(e)) {
                log.terminated(xid);
            } else {
                LOGGER.logWarning("Unexpected exception during recovery ignoring
                    to retry later...", e);
            }
        }
    } catch (IllegalStateException presumedAbortNotAllowedInCurrentLogState) {
    } catch (LogException logWriteException) {
        LOGGER.logWarning("log write failed for Xid: "+xid+", ignoring to retry
            later", logWriteException);
    }
}
```

以上我们深入框架底层，了解了事务恢复的逻辑：首先根据 XA Recovery 协议获取 XID，然后获取事务日志需要提交的 XID，接着将两个 XID 集合进行匹配，最后进行事务的提交或者回滚。

12.4 ShardingSphere 对 Narayana 方案的实战与源码解析

Narayana 是由 Jboss 团队提供的 XA 分布式事务的解决方案，具有以下特点。

1）标准的基于 JTA 实现。

2）事务管理器完全去中心化设计，与业务耦合，无须单独部署。

3）事务日志支持数据库存储，支持集群模式下的事务恢复。

本节对 ShardingSphere-Proxy 整合 Narayana-XA 分布式事务解决方案进行实战演练以及源码解析。

12.4.1 Narayana 环境搭建

由于开源协议的限制，Narayana 框架的依赖包并没有打包到 ShardingShere-Proxy 发行版本中，因此需要手动添加依赖包，并且手动调整事务管理器类型，具体步骤如下。

第一步：添加依赖包。将 Narayana 所需依赖包复制至 /lib 目录，代码如下（读者可以去 maven 中央仓库自行下载）。

```
<propeties>
    <narayana.version>5.9.1.Final</narayana.version>
    <jboss-transaction-spi.version>7.6.0.Final</jboss-transaction-spi.version>
    <jboss-logging.version>3.2.1.Final</jboss-logging.version>
</propeties>

<dependency>
    <groupId>org.apache.shardingsphere</groupId>
    <artifactId>shardingsphere-transaction-xa-narayana</artifactId>
    <version>${shardingsphere.version}</version>
</dependency>
<dependency>
    <groupId>org.jboss.narayana.jta</groupId>
    <artifactId>jta</artifactId>
    <version>${narayana.version}</version>
</dependency>
<dependency>
    <groupId>org.jboss.narayana.jts</groupId>
    <artifactId>narayana-jts-integration</artifactId>
    <version>${narayana.version}</version>
</dependency>
<dependency>
    <groupId>org.jboss</groupId>
    <artifactId>jboss-transaction-spi</artifactId>
    <version>${jboss-transaction-spi.version}</version>
</dependency>
<dependency>
    <groupId>org.jboss.logging</groupId>
    <artifactId>jboss-logging</artifactId>
    <version>${jboss-logging.version}</version>
</dependency>
```

第二步：修改 /conf/server.yaml，将 XA 事务管理器类型设置为 Narayana，代码如下所示。

```
props:
    xa-transaction-manager-type: Narayana
```

第三步：重新启动 ShardingSphere-Proxy，环境搭建完成。

第四步：使用 MySQL 客户端重新连接到 ShardingSphere-Proxy。

12.4.2　Narayana-XA 分布式事务初始化流程

首先我们来看一下初始化流程，如图 12-8 所示。

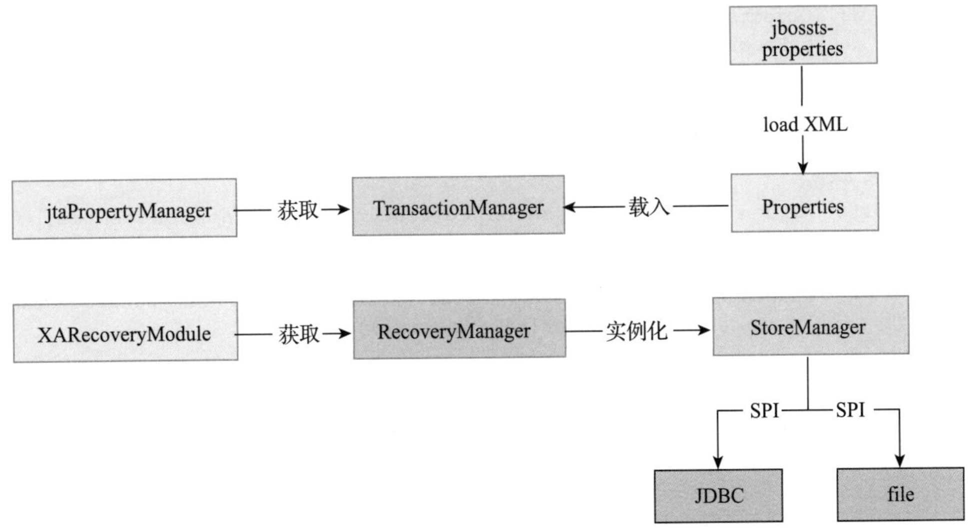

图 12-8　Narayana-XA 分布式事务初始化流程

启动并初始化 ShardingSphere-Proxy，进入 XaTransactionManager.init() 方法，这是一个 SPI 的实现。因为我们配置的类型是 Narayana，所以会进入 org.apache.shardingsphere.transaction.xa.narayana.manager.NarayanaXATransactionManager.init() 方法。首先来看一下这个类的源码，如下所示。

```
public final class NarayanaXATransactionManager implements XATransactionManager {

    private TransactionManager transactionManager;

    private XARecoveryModule xaRecoveryModule;

    private RecoveryManagerService recoveryManagerService;

    @Override
    public void init() {
```

```
        //获取TransactionManager，这是Narayana初始化的核心
        transactionManager = jtaPropertyManager.getJTAEnvironmentBean().
            getTransactionManager();
        //获取事务恢复模块
        xaRecoveryModule = XARecoveryModule.getRegisteredXARecoveryModule();
        recoveryManagerService = new RecoveryManagerService();
        RecoveryManager.delayRecoveryManagerThread();
        recoveryManagerService.create();
        //开启事务恢复
        recoveryManagerService.start();
    }

    @Override
    public void registerRecoveryResource(final String dataSourceName, final
        XADataSource xaDataSource) {
        if (Objects.nonNull(xaRecoveryModule)) {
            xaRecoveryModule.addXAResourceRecoveryHelper(new DataSourceXAResourc
                eRecoveryHelper(xaDataSource));
        }
    }

    @Override
    public void removeRecoveryResource(final String dataSourceName, final
        XADataSource xaDataSource) {
        if (Objects.nonNull(xaRecoveryModule)) {
            xaRecoveryModule.removeXAResourceRecoveryHelper(new DataSourceXAReso
                urceRecoveryHelper(xaDataSource));
        }
    }

    @SneakyThrows({SystemException.class, RollbackException.class})
    @Override
    public void enlistResource(final SingleXAResource singleXAResource) {
        transactionManager.getTransaction().enlistResource(singleXAResource.
            getDelegate());
    }

    @Override
    public TransactionManager getTransactionManager() {
        return transactionManager;
    }

    @Override
    public void close() throws Exception {
        recoveryManagerService.stop();
        recoveryManagerService.destroy();
    }

    @Override
    public String getType() {
        return XATransactionManagerType.NARAYANA.getType();
    }
}
```

这里重点关注 jtaPropertyManager.getJTAEnvironmentBean().getTransactionManager() 方法，获取 TransactionManager 是 Narayana 初始化的核心。进入 com.arjuna.common.internal.util.propertyservice.BeanPopulator.getNamedInstance() 方法，代码如下所示。

```
private static <T> T getNamedInstance(Class<T> beanClass, String name, Properties
    properties) throws RuntimeException {
    StringBuilder sb = new StringBuilder().append(beanClass.getName());
    if (name != null)
        sb.append(":").append(name);
    String key = sb.toString();
    if(!beanInstances.containsKey(key)) {
        T bean = null;
        try {
            // 初始化JTAEnvironmentBean类
            bean = beanClass.newInstance();
            if (properties != null) {
                configureFromProperties(bean, name, properties);
            } else {
                //初始化属性配置
                Properties defaultProperties = PropertiesFactory.getDefaultProperties();
                configureFromProperties(bean, name, defaultProperties);
            }
        } catch (Throwable e) {
            throw new RuntimeException(e);
        }
        beanInstances.putIfAbsent(key, bean);
    }

    return (T) beanInstances.get(key);
}
```

接下来，重点关注 Properties defaultProperties = PropertiesFactory.getDefaultProperties() 方法，最后会进入 com.arjuna.common.util.propertyservice.AbstractPropertiesFactory.getPropertiesFromFile() 方法，代码如下所示。

```
public Properties getPropertiesFromFile(String propertyFileName, ClassLoader
    classLoader) {
    String propertiesSourceUri = null;
    try
    {
        propertiesSourceUri = com.arjuna.common.util.propertyservice.FileLocator.
            locateFile(propertyFileName, classLoader);
    }
    catch(FileNotFoundException fileNotFoundException)
    {
        URL url = AbstractPropertiesFactory.class.getResource("/default-"+property
            FileName);
        if(url == null) {
            commonLogger.i18NLogger.warn_could_not_find_config_file(url);
        } else {
            propertiesSourceUri = url.toString();
```

```
            }
        }
        catch (IOException e)
        {
            throw new RuntimeException("invalid property file "+propertiesSourceUri, e);
        }
        Properties properties = null;
        try {
            if (propertiesSourceUri != null) {
                properties = loadFromFile(propertiesSourceUri);
            }
            properties = applySystemProperties(properties);

        } catch(Exception e) {
            throw new RuntimeException("unable to load properties from "+properties-
                SourceUri, e);
        }
        return properties;
    }
```

getPropertiesFromFile() 方法的主要逻辑如下所示。

1）获取 jbossts-properties.xml 文件的 XML 路径，获取顺序为 user.dir (pwd) → user.home → java.home → classpath。

2）如果没找到 XML 路径，就获取 classpath 下 default- jbossts-properties.xml 文件的 XML 路径。

3）properties = loadFromFile(propertiesSourceUri) 表示根据路径，将文件加载成属性。

4）properties = applySystemProperties(properties) 表示叠加系统配置属性，覆盖里面的 Key。

接下来，看一下 jbossts-properties.xml 文件的内容，部分配置如下所示。

```
<properties>
    <entry key="CoordinatorEnvironmentBean.commitOnePhase">YES</entry>
    <entry key="ObjectStoreEnvironmentBean.objectStoreType">com.arjuna.ats.
        internal.arjuna.objectstore.jdbc.JDBCStore</entry>
    <entry key="ObjectStoreEnvironmentBean.jdbcAccess">com.arjuna.ats.internal.
        arjuna.objectstore.jdbc.accessors.DynamicDataSourceJDBCAccess;ClassName=
        com.mysql.jdbc.jdbc2.optional.MysqlDataSource;DatabaseName=jbossts;Serve
        rName=172.25.4.62;PortNumber=3306;User=j_jbossts;Password=9MfNHoRncCi8</
        entry>
    <entry key="ObjectStoreEnvironmentBean.tablePrefix">Action</entry>
    <entry key="ObjectStoreEnvironmentBean.dropTable">true</entry>
    <entry key="ObjectStoreEnvironmentBean.stateStore.objectStoreType">com.
        arjuna.ats.internal.arjuna.objectstore.jdbc.JDBCStore</entry>
    <entry
</properties>
```

文件被加载成 java.util.Properties 对象。entry 名称的形式为类名 . 属性。配置实体类都在 com.arjuna.ats.arjuna.common 包下，以 bean 结尾。这样做的好处如下。

1）文件加载后会被缓存，直到 JVM 重新启动才重新读取。对属性文件的更改需要重新启动 JVM 才能生效。

2）在属性加载之后，检查 EnvironmentBean，对于每个字段，如果属性在搜索顺序中包含如下匹配的键，则使用属性的值调用该字段的 setter 方法，或者使用不同的系统属性调用该字段的 setter 方法。

3）将 Bean 实例返回给调用者，使得调用者可以通过调用 setter 方法进一步覆盖值。

接下来，返回 org.apache.shardingsphere.transaction.xa.narayana.manager.NarayanaXA-TransactionManage.init() 方法，分析 XARecoveryModule.getRegisteredXARecovery Module() 方法，代码如下所示。

```
public static XARecoveryModule getRegisteredXARecoveryModule () {
        if (registeredXARecoveryModule == null) {
        //获取事务恢复管理器
        RecoveryManager recMan = RecoveryManager.manager();
        Vector recoveryModules = recMan.getModules();

        if (recoveryModules != null) {
            Enumeration modules = recoveryModules.elements();

            while (modules.hasMoreElements()) {
                RecoveryModule m = (RecoveryModule) modules.nextElement();

                if (m instanceof XARecoveryModule) {
                    registeredXARecoveryModule = (XARecoveryModule) m;
                    break;
                }
            }
        }
    }
    return registeredXARecoveryModule;
}
```

通过 RecoveryManager.manager() 方法会进入 com.arjuna.ats.internal.arjuna.recovery.RecoveryManagerImple 的构造方法，核心代码如下所示。

```
//加载事务恢复
recActivatorLoader = new RecActivatorLoader();
_recActivatorLoader.startRecoveryActivators();
//核心初始流程
_periodicRecovery = new PeriodicRecovery(threaded, useListener);
```

这里重点关注 new PeriodicRecovery(threaded, useListener)，首先加载恢复模块，然后进入 com.arjuna.ats.internal.arjuna.recovery.AtomicActionRecoveryModule 的构造方法，代码如下所示。

```
protected AtomicActionRecoveryModule (String type)
{
```

```
        if (tsLogger.logger.isDebugEnabled()) {
            tsLogger.logger.debug("AtomicActionRecoveryModule created");
        }

        if (_recoveryStore == null)
        {
            _recoveryStore = StoreManager.getRecoveryStore();
        }

        _transactionStatusConnectionMgr = new TransactionStatusConnectionManager() ;
        _transactionType = type;

    }
```

继续关注 StoreManager.getRecoveryStore() 方法，最后会进入 com.arjuna.ats.arjuna.objectstore.StoreManager.initStore() 方法，进入事务日志的初始化，代码如下所示。

```
    private static final ObjectStoreAPI initStore(String name)
    {
        ObjectStoreEnvironmentBean storeEnvBean = BeanPopulator.getNamedInstance(Obj
            ectStoreEnvironmentBean.class, name);
        //获取事务存储类型和支持的类名，默认使用ShadowNoFileLockStore存储
        String storeType = storeEnvBean.getObjectStoreType();
        ObjectStoreAPI store;

        try
        {
            //进行SPI初始化加载
            store = ClassloadingUtility.loadAndInstantiateClass(ObjectStoreAPI.class,
                storeType, name);
        }
        catch (final Throwable ex)
        {
            throw new FatalError(tsLogger.i18NLogger.get_StoreManager_invalidtype()
                + " " + storeType, ex);
        }
        //进行初始化
        store.start();

        return store;
    }
```

如果 storeType 配置的是 com.arjuna.ats.internal.arjuna.objectstore.jdbc.JDBCStore，那么就会进入这个类的构造方法进行初始化，核心代码如下所示。

```
    public JDBCStore(ObjectStoreEnvironmentBean jdbcStoreEnvironmentBean) throws
        ObjectStoreException {
        StringTokenizer stringTokenizer = new StringTokenizer(connectionDetails, ";");
        //初始化jdbcAccess
        JDBCAccess jdbcAccess = (JDBCAccess) Class.forName(stringTokenizer.nextToken()).
            newInstance();
        //进行JDBC连接，初始化datasource
```

```
    jdbcAccess.initialise(stringTokenizer);

    final String packagePrefix = JDBCStore.class.getName().substring(0,
        JDBCStore.class.getName().lastIndexOf('.')) + ".drivers.";
    Class jdbcImpleClass = null;
    try {
        jdbcImpleClass = Class.forName(packagePrefix + name + "_" + major + "_"
            + minor + "_driver");
        } catch (final ClassNotFoundException cnfe) {
            try {
                jdbcImpleClass = Class.forName(packagePrefix + name + "_" + major
                    + "_driver");
            } catch (final ClassNotFoundException cnfe2) {
                jdbcImpleClass = Class.forName(packagePrefix + name + "_driver");
            }
    }
    _theImple = (com.arjuna.ats.internal.arjuna.objectstore.jdbc.JDBCImple_
        driver) jdbcImpleClass.newInstance();
    //使用不同的数据库类型来初始化
    _theImple.initialise(jdbcAccess, tableName, jdbcStoreEnvironmentBean);
}
```

这个方法还是比较清晰的，根据 JDBC 的配置，首先初始化连接信息，然后获取连接，最后根据不同的数据库类型进行初始化。我们来看下 _theImple.initialise(jdbcAccess, tableName, jdbcStoreEnvironmentBean)，代码如下所示。

```
public void initialise(final JDBCAccess jdbcAccess, String tableName,
        ObjectStoreEnvironmentBean jdbcStoreEnvironmentBean)
        throws SQLException, NamingException {
    this.jdbcAccess = jdbcAccess;
    try (Connection connection = jdbcAccess.getConnection()) {

            try (Statement stmt = connection.createStatement()) {

                // table [type, object UID, format, blob]
                //初始化是否需要删除表
                if (jdbcStoreEnvironmentBean.getDropTable()) {
                    try {
                        stmt.executeUpdate("DROP TABLE " + tableName);
                    } catch (SQLException ex) {
                        checkDropTableException(connection, ex);
                    }
                }
                //是否需要创建表
                if (jdbcStoreEnvironmentBean.getCreateTable()) {
                    try {
                        createTable(stmt, tableName);
                    } catch (SQLException ex) {
                        checkCreateTableError(ex);
                    }
                }
                if (!connection.getAutoCommit()) {
```

```
                    connection.commit();
                }
            }
        }

        this.tableName = tableName;
    }
```

因为框架会自动创建事务日志表来进行存储，所以不需要手动创建，SQL 脚本如下。

```
protected void createTable(Statement stmt, String tableName)
        throws SQLException {
            String statement = "CREATE TABLE "
            + tableName
            + " (StateType INTEGER NOT NULL, Hidden INTEGER NOT NULL, "
            + "TypeName VARCHAR(255) NOT NULL, UidString VARCHAR(255) NOT NULL,
                ObjectState "
            + getObjectStateSQLType()
            + ", PRIMARY KEY(UidString, TypeName, StateType))";
            stmt.executeUpdate(statement);
}
```

本节主要介绍了 Narayana 框架在初始化时，如何加载配置和初始化事务日志存储，对于如何进行事务恢复，我们会在后续章节单独进行讲解。

12.4.3 Narayana-XA 分布式事务 Begin 流程

我们结合 ShardingSphere-Proxy 实战来讲解 Begin 流程。在连接 ShardingSphere-Proxy 的 MySQL 客户端执行以下命令。

```
mysql> begin;
```

ShardingSphere-Proxy 收到命令后，会进入 XAShardingTransactionManager 的 begin 方法，然后执行 XA 分布式事务框架的 Begin 流程，调用 com.arjuna.ats.internal.jta.transaction.arjunacore.BaseTransaction.begin() 方法，核心代码如下。

```
public void begin() throws javax.transaction.NotSupportedException,
        javax.transaction.SystemException
{

    //检测事务状态
    checkTransactionState();
    //获取超时时间
    Integer value = _timeouts.get();
    int v = 0;

    if (value != null)
    {
        v = value.intValue();
    }
```

```
    else
        v = TxControl.getDefaultTimeout();
    //初始化事务具体实现
    TransactionImple.putTransaction(new TransactionImple(v));
}
```

Begin 流程主要检查事务状态、获取超时时间以及创建事务实现。我们进入该类的构造方法，代码如下所示。

```
public TransactionImple(int timeout)
{
    //创建事务Action
    _theTransaction = new AtomicAction();
    //开启事务
    _theTransaction.begin(timeout);

    _resources = new Hashtable();
    _duplicateResources = new Hashtable();
    _suspendCount = 0;
    _xaTransactionTimeoutEnabled = getXATransactionTimeoutEnabled();

        _txLocalResources = Collections.synchronizedMap(new HashMap());
    }
```

new AtomicAction() 方法对相关的父类进行初始化。AtomicAction 的继承体系如图 12-9 所示。

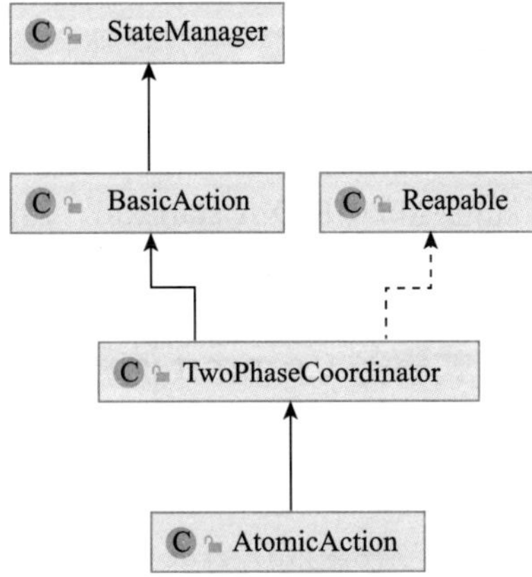

图 12-9　AtomicAction 的继承体系

接下来分析 com.arjuna.ats.arjuna.AtomicAction.begin() 方法，代码如下所示。

```
public int begin (int timeout)
{
    //调用父类start()方法，完成Begin流程
    int status = super.start();
    if (status == ActionStatus.RUNNING)
```

```
    {
        //把当前对象设置到ThreadLocal中
        ThreadActionData.pushAction(this);
        _timeout = timeout;
        if (_timeout == 0)
            _timeout = TxControl.getDefaultTimeout();

        if (_timeout > 0)
            //插入超时时间控制
            TransactionReaper.transactionReaper().insert(this, _timeout);
    }
    return status;
}
```

12.4.4 Narayana-XA 分布式事务资源注册

NarayanaXATransactionManager 接口返回 TransactionManager 接口，进入 com.arjuna.ats.internal.jta.transaction.arjunacore.TransactionImp.enlistResource() 方法，核心代码如下所示。

```
AbstractRecord abstractRecord = createRecord(xaRes, params, xid);
if(abstractRecord != null) {
    xaRes.start(xid, xaStartNormal);
    if(_theTransaction.add(abstractRecord) == AddOutcome.AR_ADDED) {
        _resources.put(xaRes, new TxInfo(xid));
        return true;
    } else {
        abstractRecord.topLevelAbort();
    }
}
```

最核心的步骤是执行 XA 规范接口中的 XA start xid，然后把 XAResource 放到本地缓存中。

12.4.5 Narayana-XA 分布式事务 Commit 流程

将 MySQL 连接到 ShardingSphere-Proxy 客户端，执行以下命令。

```
>begin;
> insert into t_order(user_id, order_id, status) values(5, 5, 'xa');
> insert into t_order(user_id, order_id, status) values(6, 6, 'xa');
>commit;
```

上述代码开启了 XA 事务，并且执行了两条 SQL 语句，根据分库分表规则，第一条 SQL 语句会路由到 demo_ds_1 库中的 t_order_1 表，第二条 SQL 语句会路由到 demo_ds_0 中的 t_order_0 表，执行了一次跨库的分布式事务。流程如图 12-10 所示。

进入 com.arjuna.ats.internal.jta.transaction.arjunacore.BaseTransaction.commit() 方法，核心代码如下所示。

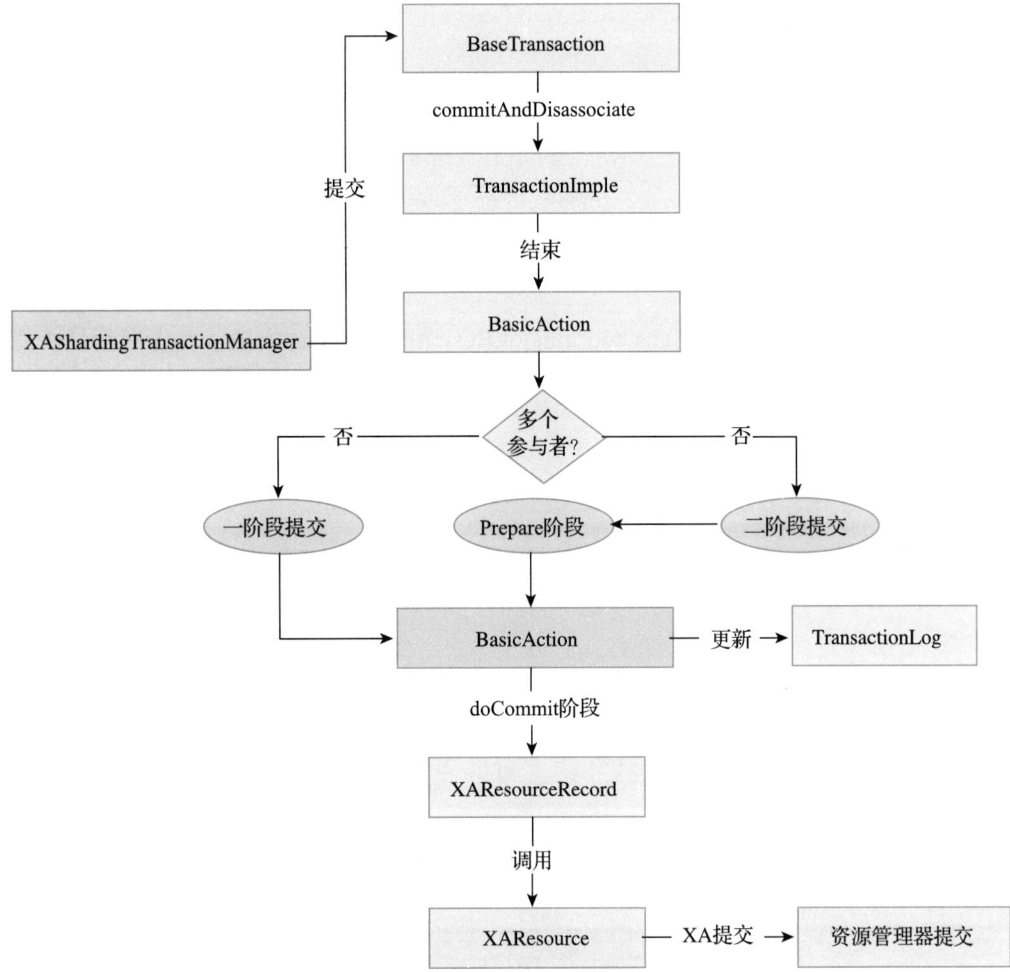

图 12-10　Narayana-XA 分布式事务 Commit 流程

```
public void commit() throws javax.transaction.RollbackException,
        javax.transaction.HeuristicMixedException,
        javax.transaction.HeuristicRollbackException,
        java.lang.SecurityException, java.lang.IllegalStateException,
        javax.transaction.SystemException
{
    //获取当前事务
    TransactionImple theTransaction = TransactionImple.getTransaction();
    //执行事务提交
    theTransaction.commitAndDisassociate();
}
```

接下来，重点关注 theTransaction.commitAndDisassociate() 方法，之后进入 com.arjuna.ats.arjuna.AtomicAction.commit() 方法，代码如下所示。

```
public int commit (boolean report_heuristics)
{
    //进行事务提交
    int status = super.end(report_heuristics);

    //清空数据
    ThreadActionData.popAction();
    TransactionReaper.transactionReaper().remove(this);

    return status;
}
```

随后进入 com.arjuna.ats.arjuna.coordinator.BasicAction.End() 方法，首先判断是否能优化成一阶段提交，如果不能，则进行二阶段提交（二阶段提交还可以使用异步线程池方式），核心代码如下。

```
if (doOnePhase())
{
    onePhaseCommit(reportHeuristics);

    ActionManager.manager().remove(get_uid());
}
else
{
    int prepareStatus = prepare(reportHeuristics);

        if (!reportHeuristics && TxControl.asyncCommit
                && (parentAction == null)) {
            TwoPhaseCommitThreadPool.submitJob(new AsyncCommit(this, false));
        } else
            phase2Abort(reportHeuristics); /* first phase failed */
    }
    else
    {
        if (!reportHeuristics && TxControl.asyncCommit
                && (parentAction == null))
        {
            TwoPhaseCommitThreadPool.submitJob(new AsyncCommit(this, true));
        }
        else
            phase2Commit(reportHeuristics); /* first phase succeeded */
    }
}
```

重点分析二阶段提交，首先执行 int prepareStatus = prepare(reportHeuristics)，然后调用 com.arjuna.ats.internal.jta.resources.arjunacore.XAResourceRecord.topLevelPrepare() 方法，核心代码如下所示。

```
//省略相关代码
//执行XA end语句
 endAssociation(XAResource.TMSUCCESS, TxInfo.NOT_ASSOCIATED);

//执行XA prepare
 theXAResource.prepare(_tranID)
```

接下来进行提交，进入 phase2Commit 方法，最后会调用 com.arjuna.ats.internal.jta.resources.arjunacore.XAResourceRecord.topLevelCommit() 方法。该方法会执行 XA commit 语句，核心代码如下所示。

```
//省略相关代码
_theXAResource.commit(_tranID, fase);
```

12.4.6 Narayana-XA 分布式事务 Rollback 流程

接上述环境，将 MySQL 连接到 ShardingSphere-Proxy 客户端，执行以下命令。

```
>begin;
> insert into order(user_id, order_id, status) values(5, 5, 'ax');
> insert into order(user_id, order_id, status) values(6, 26 'ax');
>rollback;
```

这里开启了 XA 分布式事务，执行了两条 SQL 语句，最后执行 rollback 命令，发现真实的数据库表中不存在上述数据。

带着问题找到 org.apache.shardingsphere.transaction.xa.XAShardingTransactionManager.rollback() 方法，然后进入 com.arjuna.ats.internal.jta.transaction.arjunacore.BaseTransaction.rollback() 方法，代码如下所示。

```
public void rollback() throws java.lang.IllegalStateException,
        java.lang.SecurityException, javax.transaction.SystemException
{
    if (jtaLogger.logger.isTraceEnabled()) {
            jtaLogger.logger.trace("BaseTransaction.rollback");
        }

    TransactionImple theTransaction = TransactionImple.getTransaction();

    if (theTransaction == null)
        throw new IllegalStateException(
            "BaseTransaction.rollback - "
                    + jtaLogger.i18NLogger.get_transaction_arjunacore_notx());

    theTransaction.rollbackAndDisassociate();
}
```

最后进入 com.arjuna.ats.arjuna.coordinator.BasicAction.topLevelAbort() 方法，核心代码如下所示。

```
//先执行XA end语句
endAssociation(XAResource.TMFAIL, TxInfo.FAILED);
//然后执行XA rollback语句
_theXAResource.rollback(_tranID);

ActionManager.manager().remove(get_uid());
actionStatus = ActionStatus. ABORTED;
```

```
if (TxStats.enabled()) {
    TxStats.getInstance().incrementAbortedTransactions();
    if (applicationAbort)
        TxStats.getInstance(). incrementApplicationRollbacks();
}
```

可以看到回滚流程比较简单，先执行 XA end 语句，然后执行 XA rollback 语句，最后清除缓存。

12.4.7 Narayana-XA 分布式事务恢复流程

Narayana 的开源版本提供了文件和数据库两种存储方式，文件存储方式只支持单机环境，而数据库存储方式除支持单机环境外，还支持集群环境进行事务恢复。

Narayana 使用了单线程轮询资源管理器，执行 XA recovery 语句，判断是否有需要恢复的语句，流程如图 12-11 所示。

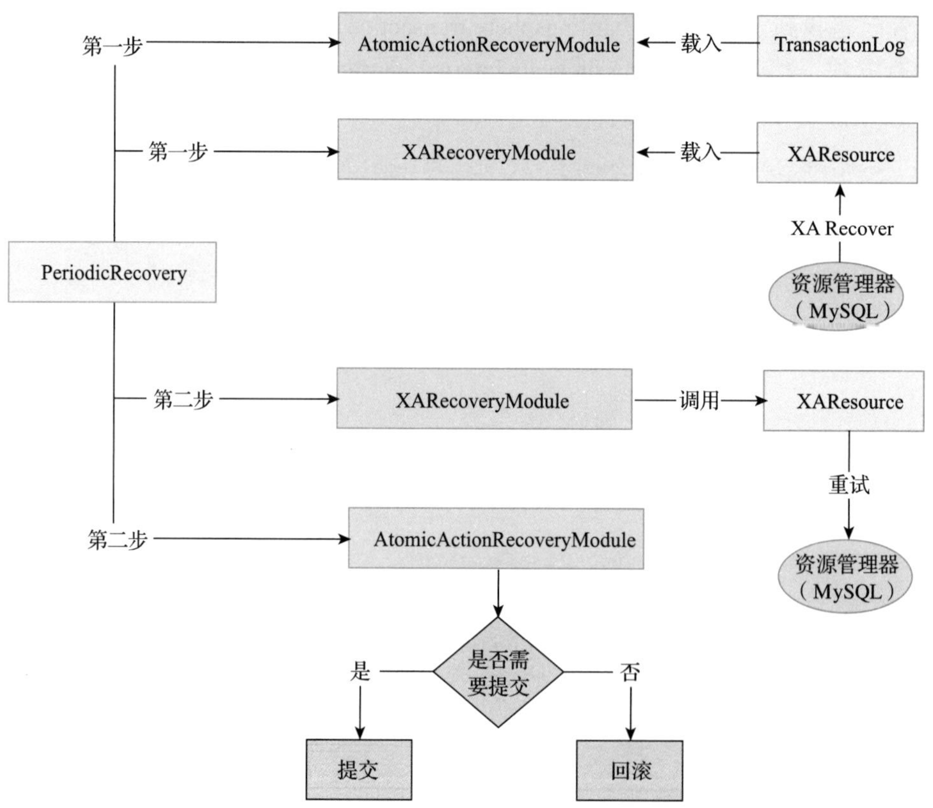

图 12-11 Narayana-XA 分布式事务恢复流程

进入 com.arjuna.ats.internal.arjuna.recovery.PeriodicRecovery.run() 方法，其核心代码如

下所示。

```
public void run ()
{
    doInitialWait();

    boolean finished = false;

    do
    {
        boolean workToDo = false;
        synchronized(_stateLock) {
            if (getStatus() == Status.SCANNING) {
                doScanningWait();
                if (getMode() == Mode.ENABLED && !_workerScanRequested) {
                    doPeriodicWait();
                    finished = (getMode() == Mode.TERMINATED);
                }
            } else {
                switch (getMode()) {
                    case ENABLED:
                        setStatus(Status.SCANNING);
                        _stateLock.notifyAll();
                        workToDo = true;
                        break;
                    case SUSPENDED:
                        doSuspendedWait();
                        finished = (getMode() == Mode.TERMINATED);
                        break;
                    case TERMINATED:
                        finished = true;
                        break;
                }
            }
        }
        if (workToDo) {
            boolean notifyRequired;
            synchronized(_stateLock) {
                notifyRequired = _workerScanRequested;
                _workerScanRequested = false;
            }
            doWorkInternal();
            synchronized(_stateLock) {
                setStatus(Status.INACTIVE);
                _stateLock.notifyAll();
                if (notifyRequired && !_workerScanRequested) {
                    notifyWorker();
                }
                if (getMode() == Mode.ENABLED && !_workerScanRequested) {
                        doPeriodicWait();
                }
                finished = (getMode() == Mode.TERMINATED);
            }
```

```
        }
    } while (!finished);

    synchronized(_stateLock) {
        if (_workerScanRequested) {
            notifyWorker();
        }
    }
}
```

在线程中获取事务日志，进行轮询，重点关注 doWorkInternal() 方法，核心代码如下所示。

```
private void doWorkInternal()
{
    Vector copyOfModules = getModules();
    Enumeration modules = copyOfModules.elements();
    while (modules.hasMoreElements())
    {
        RecoveryModule m = (RecoveryModule) modules.nextElement();
        ClassLoader cl = switchClassLoader(m);
        try {
        m.periodicWorkFirstPass();
        } finally {
           restoreClassLoader(cl);
        }
    }
    synchronized (_stateLock) {
        doBackoffWait();
        if (getMode() == Mode.TERMINATED) {
                return;
        }
    }
    modules = copyOfModules.elements();
    while (modules.hasMoreElements())
    {
        RecoveryModule m = (RecoveryModule) modules.nextElement();
        ClassLoader cl = switchClassLoader(m);
        try {
        m.periodicWorkSecondPass();
        } finally {
           restoreClassLoader(cl);
        }
    }
}
```

代码的核心思想是获取 RecoveryModule 集合，循环执行它的两个阶段。接下来，看一下这个接口定义，代码如下所示。

```
public interface RecoveryModule
{
```

```
    public void periodicWorkFirstPass ();

    public void periodicWorkSecondPass ();
}
```

RecoveryModule 的实现类包含 XARecoveryModule、AtomicActionRecoveryModule、SubordinateAtomicActionRecoveryModule、CommitMarkableResourceRecordRecoveryModule。接下来，简单介绍恢复事务的两个阶段。

1. 恢复执行第一阶段

1）XARecoveryModule：执行 XA recovery 命令从 RecoveryModule 中获取 XID 数组并缓存。

2）AtomicActionRecoveryModule：从事务日志中获取需要恢复的 XID 数组并缓存。

2. 恢复执行第二阶段

1）AtomicActionRecoveryModule：调用 processTransactionsStatus() 方法，最终会调用 com.arjuna.ats.arjuna.recovery.RecoverAtomicAction.replayPhase2() 方法，源码如下所示。

```
public void replayPhase2()
{

    if ( _activated )
    {
    if ( (_theStatus == ActionStatus.PREPARED) ||
       (_theStatus == ActionStatus.COMMITTING) ||
       (_theStatus == ActionStatus.COMMITTED) ||
       (_theStatus == ActionStatus.H_COMMIT) ||
       (_theStatus == ActionStatus.H_MIXED) ||
       (_theStatus == ActionStatus.H_HAZARD) )
    {
        super.phase2Commit( _reportHeuristics ) ;
    }
    else if ( (_theStatus == ActionStatus. ABORTED) ||
            (_theStatus == ActionStatus.H_ROLLBACK) ||
            (_theStatus == ActionStatus.ABORTING) ||
            (_theStatus == ActionStatus.ABORT_ONLY) )
    {
        super.phase2Abort( _reportHeuristics ) ;
    }
AtomicActionExpiryScanner scanner = new AtomicActionExpiryScanner();
scanner.moveEntry(get_uid());

}
```

这段代码的核心逻辑为判断事务状态，如果是需要进入 Commit 阶段的状态，则进行提交操作，否则进行回滚处理，最后进行事务日志的清理。

2）XARecoveryModule：尝试再次进行恢复，核心代码如下所示。

```
private void bottomUpRecovery() {
for (XAResource : _resources) {
    try {
        xaRecoverySecondPass(xaResource);
    } catch (Exception ex) {
        jtaLogger.i18NLogger.warn_recovery_getxaresource(ex);
    }
}
    if (_xidScans != null) {
        Set<XAResource> keys = new HashSet<XAResource>(_xidScans.keySet());
        for(XAResource theKey : keys) {
            RecoveryXids recoveryXids = _xidScans.get(theKey);
            if(recoveryXids.isStale()) {
                _xidScans.remove(theKey);
            }
        }
    }
}
```

12.5 本章小结

本章介绍了 ShardingSphere-Proxy 的 XA 分布式事务实战，深入 XA 分布式事务解决方案底层，对 Atomikos、Narayana 框架进行了源码解析。第 13 章会对 TCC 分布式事务框架 Hmily 的源码进行解析。

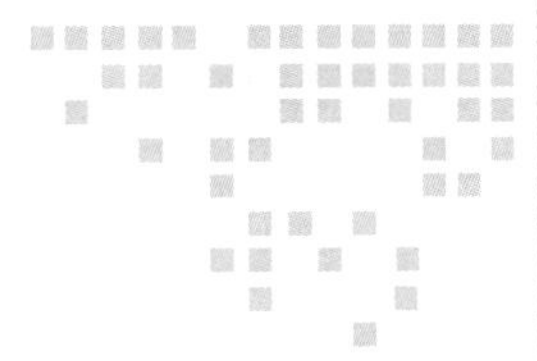

第 13 章 Chapter 13

Hmily-TCC 分布式事务解决方案源码解析

从本章开始，正式进入 Hmily-TCC 实战与源码解析。实战是体验 TCC 方案解决数据一致性问题最好的方式，而源码解析则会带领我们深入底层，学习和理解 TCC 框架在底层处理过程中遇到的挑战与难题。本章就对 TCC 分布式事务解决方案中的一款优秀的开源框架——Hmily 进行简单的介绍与源码解析。本章涉及的内容如下。

- Hmily-TCC 分布式场景的搭建。
- Hmily 框架初始化流程源码解析。
- Hmily-TCC 分布式事务源码解析。
- Hmily 对 RPC 框架的支持。
- Hmily-TCC 事务恢复源码解析。

13.1 Hmily-TCC 分布式场景的搭建

Hmily 是一款由 Dromara 开源组织提供高性能、零侵入、金融级分布式事务解决方案，目前主要提供柔性事务的支持，包含 TCC、TAC（自动生成回滚 SQL）方案，未来还会支持 XA 等方案。

本章主要讲解 TCC 的事务过程以及源码解析，Hmily 架构如图 13-1 所示。

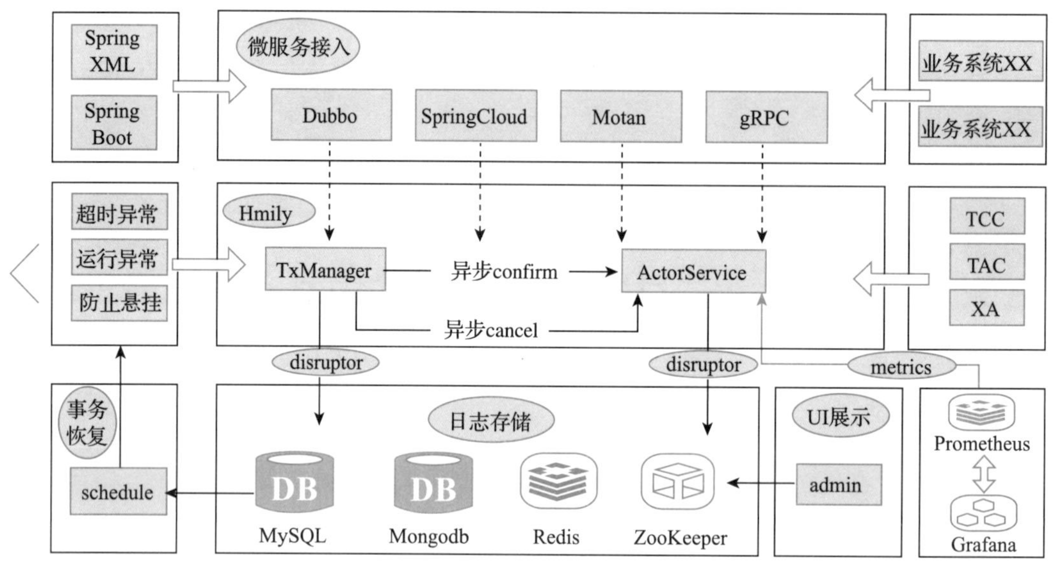

图 13-1 Hmily 框架整体架构图

Hmily 框架中包含多种功能特性，如下所示。

1）高可靠性：支持分布式场景下，事务异常回滚，超时异常恢复，防止事务悬挂。

2）易用性：提供零侵入性式的 Spring-Boot、Spring-Namespace 快速与业务系统集成。

3）高性能：去中心化设计，与业务系统完全融合，天然支持集群部署。

4）可观测性：Metrics 多项指标性能监控，以及 admin 管理后台 UI 展示。

5）多种 RPC：支持 Dubbo、Spring Cloud、Motan、BRPC、Tars 等知名 RPC 框架。

6）日志存储：支持 MySQL、Oracle、MongoDB、Redis、ZooKeeper 等方式。

7）复杂场景：支持 RPC 嵌套调用事务。

13.1.1 准备环境

因为 Hmily 是用 Java 语言开发的，所以要先安装 JDK 环境。读者可自行安装 JDK 环境，笔者不再赘述。本地安装、配置好 Git 以及 Maven 环境，准备一个 MySQL 数据库，在数据库中执行以下业务建表脚本。

```
CREATE DATABASE IF NOT EXISTS 'hmily_account' DEFAULT CHARACTER SET utf8mb4
    COLLATE utf8mb4_bin ;

USE 'hmily_account';

DROP TABLE IF EXISTS 'account';

CREATE TABLE 'account' (
    'id' bigint(20) NOT NULL AUTO_INCREMENT,
    'user_id' varchar(128) NOT NULL,
```

```
    'balance' decimal(10,0) NOT NULL COMMENT '用户余额',
    'freeze_amount' decimal(10,0) NOT NULL COMMENT '冻结金额，扣款暂存余额',
    'create_time' datetime NOT NULL,
    'update_time' datetime DEFAULT NULL,
    PRIMARY KEY ('id')
) ENGINE=InnoDB AUTO_INCREMENT=2
DEFAULT CHARSET=utf8mb4 COLLATE=utf8mb4_bin;

insert  into 'account'('id','user_id','balance','freeze_amount','create_time',
    'update_time') values

(1, '10000', 10000000, 0, '2017-09-18 14:54:22', NULL);

CREATE DATABASE IF NOT EXISTS 'hmily_stock' DEFAULT CHARACTER SET utf8mb4;

USE 'hmily_stock';

DROP TABLE IF EXISTS 'inventory';

CREATE TABLE 'inventory' (
    'id' bigint(20) NOT NULL AUTO_INCREMENT,
    'product_id' VARCHAR(128) NOT NULL,
    'total_inventory' int(10) NOT NULL COMMENT '总库存',
    'lock_inventory' int(10) NOT NULL COMMENT '锁定库存',
    PRIMARY KEY ('id')
) ENGINE=InnoDB AUTO_INCREMENT=2
DEFAULT CHARSET=utf8mb4 COLLATE=utf8mb4_bin;

insert  into 'inventory'('id','product_id','total_inventory','lock_inventory')
    values

(1,'1',10000000,0);

CREATE DATABASE IF NOT EXISTS 'hmily_order' DEFAULT CHARACTER SET utf8mb4;

USE 'hmily_order';

DROP TABLE IF EXISTS 'order';

CREATE TABLE 'order' (
    'id' bigint(20) NOT NULL AUTO_INCREMENT,
    'create_time' datetime NOT NULL,
    'number' varchar(20) COLLATE utf8mb4_bin NOT NULL,
    'status' tinyint(4) NOT NULL,
    'product_id' varchar(128) NOT NULL,
    'total_amount' decimal(10,0) NOT NULL,
    'count' int(4) NOT NULL,
    'user_id' varchar(128) NOT NULL,
    PRIMARY KEY ('id')
) ENGINE=InnoDB DEFAULT CHARSET=utf8mb4 COLLATE=utf8mb4_bin;
```

以上 SQL 语句中，主要完成了如下逻辑处理。

1）创建 Hmily 库，用来配置事务日志的存储（后面配置会用到）。创建账户业务库和账户业务表 account。创建库存业务库和库存业务表 invertory。

2）创建订单业务库，并创建订单业务表 order。

13.1.2 下载源码并编译

这里采用拉取源码的方式构建环境，源码中包含了各种 RPC 框架的分布式事务场景示例。

```
git clone https://github.com/dromara/hmily.git
cd hmily
mvn -DskipTests clean install -U
```

使用开发工具打开项目代码。

13.1.3 修改配置

本章的示例环境，RPC 选取的是 Spring Cloud，因此进入如图 13-2 所示的目录。

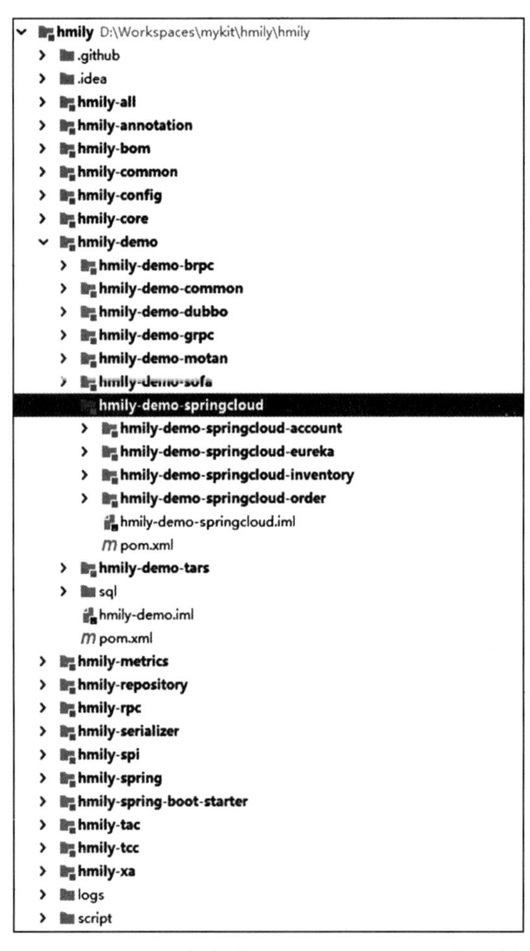

图 13-2　Hmily 框架中 Spring Cloud 相关的示例

Hmily-TCC 分布式事务场景的具体搭建步骤如下所示。

第一步：在 hmily-demo-tcc-springcloud-account 项目中修改 application.yaml 文件中的业务数据库连接，代码如下所示。

```
spring:
    datasource:
        driver-class-name:  com.mysql.jdbc.Driver
        url: jdbc:mysql:/你的ip:你的端口/hmily_account?useUnicode=true&characterEn
                        coding=utf8
        username: 你的用户名
        password: 你的密码
```

第二步：在 hmily-demo-tcc-springcloud-account 项目中修改 hmily.yaml 文件中事务日志存储的数据库连接（本章我们采用本地配置模式，事务日志存储使用 MySQL），代码如下所示。

```
repository:
    database:
        driverClassName: com.mysql.jdbc.Driver
        url: jdbc:mysql://你的数据库ip:你的数据库端口/hmily?useUnicode=true&characte
                        rEncoding=utf8
        username: 你的用户名
        password: 你的密码
        maxActive: 20
        minIdle: 10
        connectionTimeout: 30000
        idleTimeout: 600000
        maxLifetime: 1800000
```

第三步：在 hmily-demo-tcc-springcloud-inventory 项目配置中修改 application.yaml 文件中的业务数据库连接，代码如下所示。

```
spring:
    datasource:
        driver-class-name:  com.mysql.jdbc.Driver
        url: jdbc:mysql:/你的ip:你的端口/hmily_stock?useUnicode=true&characterEnco
                        ding=utf8
        username: 你的用户名
        password: 你的密码
```

第四步：在 hmily-demo-tcc-springcloud-inventory 项目配置中修改 hmily.yaml 文件中事务日志存储的数据库连接（本章我们采用本地配置模式，事务日志存储使用 MySQL），代码如下所示。

```
repository:
    database:
        driverClassName: com.mysql.jdbc.Driver
        url : jdbc:mysql://你的数据库ip:你的数据库端口/hmily?useUnicode=true&charact
                        erEncoding=utf8
        username: 你的用户名
```

```
        password: 你的密码
        maxActive: 20
        minIdle: 10
        connectionTimeout: 30000
        idleTimeout: 600000
        maxLifetime: 1800000
```

第五步：在 hmily-demo-tcc-springcloud-order 项目中修改 application.yaml 文件中的业务数据库连接，代码如下所示。

```
spring:
    datasource:
        driver-class-name:  com.mysql.jdbc.Driver
        url: jdbc:mysql:/你的ip:你的端口/hmily_order?useUnicode=true&characterEnco
                    ding=utf8
        username: 你的用户名
        password: 你的密码
```

第六步：在 hmily-demo-tcc-springcloud-order 项目中修改 hmily.yaml 文件中事务日志存储的数据库连接（本章我们采用本地配置模式，事务日志存储使用 MySQL），代码如下所示。

```
repository:
    database:
        driverClassName: com.mysql.jdbc.Driver
        url: jdbc:mysql://你的数据库ip:你的数据库端口/hmily?useUnicode=true&character
                    Encoding=utf8
        username: 你的用户名
        password: 你的密码
        maxActive: 20
        minIdle: 10
        connectionTimeout: 30000
        idleTimeout: 600000
        maxLifetime: 1800000
```

13.1.4 启动程序

由于微服务示例程序使用的 Spring Cloud 框架需要一个注册中心，示例中自带了一个 Spring Cloud 的注册中心程序，因此按照如下步骤即可启动 Hmily 框架中的 Spring Cloud 示例程序。

第一步：启动 hmily-demo-tcc-springcloud-eureka 项目中的 EurekaServerApplication 类，启动 eureka 注册中心。

第二步：启动 hmily-demo-tcc-springcloud-account 项目中的 SpringCloudHmilyAccount Application 类，启动账户业务服务。

第三步：启动 hmily-demo-tcc-springcloud-inventory 项目中的 SpringCloudHmilyInvent oryApplication 类，启动库存业务服务。

第四步：启动 hmily-demo-tcc-springcloud-order 项目中的 SpringCloudHmilyOrderApplication 类，启动订单业务服务。

13.1.5　验证

程序的验证方式比较简单，在浏览器地址栏访问 http://127.0.0.1:8090/swagger-ui.html。执行 /order/orderPay 接口，若返回成功，证明环境搭建完成。

13.2　Hmily 框架初始流程源码解析

本节主要讲解 Hmily 分布式事务框架的初始化过程。在 13.1 节的示例中，启动微服务程序。在 pom.xml 文件里面，依赖了如下 JAR 包。

```
<dependency>
    <groupId>org.dromara</groupId>
    <artifactId>hmily-spring-boot-starter-springcloud</artifactId>
    <version>${project.version}</version>
</dependency>
```

Hmily 框架会随着应用程序的启动而启动，通过 spring-boot-starter 包我们能很容易地找到它的初始化类 HmilyAutoConfiguration，其源码如下所示。

```
@Configuration
@EnableAspectJAutoProxy(proxyTargetClass = true)
public class HmilyAutoConfiguration {

    @Bean
    public SpringHmilyTransactionAspect hmilyTransactionAspect() {
        return new SpringHmilyTransactionAspect();
    }

    @Bean
    @ConditionalOnProperty(value = "hmily.support.rpc.annotation", havingValue =
        "true")
    public BeanPostProcessor refererAnnotationBeanPostProcessor() {
        return new RefererAnnotationBeanPostProcessor();
    }

    @Bean
    @Qualifier("hmilyTransactionBootstrap")
    @Primary
    public HmilyApplicationContextAware hmilyTransactionBootstrap() {
        return new HmilyApplicationContextAware();
    }
}
```

在 HmilyAutoConfiguration 类中，共初始化了 3 个 Spring 的 Bean 实例，作用分别如下所示。

1）SpringHmilyTransactionAspect：处理添加 @HmlyTCC 注解的切面入口。

2）RefererAnnotationBeanPostProcessor：为了支持使用注解调用的 RPC 框架。

3）HmilyApplicationContextAware：框架启动初始化类。

HmilyApplicationContextAware 源码如下所示。

```
public class HmilyApplicationContextAware
implements ApplicationContextAware, BeanFactoryPostProcessor {

    @Override
    public void setApplicationContext(@NonNull final ApplicationContext
        applicationContext) throws BeansException {
        SpringBeanUtils.INSTANCE.setCfgContext((ConfigurableApplicationContext)
            applicationContext);
        SingletonHolder.INST.register(ObjectProvide.class, new SpringBeanProvide());
    }

    @Override
    public void postProcessBeanFactory(@NonNull final ConfigurableListable-
        BeanFactory beanFactory) throws BeansException {
        HmilyBootstrap.getInstance().start();
    }
}
```

这里重点关注 HmilyBootstrap.getInstance().start() 方法，从类名和方法名应该能猜到其是整个框架的初始化入口，代码如下所示。

```
public void start() {
    try {
        ConfigLoaderServer.load();
        HmilyConfig hmilyConfig = ConfigEnv.getInstance().getConfig(HmilyConfig.
            class);
        check(hmilyConfig);
        registerProvide();
        loadHmilyRepository(hmilyConfig);
        registerAutoCloseable(new HmilyTransactionSelfRecoveryScheduled(),
            HmilyRepositoryEventPublisher.getInstance());
        initMetrics();
    } catch (Exception e) {
        LOGGER.error(" hmily init exception:", e);
        System.exit(0);
    }
    new HmilyLogo().logo();
}
```

HmilyBootstrap.getInstance().start() 方法主要包括 5 个步骤，如下所示。

第一步：ConfigLoaderServer.load()：加载框架的配置。

第二步：registerProvide()：注册对象的提供者，默认使用发射方式获取，如果是 Spring 环境，则通过 Spring Bean 的代理方式获取。

第三步：loadHmilyRepository(hmilyConfig)：初始化事务日志资源，后面章节重点介绍。

第四步：registerAutoCloseable(new HmilyTransactionSelfRecoveryScheduled(), HmilyRepositoryEventPublisher.getInstance())：初始化事务恢复调度和事件分发器并注册关闭资源接口。

第五步：initMetrics()：初始化 metrics 监控信息。

13.2.1　加载配置

配置文件是一个框架中最重要的组成部分。框架的性能优化、控制开关等重要信息，都是通过配置文件进行控制的。因此如何加载配置，从哪里加载配置就变得尤为关键。Hmily 提供了 6 种加载配置的方式，分别是本地模式、ZooKeeper 注册中心、Nacos 配置中心、Apollo 配置中心、ETCD 注册中心和 Consul 注册中心。接下来，我们深入分析 Hmily 框架涉及的这些逻辑的代码。

进入 ConfigLoaderServer.load() 方法，源码如下所示。

```
@Slf4j
public class ConfigLoaderServer {

    public static void load() {
//扫描所有的配置bean案例
        ConfigScan.scan();
//new ServerConfigLoader进行加载
        ServerConfigLoader loader = new ServerConfigLoader();
        loader.load(ConfigLoader.Context::new, (context, config) -> {
            if (config != null) {
                if (StringUtils.isNotBlank(config.getConfigMode())) {
                    String configMode = config.getConfigMode();
                    ConfigLoader<?> configLoader =
 ExtensionLoaderFactory.load(ConfigLoader.class, configMode);
                    log.info("Load the configuration【{}】information...", configMode);
                    configLoader.load(context, (contextAfter, configAfter) -> {
                        log.info("Configuration information: {}", configAfter);
                    });
                }
            }
        });
    }
}
```

首先来分析 ConfigScan.scan() 方法，它的作用是使用 SPI 的方式加载所有实现了 Config 接口的配置类并缓存，代码如下所示。

```
public final class ConfigScan {

    public static void scan() {
//采用SPI的方式加载所有实现Config接口的配置类
        List<Config> configs = ExtensionLoaderFactory.loadAll(Config.class);
        for (Config conf : configs) {
```

```
//将配置类进行注册缓存
                ConfigEnv.getInstance().registerConfig(conf);
            }
        }
    }
```

接下来，看一下实现 Config 接口的配置类，实现类如图 13-3 所示。

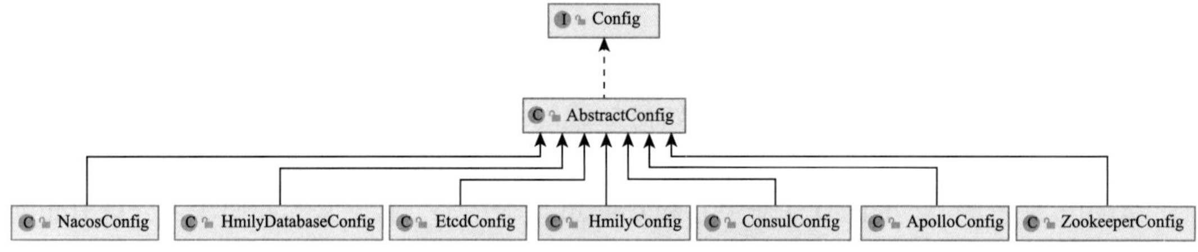

图 13-3 Config 接口的实现关系图

再来分析 ServerConfigLoader.load() 方法，它的作用是加载 hmily.server 前缀的配置，其核心代码如下所示。

```
public class ServerConfigLoader implements ConfigLoader<HmilyServer> {

    private final YamlPropertyLoader propertyLoader = new YamlPropertyLoader();

    @Override
    public void load(final Supplier<Context> context, final LoaderHandler<HmilyServer>
        handler) {
        String filePath = System.getProperty("hmily.conf");
        File configFile;
        if (StringUtils.isBlank(filePath)) {
            String dirPath = getDirGlobal();
            configFile = new File(dirPath);
            if (configFile.exists()) {
                filePath = dirPath;
            } else {
                //Mainly used for development environment。
                ClassLoader loader = ConfigLoader.class.getClassLoader();
                URL url = loader.getResource("hmily.yml");
                if (url != null) {
                    filePath = url.getFile();
                    configFile = new File(filePath);
                } else {
                    throw new ConfigException("ConfigLoader:loader config
                        error,error file path:" + filePath);
                }
            }
        } else {
            configFile = new File(filePath);
            if (!configFile.exists()) {
                throw new ConfigException("ConfigLoader:loader config error,error
                    file path:" + filePath);
```

```
            }
        }
        try (FileInputStream inputStream = new FileInputStream(configFile)) {
//使用YAML属性加载流
            List<PropertyKeySource<?>> propertyKeySources = propertyLoader.
                load(filePath, inputStream);
//默认实现OriginalConfigLoader先去加载
            OriginalConfigLoader original = new OriginalConfigLoader();
//先加载HmilyServer配置类，再加载属性配置
            againLoad(() -> context.get().with(propertyKeySources, original),
                handler, HmilyServer.class);
        } catch (IOException e) {
            throw new ConfigException("ConfigLoader:loader config error,file
                path:" + filePath);
        }
    }

    private String getDirGlobal() {
        String userDir = System.getProperty("user.dir");
        String fileName = "hmily.yml";
        return String.join(String.valueOf(File.separatorChar), userDir, fileName);
    }
```

核心逻辑为加载 hmily.yml 配置文件，加载优先级别为 Dhmily.conf → user.dir → resource。首先调用 againLoad() 方法，将 YAML 配置文件转换成 HmilyServer 配置类，源码如下所示。

```
default void againLoad(final Supplier<Context> context, final LoaderHandler<T>
    handler, final Class<T> tClass) {
    T config = ConfigEnv.getInstance().getConfig(tClass);
    for (PropertyKeySource<?> propertyKeySource : context.get().getSource()) {
        ConfigPropertySource configPropertySource =
new DefaultConfigPropertySource<>(propertyKeySource, PropertyKeyParse.INSTANCE);
        Binder binder = Binder.of(configPropertySource);
//进行属性绑定
        T newConfig = binder.bind(config.prefix(), BindData.of(DataType.of(tClass),
            () -> config));
//回调进行属性加载或者自定义处理
        handler.finish(context, newConfig);
    }
}
```

最后使用 handler.finish(context, newConfig) 回调方法，完成配置的加载。

继续分析 load() 回调方法的实现，代码如下所示。

```
loader.load(ConfigLoader.Context::new, (context, config) -> {
    if (config != null) {
        if (StringUtils.isNotBlank(config.getConfigMode())) {
            String configMode = config.getConfigMode();
//根据模式获取 SPI接口的具体实现
            ConfigLoader<?> configLoader = ExtensionLoaderFactory.load(ConfigLoader.
                class, configMode);
```

```
            log.info("Load the configuration【{}】information...", configMode);
//进行配置属性的加载
            configLoader.load(context, (contextAfter, configAfter) -> {
                log.info("Configuration information: {}", configAfter);
            });
        }
    }
});
```

首先获取配置模式，然后根据配置模式获取具体的实现类，这里的实现类有 ApolloConfigLoader、ConsulConfigLoader、LocalConfigLoader、ZooKeeperConfigLoader、NacosConfigLoader，最后加载实现类。这里使用本地模式，会进入 org.dromara.hmily.config.loader.OriginalConfigLoader 的 load() 方法，核心代码如下所示。

```
public class OriginalConfigLoader implements ConfigLoader<Config> {

    @Override
    public void load(final Supplier<Context> context, final LoaderHandler<Config>
        handler) {
        for (PropertyKeySource<?> propertyKeySource : context.get().getSource()) {
            ConfigPropertySource configPropertySource =
new DefaultConfigPropertySource<>(propertyKeySource, PropertyKeyParse.INSTANCE);
            ConfigEnv.getInstance().stream()
                    .filter(e -> !e.isLoad())
                    .map(e -> {
//进行属性匹配前缀绑定
                        Config config = getBind(e, configPropertySource);
                        if (config != null) {
                            @SuppressWarnings("unchecked")
                            Map<String, Object> source =
(Map<String, Object>) propertyKeySource.getSource();
                            config.setSource(source);
                        }
                        return config;
                    }).filter(Objects::nonNull).peek(Config::flagLoad)
                      .forEach(e -> handler.finish(context, e));
        }
    }

    @Override
    public void passive(final Supplier<Context> context, final PassiveHandler<Config>
        handler, final Config config) {
        for (PropertyKeySource<?> propertyKeySource : context.get().getSource()) {
            ConfigPropertySource configPropertySource =
new DefaultConfigPropertySource<>(propertyKeySource, PropertyKeyParse.INSTANCE);
            Config bindConfig = getBind(config, configPropertySource);
            if (bindConfig != null) {
                @SuppressWarnings("unchecked")
                Map<String, Object> source =
(Map<String, Object>) propertyKeySource.getSource();
                Optional.ofNullable(config.getSource()).ifPresent(e -> {
                    e.putAll(source);
```

```
                });
            }
            Optional.ofNullable(bindConfig).ifPresent(e -> handler.passive(context,
                e));
        }
    }

    private Config getBind(final Config config, final ConfigPropertySource
        configPropertySource) {
        Binder binder = Binder.of(configPropertySource);
//属性配置绑定成javabean的属性
        return binder.bind(config.prefix(), BindData.of(DataType.of(config.
            getClass()),
() -> config));
    }
```

上述代码的核心思想是根据加载的 YAML 配置文件，与实现 config 接口的 Javabean 进行前缀匹配，然后进行属性绑定。其他的加载方式同理，可以具体看里面的实现，这里就不一一展开了。

13.2.2　初始化事务日志存储

对于分布式事务来说，事务日志至关重要，采用本地存储还是中心化存储由用户决定。目前 Hmily 支持同步和异步 2 种方式来存储日志。在事务日志的存储上，Hmily 支持 File、Redis、ZooKeeper、MySQL、Oracle、PostgreSQL、SQLServer、ETCD、MongoDB 等多种模式来存储日志，对应的模块为 hmily-repository，本节主要讲解采用 MySQL 来存储事务日志。首先我们来看 Hmily 事务日志存储的架构如图 13-4 所示。

TCC 事务日志的结构主要由 HmilyTransaction、HmilyParticipant 和 HmilyInvocation 类组成。

HmilyTransaction 是主事务实体类，包含多个 HmilyParticipant，源码如下所示。

```
@Data
public class HmilyTransaction implements Serializable {

    private static final long serialVersionUID = -6792063780987394917L;

    private Long transId;

    private String appName;

    private int status;

    private String transType;

    private Integer retry = 0;

    private Integer version = 1;
```

```
    private Date createTime;

    private Date updateTime;

    private List<HmilyParticipant> hmilyParticipants;
```

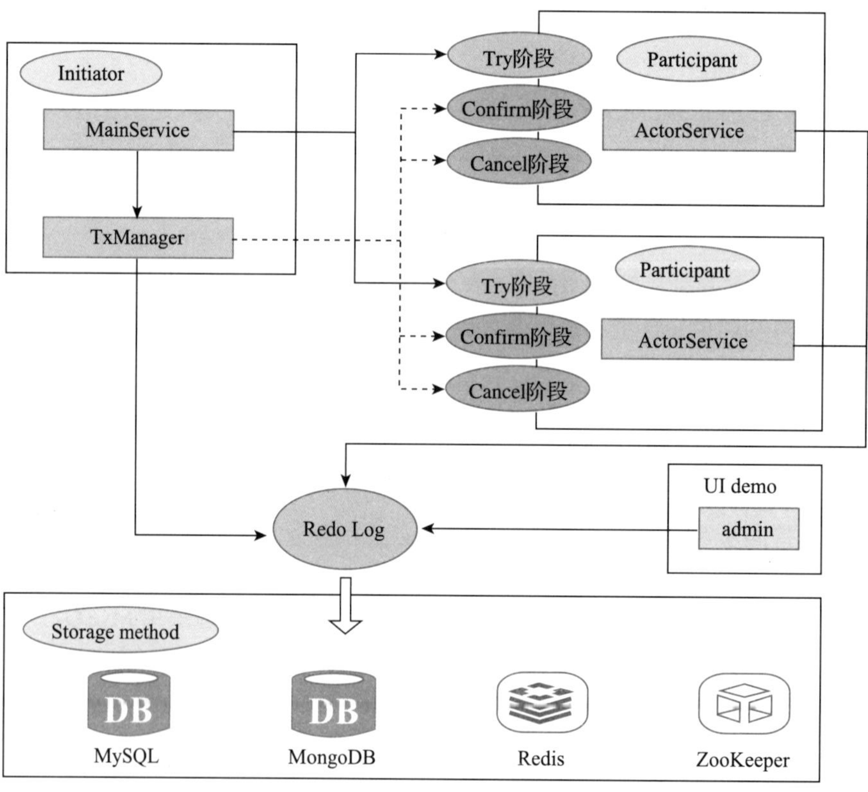

图 13-4 Hmily 事务日志存储的架构

HmilyParticipant 是分支事务的实体类，包含多个 HmilyInvocation，源码如下所示。

```
@Data
@EqualsAndHashCode
public class HmilyParticipant implements Serializable {

    private static final long serialVersionUID = -2590970715288987627L;

    private Long participantId;

    private Long participantRefId;

    private Long transId;

    private String transType;
```

```
    private Integer status;

    private String appName;

    private int role;

    private int retry;

    private String targetClass;

    private String targetMethod;

    private String confirmMethod;

    private String cancelMethod;

    private Integer version = 1;

    private Date createTime;

    private Date updateTime;

    private HmilyInvocation confirmHmilyInvocation;

    private HmilyInvocation cancelHmilyInvocation;
```

HmilyInvocation 是事务方法的参数列表实体类，源码如下所示。

```
@Data
@AllArgsConstructor
@NoArgsConstructor
public class HmilyInvocation implements Serializable {

    private static final long serialVersionUID = -5108578223428529356L;

    @Getter
    private Class<?> targetClass;

    @Getter
    private String methodName;

    @Getter
    private Class<?>[] parameterTypes;

    @Getter
    private Object[] args;
}
```

分析完事务日志的存储结构，再来看事务日志的初始化方法 loadHmilyRepository(hmilyConfig)，源码如下所示。

```
private void loadHmilyRepository(final HmilyConfig hmilyConfig) {
    HmilySerializer hmilySerializer = ExtensionLoaderFactory.load(HmilySerializer.
        class, hmilyConfig.getSerializer());
    HmilyRepository hmilyRepository = ExtensionLoaderFactory.load(HmilyRepository.
        class, hmilyConfig.getRepository());
    hmilyRepository.setSerializer(hmilySerializer);
    hmilyRepository.init(buildAppName(hmilyConfig));
    HmilyRepositoryFacade.getInstance().setHmilyRepository(hmilyRepository);
}
```

在 loadHmilyRepository(hmilyConfig) 方法中，通过 SPI 的方式加载属性，具体步骤如下所示。

第一步：SPI 方式获取配置的序列化方式，其对应配置属性为 hmily.config.serializer。

第二步：SPI 方式获取配置的事务日志存储，其对应配置属性为 hmily.config.repository = mysql。

执行 init() 方法进行初始化。因为我们配置的框架为 MySQL，所以会进入 org.dromara.hmily.repository.database.manager.AbstractHmilyDatabase.init() 方法，代码如下所示。

```
@Override
public void init(final String appName) {
    this.appName = appName;
    try {
//获取数据库配置
        HmilyDatabaseConfig hmilyDatabaseConfig =
 ConfigEnv.getInstance().getConfig(HmilyDatabaseConfig.class);
//初始化数据库连接池
        HikariDataSource hikariDataSource = new HikariDataSource();
        hikariDataSource.setJdbcUrl(hmilyDatabaseConfig.getUrl());
        hikariDataSource.setDriverClassName(hmilyDatabaseConfig.getDriverClass
            Name());
        hikariDataSource.setUsername(hmilyDatabaseConfig.getUsername());
        hikariDataSource.setPassword(hmilyDatabaseConfig.getPassword());
        hikariDataSource.setMaximumPoolSize(hmilyDatabaseConfig.getMaxActive());
        hikariDataSource.setMinimumIdle(hmilyDatabaseConfig.getMinIdle());
        hikariDataSource.setConnectionTimeout(hmilyDatabaseConfig.
            getConnectionTimeout());
        hikariDataSource.setIdleTimeout(hmilyDatabaseConfig.getIdleTimeout());
        hikariDataSource.setMaxLifetime(hmilyDatabaseConfig.getMaxLifetime());
        hikariDataSource.setConnectionTestQuery(hmilyDatabaseConfig.getConnectionTest
            Query());
        if (hmilyDatabaseConfig.getPropertyMap() != null
&& !hmilyDatabaseConfig.getPropertyMap().isEmpty()) {
            hmilyDatabaseConfig.getPropertyMap().forEach(hikariDataSource::addDa
                taSourceProperty);
        }
        HmilyConfig hmilyConfig = ConfigEnv.getInstance().getConfig(HmilyConfig.
            class);
        this.dataSource = hikariDataSource;
//是否自定执行脚本，默认是true
        if (hmilyConfig.isAutoSql()) {
```

```
//执行初始化脚本
                this.initScript(hmilyDatabaseConfig);
            }
        } catch (Exception e) {
            log.error("hmily jdbc log init exception please check config:{}", e.
                getMessage());
            throw new HmilyRuntimeException(e.getMessage());
        }
    }
```

this.initScript(hmilyDatabaseConfig) 是一个抽象的方法，这里配置的是 MySQL，因此进入 org.dromara.hmily.repository.database.mysql.MysqlRepository，源码如下所示。

```
@Override
protected void initScript(final HmilyDatabaseConfig config) throws Exception {
//替换链接中的hmily库
    String jdbcUrl = StringUtils.replace(config.getUrl(), "/hmily", "/");
//获取连接
    Connection conn = DriverManager.getConnection(jdbcUrl, config.getUsername(),
        config.getPassword());
    ScriptRunner runner = new ScriptRunner(conn);
    runner.setLogWriter(null);
    runner.setAutoCommit(false);
    Resources.setCharset(StandardCharsets.UTF_8);
//加载resource/mysql下的schema.sql脚本
    Reader read = Resources.getResourceAsReader(SQL_FILE_PATH);
//执行脚本
    runner.runScript(read);
    conn.commit();
    runner.closeConnection();
    conn.close();
}
```

resource/mysql 下的 schema.sql 脚本内容如下所示。

```
//如果没hmily库会自动创建
CREATE DATABASE  IF NOT EXISTS  'hmily'  DEFAULT CHARACTER SET utf8mb4 COLLATE
    utf8mb4_unicode_ci ;

USE 'hmily';

create table if not exists 'hmily_transaction_global'
(
    'trans_id'     bigint(20)   not null comment '全局事务id' primary key,
    'app_name'     varchar(128) not null comment '应用名称',
    'status'       tinyint      not null comment '事务状态',
    'trans_type'   varchar(16)  not null comment '事务模式',
    'retry'        int          default 0 not null comment '重试次数',
    'version'      int          not null comment '版本号',
    'create_time'  datetime     not null comment '创建时间',
    'update_time'  datetime     not null DEFAULT CURRENT_TIMESTAMP ON UPDATE
        CURRENT_TIMESTAMP comment '更新时间'
) ENGINE = InnoDB
  DEFAULT CHARSET = utf8mb4
```

```
  COLLATE = utf8mb4_unicode_ci comment 'hmily事务表（发起者）';

create table if not exists 'hmily_transaction_participant'
(
    'participant_id'     bigint(20)     not null comment '参与者事务id' primary key,
    'participant_ref_id' bigint(20)              comment '参与者关联id且套调用时候会存在',
    'trans_id'           bigint(20)     not null comment '全局事务id',
    'trans_type'         varchar(16)    not null comment '事务类型',
    'status'             tinyint        not null comment '分支事务状态',
    'app_name'           varchar(64)    not null comment '应用名称',
    'role'               tinyint        not null comment '事务角色',
    'retry'              int default 0  not null comment '重试次数',
    'target_class'       varchar(512)       null comment '接口名称',
    'target_method'      varchar(128)       null comment '接口方法名称',
    'confirm_method'     varchar(128)       null comment 'confirm方法名称',
    'cancel_method'      varchar(128)       null comment 'cancel方法名称',
    'confirm_invocation' longblob           null comment 'confirm调用点',
    'cancel_invocation'  longblob           null comment 'cancel调用点',
    'version'            int default 0  not null,
    'create_time'        datetime       not null comment '创建时间',
    'update_time'        datetime       not null  DEFAULT  CURRENT_TIMESTAMP  ON
        UPDATE CURRENT_TIMESTAMP comment '更新时间'
) ENGINE = InnoDB
  DEFAULT CHARSET = utf8mb4
  COLLATE = utf8mb4_unicode_ci comment 'hmily事务参与者';
```

其他事务日志存储也是一样的模式，这里就不一一展开了，感兴趣的读者可以自行阅读 Hmily 源码，笔者不再赘述。

13.2.3 初始化事务恢复调度器

事务恢复是框架的核心功能之一，Hmily 框架采用定时任务的方式进行事务恢复，根据 new HmilyTransactionSelfRecoveryScheduled() 方法进行初始化，源码如下所示。

```
public HmilyTransactionSelfRecoveryScheduled() {
    hmilyRepository = ExtensionLoaderFactory.load(HmilyRepository.class,
 hmilyConfig.getRepository());
//new tcc事务恢复单线程池
    this.selfTccRecoveryExecutor =
new ScheduledThreadPoolExecutor(1,  HmilyThreadFactory.create("hmily-tcc-self-
   recovery", true));
    this.selfTacRecoveryExecutor =
new ScheduledThreadPoolExecutor(1,  HmilyThreadFactory.create("hmily-tac-self-
   recovery", true));
//new事务日志清理线程池
    this.cleanHmilyTransactionExecutor =
new ScheduledThreadPoolExecutor(1,  HmilyThreadFactory.create("hmily-transaction-
   clean", true));
    hmilyTransactionRecoveryService = new HmilyTransactionRecoveryService();
//进行TCC事务恢复
    selfTccRecovery();
```

```
        selfTacRecovery();
    //清理无用的事务日志
        cleanHmilyTransaction();
    //删除过期的日志
        phyDeleted();
    }
```

13.2.4　初始化事件分发器

Hmily 采用高性能队列 disruptor 进行事务日志的异步存储，根据 HmilyRepository-EventPublisher.getInstance() 方法进行初始化，核心代码如下所示。

```
public final class HmilyRepositoryEventPublisher implements AutoCloseable {

    private static final HmilyRepositoryEventPublisher INSTANCE =
new HmilyRepositoryEventPublisher();

    private HmilyDisruptor<HmilyRepositoryEvent> disruptor;

    private final HmilyConfig hmilyConfig = ConfigEnv.getInstance().getConfig(Hmily
        Config.class);

    private HmilyRepositoryEventPublisher() {
        start();
    }

    public static HmilyRepositoryEventPublisher getInstance() {
        return INSTANCE;
    }

    private void start() {
        List<SingletonExecutor> selects = new ArrayList<>();
        for (int i = 0; i < hmilyConfig.getConsumerThreads(); i++) {
            selects.add(new SingletonExecutor("hmily-log-disruptor" + i));
        }
//new根据事务id一致性哈希的线程选择器
        ConsistentHashSelector selector = new ConsistentHashSelector(selects);
//创建disruptor
        disruptor =
                new HmilyDisruptor<>(
                    new HmilyRepositoryEventConsumer(selector), 1, hmilyConfig.
                        getBufferSize());
//进行启动
        disruptor.startup();
    }

        @Override
    public void close() {
        disruptor.getProvider().shutdown();
    }
}
```

这里重点分析 disruptor.startup() 方法，核心代码如下所示。

```
public void startup() {
//创建多生产者的消费队列
    Disruptor<DataEvent<T>> disruptor = new Disruptor<>(new DisruptorEvent
        Factory<>(),
            size,
            HmilyThreadFactory.create("disruptor_consumer_" + consumer.fixName(),
                false),
            ProducerType.MULTI,
            new BlockingWaitStrategy());
//创建工作线程池
    HmilyDisruptorWorkHandler<T>[] workerPool =
new HmilyDisruptorWorkHandler[consumerSize];
    for (int i = 0; i < consumerSize; i++) {
        workerPool[i] = new HmilyDisruptorWorkHandler<>(consumer);
    }
    disruptor.handleEventsWithWorkerPool(workerPool);
//设置异常策略
    disruptor.setDefaultExceptionHandler(new IgnoreExceptionHandler());
//启动
    disruptor.start();
    RingBuffer<DataEvent<T>> ringBuffer = disruptor.getRingBuffer();
    provider = new DisruptorProvider<>(ringBuffer, disruptor);
}
```

13.2.5 初始化 Metrics 监控信息

Metrics 信息主要是 Hmily 框架用来监控执行事务状态的指标，目前的实现为 Prometheus，对应的模块为 hmily-metrics。Metrics 主要分为两个部分。

1）应用的 JVM 信息：内存、CPU、线程使用等。

2）事务信息：包括事务的总数、事务的迟延时间、事务的状态、事务执行成功的数量、事务执行失败的数量等。

根据 HmilyBootstrap 里面的 initMetrics() 方法初始化 metrics，源码如下所示。

```
private void initMetrics() {
    HmilyMetricsConfig metricsConfig = ConfigEnv.getInstance().getConfig(HmilyMetrics
        Config.class);
//是否配置了metrics，如果有配置才进行初始化
    if (Objects.nonNull(metricsConfig) && StringUtils.isNoneBlank(metricsConfig.get
        MetricsName())) {
        MetricsTrackerFacade facade = new MetricsTrackerFacade();
//进行初始化
        facade.start(metricsConfig);
        registerAutoCloseable(facade);
    }
}
```

接下来，重点分析 facade.start(metricsConfig) 方法，源码如下所示。

```
public void start(final HmilyMetricsConfig metricsConfig) {
    if (this.isStarted.compareAndSet(false, true)) {
//SPI的方式获取启动类，目前只支持Promethues
        metricsBootService = ExtensionLoaderFactory.
load(MetricsBootService.class, metricsConfig.getMetricsName());
        Preconditions.checkNotNull(metricsBootService,
                "Can not find metrics tracker manager with metrics name : %s in
                    metrics configuration.", metricsConfig.getMetricsName());
//进行启动（metrics注册器目前也只支持Promethues）
        metricsBootService.start(metricsConfig, ExtensionLoaderFactory.load(Metrics
            Register.class, metricsConfig.getMetricsName()));
    } else {
        log.info("metrics tracker has started !");
    }
}
```

直接进入 org.dromara.hmily.metrics.prometheus.service.PrometheusBootService，源码如下所示。

```
@Getter
@Slf4j
@HmilySPI("prometheus")
public final class PrometheusBootService implements MetricsBootService {

    private HTTPServer server;

    private volatile AtomicBoolean registered = new AtomicBoolean(false);

    @Override
    public void start(final HmilyMetricsConfig metricsConfig, final MetricsRegister
        register) {
        startServer(metricsConfig);
        MetricsReporter.register(register);
    }

    @Override
    public void stop() {
        if (server != null) {
//关闭资源
            server.stop();
            registered.set(false);
//清空注册器
            CollectorRegistry.defaultRegistry.clear();
        }
    }

    private void startServer(final HmilyMetricsConfig metricsConfig) {
//注册metrics指标
        register(metricsConfig.getJmxConfig());
```

```
        int port = metricsConfig.getPort();
        String host = metricsConfig.getHost();
        InetSocketAddress inetSocketAddress;
        if (null == host || "".equalsIgnoreCase(host)) {
            inetSocketAddress = new InetSocketAddress(port);
        } else {
            inetSocketAddress = new InetSocketAddress(host, port);
        }
        try {
//启动httpServer，这里开启了一个端口，Prometheus采用拉模式通过该端口获取metrics信息
            server = new HTTPServer(inetSocketAddress, CollectorRegistry.default
                Registry, true);
            log.info(String.format("Prometheus metrics HTTP server '%s:%s' start
                success.", inetSocketAddress.getHostString(), inetSocketAddress.
                getPort()));
        } catch (final IOException ex) {
            log.error("Prometheus metrics HTTP server start fail", ex);
        }
    }

    private void register(final String jmxConfig) {
        if (!registered.compareAndSet(false, true)) {
            return;
        }
//注册JDK版本的metrics指标
        new BuildInfoCollector().register();
//注册JVM参数的metrics指标
        DefaultExports.initialize();
        try {
            if (StringUtils.isNotEmpty(jmxConfig)) {
//注册jmx metrics指标
                new JmxCollector(jmxConfig).register();
            }
        } catch (MalformedObjectNameException e) {
            log.error("init jmx collector error", e);
        }
    }
```

本节主要讲解了Hmily框架的初始化过程，加载配置部分的代码相当精彩，很容易被函数式编程绕晕，由于篇幅原因并没有非常详情的讲解，读者可以自行理解。接着，我们介绍了最重要的事务日志，包括它的流程图、日志结构以及初始化过程。最后讲解了事务恢复的初始化过程、Metrics的初始化过程。

13.3 Hmily-TCC分布式事务源码解析

本节正式进入Hmily-TCC分布式事务流程的源码解析，在13.1节已经构建好了Spring Cloud微服务分布式事务的环境，访问http://127.0.0.1:8090/swagger-ui.html#!/order-controller/

orderPayUsingPOST，模拟用户下单场景。其产生分布式事务场景图如图 13-5 所示。

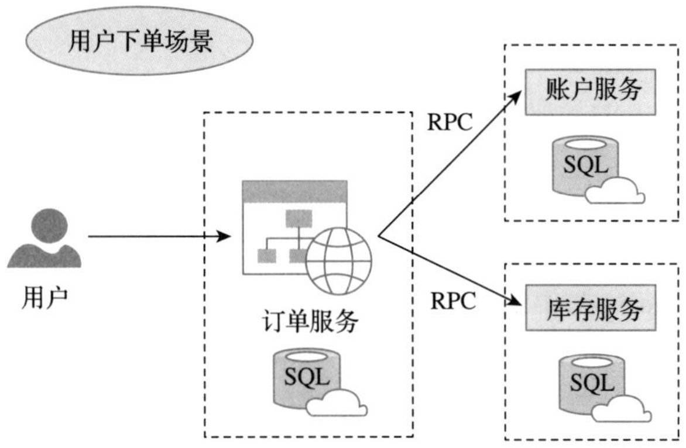

图 13-5 用户下单产生分布式事务的场景

13.3.1 Try 流程源码解析

根据上述请求接口，找到 hmily-demo-tcc-springcloud-order 模块下 OrderController 类的 /orderPay 请求，代码如下所示。

```
@Override
@HmilyTCC(confirmMethod= "confirmOrderStatus", cancelMethod = "cancelOrderStatus")
public void makePayment(Order order) {
    //更新本地数据库订单状态
    updateOrderStatus(order, OrderStatusEnum.PAYING);
    //RPC调用付款服务
    accountClient.payment(buildAccountDTO(order));
    //RPC调用扣减库存服务
    inventoryClient.decrease(buildInventoryDTO(order));
}
```

这里可以发现在 makePayment(Order) 方法上标注了 @HmilyTCC 注解，源码如下所示。

```
@Retention(RetentionPolicy.RUNTIME)
@Target(ElementType.METHOD)
public @interface HmilyTCC {

    /**
     * confirm方法名称
     */
    String confirmMethod() default "";

    /**
     * 取消方法名称
     */
```

```
    String cancelMethod() default "";

    /**
     * 模式
     */
    TransTypeEnum pattern() default TransTypeEnum.TCC;
}
```

注意，Try、Confirm、Cancel 方法的参数列表要一致，上述 makePayment 方法为 Try 方法。

@HmilyTCC 为 Hmily 框架处理 TCC 事务的切面，在初始化流程里面初始化的 new SpringHmilyTransactionAspect() 切面，继承了 AbstractHmilyTransactionAspect，源码如下所示。

```
@Aspect
public abstract class AbstractHmilyTransactionAspect {

    private final HmilyTransactionInterceptor interceptor = new HmilyGlobalInterceptor();

    /**
     * 添加了如下注解的都会成为切点
     * this is point cut with {@linkplain HmilyTCC }.
     */
    @Pointcut("@annotation(org.dromara.hmily.annotation.HmilyTCC) ||
    @annotation(org.dromara.hmily.annotation.HmilyTAC) ||
    @annotation(org.dromara.hmily.annotation.HmilyXA)")
    public void hmilyInterceptor() {
    }

    /**
     * this is around in {@linkplain HmilyTCC }.
     * 切面环绕执行
     * @param proceedingJoinPoint proceedingJoinPoint
     * @return Object object
     * @throws Throwable Throwable
     */
    @Around("hmilyInterceptor()")
    public Object interceptTccMethod(final ProceedingJoinPoint proceedingJoinPoint)
        throws Throwable {
        return interceptor.invoke(proceedingJoinPoint);
    }
}
```

上述代码很清楚了，遇到 @HmilyTCC 就会进入 interceptor.invoke(proceedingJoinPoint) 方法，源码如下所示。

```
public class HmilyGlobalInterceptor implements HmilyTransactionInterceptor {

    private static RpcParameterLoader parameterLoader;

    private static final EnumMap<TransTypeEnum, HmilyTransactionHandlerRegistry>
```

```
REGISTRY = new EnumMap<>(TransTypeEnum.class);

    static {
//根据引入不同的RPC支持包，获取不同的RPC参数加载器
        parameterLoader = Optional.ofNullable(ExtensionLoaderFactory.
load(RpcParameterLoader.class)).orElse(new LocalParameterLoader());
    }

    static {
//注册不同模式的事务处理器，使用SPI加载不同的事务处理器
        REGISTRY.put(TransTypeEnum.TCC, ExtensionLoaderFactory.load(HmilyTransac
            tionHandlerRegistry.class, "tcc"));
        REGISTRY.put(TransTypeEnum.TAC, ExtensionLoaderFactory.load(HmilyTransac
            tionHandlerRegistry.class, "tac"));
        REGISTRY.put(TransTypeEnum.XA, ExtensionLoaderFactory.load(HmilyTransact
            ionHandlerRegistry.class, "xa"));
    }

    @Override
    public Object invoke(final ProceedingJoinPoint pjp) throws Throwable {
        HmilyTransactionContext context = parameterLoader.load();
        return invokeWithinTransaction(context, pjp);
    }

    private Object invokeWithinTransaction(final HmilyTransactionContext context,
        final ProceedingJoinPoint point) throws Throwable {
        MethodSignature signature = (MethodSignature) point.getSignature();
//获取事务处理器，进行事务处理
        return getRegistry(signature.getMethod()).select(context).handleTransaction
            (point, context);
    }

    private HmilyTransactionHandlerRegistry getRegistry(final Method method) {
        if (method.isAnnotationPresent(HmilyTCC.class)) {
            return REGISTRY.get(TransTypeEnum.TCC);
        } else if (method.isAnnotationPresent(HmilyTAC.class)) {
            return REGISTRY.get(TransTypeEnum.TAC);
        } else if (method.isAnnotationPresent(HmilyXA.class)) {
            return REGISTRY.get(TransTypeEnum.XA);
        } else {
            return REGISTRY.get(TransTypeEnum.TAC);
        }
        //  return null != method.getAnnotation(HmilyTCC.class) ? REGISTRY.
              get(TransTypeEnum.TCC) : REGISTRY.get(TransTypeEnum.TAC);
    }
```

因为使用的是 Spring Cloud，所以代码会进入 org.dromara.hmily.springcloud.parameter.SpringCloudParameterLoader，源码如下所示。

```
@HmilySPI(value = "springCloud")
public class SpringCloudParameterLoader implements RpcParameterLoader {
```

```
    private static final Logger LOGGER =LoggerFactory.getLogger(SpringCloudParam
        eterLoader.class);

    @Override
    public HmilyTransactionContext load() {
        HmilyTransactionContext hmilyTransactionContext = null;
        try {
            final RequestAttributes requestAttributes = RequestContextHolder.current
                RequestAttributes();
            hmilyTransactionContext = RpcMediator.getInstance().acquire(key ->
 ((ServletRequestAttributes) requestAttributes).getRequest().getHeader(key));
        } catch (IllegalStateException ex) {
            LogUtil.warn(LOGGER, () -> "can not acquire request info:" +
 ex.getLocalizedMessage());
        }
        return hmilyTransactionContext;
    }
}
```

上述代码是从 header 中获取 key 为 _HMILY_TRANSACTION_CONTEXT 的值。很明显，第一次进入的时候，返回的是 null。

接下来，分析 getRegistry(signature.getMethod()).select(context).handleTransaction(point, context) 方法。因为这里使用的是 @HmilyTCC 注解，所以代码会进入 org.dromara.hmily.tcc.handler.HmilyTccTransactionHandlerRegistry，源码如下所示。

```
@HmilySPI("tcc")
public class HmilyTccTransactionHandlerRegistry
extends AbstractHmilyTransactionHandlerRegistry {

    @Override
    public void register() {
//注册了不同角色的事务处理器
        getHandlers().put(HmilyRoleEnum.START, new StarterHmilyTccTransactionHan
            dler());
        getHandlers().put(HmilyRoleEnum.PARTICIPANT,
new ParticipantHmilyTccTransactionHandler());
        getHandlers().put(HmilyRoleEnum.CONSUMER,
new ConsumeHmilyTccTransactionHandler());
        getHandlers().put(HmilyRoleEnum.LOCAL, new LocalHmilyTccTransactionHandl
            er());
    }
}
```

接下来，分析抽象的父类 AbstractHmilyTransactionHandlerRegistry，select() 方法代码如下所示。

```
public abstract class AbstractHmilyTransactionHandlerRegistry
implements HmilyTransactionHandlerRegistry {

    @Getter
    private final Map<HmilyRoleEnum, HmilyTransactionHandler> handlers =
```

```
new EnumMap<>(HmilyRoleEnum.class);

    public AbstractHmilyTransactionHandlerRegistry() {
        register();
    }

    protected abstract void register();

    @Override
    public HmilyTransactionHandler select(final HmilyTransactionContext context) {
        if (Objects.isNull(context)) {
//如果事务上下文为空，返回的是发起者处理器
            return getHandler(HmilyRoleEnum.START);
        } else {
            if (context.getRole() == HmilyRoleEnum.LOCAL.getCode()) {
                return getHandler(HmilyRoleEnum.LOCAL);
            } else if (context.getRole() == HmilyRoleEnum.PARTICIPANT.getCode()
                    || context.getRole() == HmilyRoleEnum.START.getCode()) {
                return getHandler(HmilyRoleEnum.PARTICIPANT);
            }
            return getHandler(HmilyRoleEnum.CONSUMER);
        }
    }
    private HmilyTransactionHandler getHandler(final HmilyRoleEnum role) {
        Preconditions.checkState(handlers.containsKey(role));
        return handlers.get(role);
    }
```

上述代码就是根据 hmily 事务上下文中，不同的角色获取的不同的事务处理器，这里由于事务上下文为 null，所以返回的是 org.dromara.hmily.tcc.handler.StarterHmilyTccTransactionHandler。看一下它的 handleTransaction() 方法，源码如下所示。

```
@Override
public Object handleTransaction(final ProceedingJoinPoint point,
final HmilyTransactionContext context)
        throws Throwable {
    Object returnValue;
//metrics信息记录
    MetricsReporter.counterIncrement(LabelNames.TRANSACTION_TOTAL,
new String[]{TransTypeEnum.TCC.name()});
    LocalDateTime starterTime = LocalDateTime.now();
    try {
//执行preTry()方法，最为重要
        HmilyTransaction hmilyTransaction = executor.preTry(point);
        try {
            //执行切面进入点的原始Try方法，也就是上文中提到的makePayment方法
            returnValue = point.proceed();
//Try执行成功事务日志状态
            hmilyTransaction.setStatus(HmilyActionEnum.TRYING.getCode());
            executor.updateStartStatus(hmilyTransaction);
        } catch (Throwable throwable) {
            //如果出现异常，异步执行Cancel方法
```

```
                final HmilyTransaction currentTransaction = HmilyTransactionHolder.
                    getInstance().getCurrentTransaction();
                disruptor.getProvider().onData(() -> {
                    MetricsReporter.counterIncrement(LabelNames.TRANSACTION_STATUS,
                        new String[]{TransTypeEnum.TCC.name(), HmilyRoleEnum.START.
                        name(), HmilyActionEnum.CANCELING.name()});
                    executor.globalCancel(currentTransaction);
                });
                throw throwable;
            }
            //Try方法执行成功，执行Confirm方法
            final HmilyTransaction currentTransaction = HmilyTransactionHolder.
                getInstance().getCurrentTransaction();
            disruptor.getProvider().onData(() -> {
                MetricsReporter.counterIncrement(LabelNames.TRANSACTION_STATUS,new
                    String[]{TransTypeEnum.TCC.name(),HmilyRoleEnum.START.name(), Hmily
                    ActionEnum.CONFIRMING.name()});
                executor.globalConfirm(currentTransaction);
            });
        } finally {
//清理资源与缓存
            HmilyContextHolder.remove();
            executor.remove();
//记录调用耗时
            MetricsReporter.recordTime(LabelNames.TRANSACTION_LATENCY,
starterTime.until(LocalDateTime.now(), ChronoUnit.MILLIS));
        }
        return returnValue;
    }
```

整理流程已经给了注释，重点来看一下 executor.preTry(point) 方法。它是在 Try 方法执行之前需要做的事情，源码如下所示。

```
public HmilyTransaction preTry(final ProceedingJoinPoint point) {
    LogUtil.debug(LOGGER, () -> "......hmily tcc transaction starter....");
    //创建主事务
    HmilyTransaction hmilyTransaction = createHmilyTransaction();
    //进行存储
    HmilyRepositoryStorage.createHmilyTransaction(hmilyTransaction);
    //构建事务参与者（分支事务）
    HmilyParticipant hmilyParticipant = buildHmilyParticipant(point, null, null,
        HmilyRoleEnum.START.getCode(), hmilyTransaction.getTransId());
    //存储事务参与者
    HmilyRepositoryStorage.createHmilyParticipant(hmilyParticipant);
    hmilyTransaction.registerParticipant(hmilyParticipant);
    //缓存事务
    HmilyTransactionHolder.getInstance().set(hmilyTransaction);
    //创建事务上下文
    HmilyTransactionContext context = new HmilyTransactionContext();
    context.setAction(HmilyActionEnum.TRYING.getCode());
    context.setTransId(hmilyTransaction.getTransId());
    context.setRole(HmilyRoleEnum.START.getCode());
```

```
        context.setTransType(TransTypeEnum.TCC.name());
        //设置事务上下文
        HmilyContextHolder.set(context);
        return hmilyTransaction;
    }
```

上述代码首先创建了主事务进行存储，然后解析了 @HmilyTCC 注解、构建了分支事务进行存储，接着构建事务上下文，使用 HmilyContextHolder 设置事务上下文。接下来，重点分析事务日志的存储以及事务上下文的传递。

继续分析构建事务日志的方法 BuildHmilyParticipant()，代码如下所示。

```
private HmilyParticipant buildHmilyParticipant(final ProceedingJoinPoint point,
    final Long participantId, final Long participantRefId, final int role, final
    Long transId) {
    MethodSignature signature = (MethodSignature) point.getSignature();
    Method method = signature.getMethod();
    Object[] args = point.getArgs();
    final HmilyTCC hmilyTCC = method.getAnnotation(HmilyTCC.class);
    String confirmMethodName = hmilyTCC.confirmMethod();
    String cancelMethodName = hmilyTCC.cancelMethod();
    if (StringUtils.isBlank(confirmMethodName) || StringUtils.isBlank(cancel
        MethodName)) {
        return null;
    }
    HmilyParticipant hmilyParticipant = new HmilyParticipant();
    if (null == participantId) {
        hmilyParticipant.setParticipantId(IdWorkerUtils.getInstance().create
            UUID());
    } else {
        hmilyParticipant.setParticipantId(participantId);
    }
    if (null != participantRefId) {
        hmilyParticipant.setParticipantRefId(participantRefId);
    }
    Class<?> clazz = point.getTarget().getClass();
    hmilyParticipant.setTransId(transId);
    hmilyParticipant.setTransType(TransTypeEnum.TCC.name());
    hmilyParticipant.setStatus(HmilyActionEnum.PRE_TRY.getCode());
    hmilyParticipant.setRole(role);
    hmilyParticipant.setTargetClass(clazz.getName());
    hmilyParticipant.setTargetMethod(method.getName());
    if (StringUtils.isNoneBlank(confirmMethodName)) {
        hmilyParticipant.setConfirmMethod(confirmMethodName);
        HmilyInvocation confirmInvocation = new HmilyInvocation(clazz.
            getInterfaces()[0], method.getName(), method.getParameterTypes(),
            args);
        hmilyParticipant.setConfirmHmilyInvocation(confirmInvocation);
    }
    if (StringUtils.isNoneBlank(cancelMethodName)) {
        hmilyParticipant.setCancelMethod(cancelMethodName);
        HmilyInvocation cancelInvocation = new HmilyInvocation(clazz.getInterfaces()
```

```
            [0], method.getName(), method.getParameterTypes(), args);
        hmilyParticipant.setCancelHmilyInvocation(cancelInvocation);
    }
    return hmilyParticipant;
}
```

其中的关键是构建HmilyInvocation对象，该对象需要进行序列化存储，在后续Confirm和Cancel阶段调用流程中会使用到HmilyInvocation对象。

存储事务日志，根据配置hmily.config. asyncRepository可以使用同步还是异步的方式来存储，核心代码如下所示。

```
private void push(final HmilyRepositoryEvent event) {
    if (Objects.nonNull(hmilyConfig) && hmilyConfig.isAsyncRepository()) {
//异步模式使用disruptor事件机制
        disruptor.getProvider().onData(event);
    } else {
//同步模式直接存储
        HmilyRepositoryEventDispatcher.getInstance().doDispatch(event);
    }
}
```

这里重点分析异步存储。根据disruptor事件机制，进入org.dromara.hmily.core.disruptor.handler.HmilyRepositoryEventConsumer，代码如下所示。

```
public class HmilyRepositoryEventConsumer
implements HmilyDisruptorConsumer<HmilyRepositoryEvent> {

    private ConsistentHashSelector executor;

    public HmilyRepositoryEventConsumer(final ConsistentHashSelector executor) {
        this.executor = executor;
    }

    @Override
    public String fixName() {
        return "HmilyRepositoryEventConsumer";
    }

    @Override
    public void execute(final HmilyRepositoryEvent event) {
        Long transId = event.getTransId();
//根据事务id一致性哈希算法，同一个事务id，会被同一线程顺序执行，这点很重要
        executor.select(String.valueOf(transId)).execute(() -> {
            HmilyRepositoryEventDispatcher.getInstance().doDispatch(event);
            event.clear();
        });

    }
}
```

根据事务 id 一致性哈希算法，同一个事务 id 会被同一线程顺序执行，在异步场景下，保证了数据的正确性，如果不是这样，可能会因为先执行了更新操作，再执行插入操作，或者先执行了删除操作，后执行了更新等操作。

事务上下文传递时，调用 HmilyContextHolder.set(context)，代码如下所示。

```
public class HmilyContextHolder {

    private static HmilyContext hmilyContext;

    static {
        HmilyConfig hmilyConfig = ConfigEnv.getInstance().getConfig(HmilyConfig.
            class);
        if (Objects.isNull(hmilyConfig)) {
            hmilyContext = new ThreadLocalHmilyContext();
        } else {
//根据SPI加载hmily.config.contextTransmittalMode配置属性，默认是ThreadLocal模式
            hmilyContext = Optional.ofNullable(ExtensionLoaderFactory.
                load(HmilyContext.class, hmilyConfig.getContextTransmittalMode())).
                orElse(new ThreadLocalHmilyContext());
        }
    }

    public static void set(final HmilyTransactionContext context) {
        hmilyContext.set(context);
    }

    public static HmilyTransactionContext get() {
        return hmilyContext.get();
    }

    public static void remove() {
        hmilyContext.remove();
    }
}
```

使用 HmilyContext 设置事务上下文有两种模式，一种是 ThreadLocal 模式（默认），另一种是 TransmittableThreadLocal，这是阿里提供的跨线程 ThreadLocal 的实现。

preTry() 方法我们已经分析完成，接下来分析 point.proceed() 方法，这是 Try 阶段执行的方法。当执行 point.proceed() 方法的时候，就会进入 makePayment() 方法。

```
@Override
@HmilyTCC(confirmMethod = "confirmOrderStatus", cancelMethod =
    "cancelOrderStatus")
    public void makePayment(Order order) {
    //更新本地数据库订单状态
    updateOrderStatus(order, OrderStatusEnum.PAYING);
    //RPC调用付款服务
    accountClient.payment(buildAccountDTO(order));
    //RPC调用扣减库存服务
```

```
        inventoryClient.decrease(buildInventoryDTO(order));
    }
```

这里强调一下，Try 阶段一般是预留资源，Confirm 阶段是对 Try 阶段方法的确认，Cancel 阶段是对 Try 阶段方法的回滚。

上述方法的流程为更新订单状态，然后发起付款服务以及库存服务的调用，首先来看下扣款服务这个接口的声明。

```
@FeignClient(value = "account-service")
public interface AccountClient {

    /**
     * 用户账户付款.
     *
     * @param accountDO 实体类
     * @return true 成功
     */
    @RequestMapping("/account-service/account/payment")
    @Hmily
    Boolean payment(@RequestBody AccountDTO accountDO);
}
```

上述代码添加了 Hmily 注解，表明使用了 Hmily 分布式事务框架。由于它依赖了 hmily-springcloud jar 包，这是 Hmily 框架对 Spring Cloud 的支持 JAR 包，在初始化的时候，会进行 Spring Cloud 支持的相关初始化，代码如下所示。

```
@Configuration
public class HmilyFeignConfiguration {

    @Bean
    @Qualifier("hmilyFeignInterceptor")
    public RequestInterceptor hmilyFeignInterceptor() {
        return new HmilyFeignInterceptor();
    }

    @Bean
    public HmilyFeignBeanPostProcessor feignPostProcessor() {
        return new HmilyFeignBeanPostProcessor();
    }

    @Bean
    @ConditionalOnProperty(name = "feign.hystrix.enabled")
    public HystrixConcurrencyStrategy hmilyHystrixConcurrencyStrategy() {
        return new HmilyHystrixConcurrencyStrategy();
    }
}
```

上述代码主要初始化了 3 个重要的 Bean 实例，并加载到 Spring 的 IOC 容器中。

1）HmilyFeignInterceptor：对 RPC 调用进行参数的传递。

2）HmilyFeignBeanPostProcessor：对添加了 Hmily 注解的 Bean 实例进行代理。

3）HmilyHystrixConcurrencyStrategy：处理 hystrix 跨线程传递参数问题。

当进行扣款服务时，就会进入 HmilyFeignHandler，源码如下所示。

```
public class HmilyFeignHandler implements InvocationHandler {

private static final Logger LOGGER = LoggerFactory.getLogger(HmilyFeignHandler.
    class);

private InvocationHandler delegate;

@Override
public Object invoke(final Object proxy, final Method method, final Object[]
    args)
throws Throwable {
    if (Object.class.equals(method.getDeclaringClass())) {
        return method.invoke(this, args);
    } else {
        //获取事务上下文
        final HmilyTransactionContext context = HmilyContextHolder.get();
        if (Objects.isNull(context)) {
        //如果为空，进行正常调用
            return this.delegate.invoke(proxy, method, args);
        }
        //调用方法上是否含有Hmily注解
        final Hmily hmily = method.getAnnotation(Hmily.class);
        if (Objects.isNull(hmily)) {
            return this.delegate.invoke(proxy, method, args);
        }
        try {
        //构建参与者对象，进行缓存
            Long participantId = context.getParticipantId();
            final HmilyParticipant hmilyParticipant = buildParticipant(method,
                args, context);
            Optional.ofNullable(hmilyParticipant).ifPresent(participant ->
        context.setParticipantId(participant.getParticipantId()));
            if (context.getRole() == HmilyRoleEnum.PARTICIPANT.getCode()) {
                context.setParticipantRefId(participantId);
            }
            //发起真正的调用
            final Object invoke = delegate.invoke(proxy, method, args);
            //如果成功调用，缓存参与者对象至发起者
            if (context.getRole() == HmilyRoleEnum.PARTICIPANT.getCode()) {
   HmilyTransactionHolder.getInstance().registerParticipantByNested(participantId,
        hmilyParticipant);
            } else {
 HmilyTransactionHolder.getInstance().registerStarterParticipant(hmilyParticipant);
            }
            return invoke;
        } catch (Throwable e) {
            LOGGER.error("HmilyFeignHandler invoker exception :", e);
            throw e;
```

```
            }
        }
    }

    private HmilyParticipant buildParticipant(final Method method, final Object[] args,
        final HmilyTransactionContext context) {
        if (HmilyActionEnum.TRYING.getCode() != context.getAction()) {
            return null;
        }
        HmilyParticipant hmilyParticipant = new HmilyParticipant();
        hmilyParticipant.setParticipantId(IdWorkerUtils.getInstance().createUUID());
        hmilyParticipant.setTransId(context.getTransId());
        hmilyParticipant.setTransType(context.getTransType());
        final Class<?> declaringClass = method.getDeclaringClass();
        HmilyInvocation hmilyInvocation = new HmilyInvocation(declaringClass, method.
            getName(), method.getParameterTypes(), args);
        hmilyParticipant.setConfirmHmilyInvocation(hmilyInvocation);
        hmilyParticipant.setCancelHmilyInvocation(hmilyInvocation);
        return hmilyParticipant;
    }

    void setDelegate(final InvocationHandler delegate) {
        this.delegate = delegate;
    }
```

当我们真正调用 final Object invoke = delegate.invoke(proxy, method, args) 这行代码时，包括如下两个步骤。

第一步：进入 HmilyFeignInterceptor，作用是在 header 里面设置事务上下文，源码如下所示。

```
public class HmilyFeignInterceptor implements RequestInterceptor {

    @Override
    public void apply(final RequestTemplate requestTemplate) {
        RpcMediator.getInstance().transmit(requestTemplate::header, HmilyContext
            Holder.get());
    }
}
```

第二步：进入 Spring Cloud 的服务端口，也就是 hmily-demo-tcc-springcloud-account/AccountServiceImpl/payment 方法，源码如下所示。

```
@Override
@HmilyTCC(confirmMethod = "confirm", cancelMethod = "cancel")
public boolean payment(final AccountDTO accountDTO) {
    LOGGER.info("============执行try付款接口===============");
    accountMapper.update(accountDTO);
    return Boolean.TRUE;
}
```

根据上述分析可知，payment() 方法上添加了 @HmilyTCC 注解，首先会进入切面，随后会进入 HmilyGlobalInterceptor。因为在 header 里面设置了事务上下文，所以 SpringCloud ParameterLoader 的 loader() 方法能够获取到事务上下文，根据事务上下文的角色，最后会进入 org.dromara.hmily.tcc.handler.ParticipantHmilyTccTransactionHandler.handleTransaction() 方法，源码如下所示。

```
public class ParticipantHmilyTccTransactionHandler implements HmilyTransaction
    Handler {

    private final HmilyTccTransactionExecutor executor =HmilyTccTransactionExecutor.
        getInstance();

    static {
        //注册事务角色类型metrics指标
        MetricsReporter.registerCounter(LabelNames.TRANSACTION_STATUS, new String[]
            {"type", "role", "status"}, "collect hmily transaction count");
    }

    @Override
    public Object handleTransaction(final ProceedingJoinPoint point,
    final HmilyTransactionContext context) throws Throwable {
        HmilyParticipant hmilyParticipant = null;
        switch (HmilyActionEnum.acquireByCode(context.getAction())) {
            case TRYING:
                try {
                    //执行preTry方法
                    hmilyParticipant = executor.preTryParticipant(context, point);
                    //真正地执行业务方法
                    final Object proceed = point.proceed();
                    //更新事务状态
                    hmilyParticipant.setStatus(HmilyActionEnum.TRYING.getCode());
                    HmilyRepositoryStorage.updateHmilyParticipantStatus(hmilyPar
                        ticipant);
                    //返回
                    return proceed;
                } catch (Throwable throwable) {
                    if (Objects.nonNull(hmilyParticipant)) {
                        HmilyParticipantCacheManager.getInstance().
                        removeByKey(hmilyParticipant.getParticipantId());
                    }
                    //删除参与者
                    HmilyRepositoryStorage.removeHmilyParticipant(hmilyParticipant);
                        throw throwable;
                } finally {
                    HmilyContextHolder.remove();
                }
            case CONFIRMING:
                MetricsReporter.counterIncrement(LabelNames.TRANSACTION_STATUS,
                    new String[]{TransTypeEnum.TCC.name(),
                HmilyRoleEnum.PARTICIPANT.name(), HmilyActionEnum.CONFIRMING.
                    name()});
```

```
                List<HmilyParticipant> confirmList =  HmilyParticipantCacheManager.
                    getInstance().get(context.getParticipantId());
                return executor.participantConfirm(confirmList, context.getPartici
                    pantId());
            case CANCELING:
                MetricsReporter.counterIncrement(LabelNames.TRANSACTION_STATUS,
                    new String[]{TransTypeEnum.TCC.name(), HmilyRoleEnum.PARTICI
                    PANT.name(), HmilyActionEnum.CANCELING.name()});
                List<HmilyParticipant> cancelList =
                HmilyParticipantCacheManager.getInstance().get(context.getPartici
                    pantId());
                return executor.participantCancel(cancelList, context.getPartici
                    pantId());
            default:
                break;
        }
        //返回
        Method method = ((MethodSignature) (point.getSignature())).getMethod();
        return DefaultValueUtils.getDefaultValue(method.getReturnType());
}
```

接下来，重点分析 executor.preTryParticipant(context, point) 方法，源码如下所示。

```
public HmilyParticipant preTryParticipant(final HmilyTransactionContext context,
    final ProceedingJoinPoint point) {LogUtil.debug(LOGGER, "participant hmily
    tcc transaction start..: {}", context::toString);
    //构建参与者
    final HmilyParticipant hmilyParticipant = buildHmilyParticipant(point,
        context.getParticipantId(), context.getParticipantRefId(), HmilyRoleEnum.
        PARTICIPANT.getCode(), context.getTransId());
    //缓存参与者到本地
    HmilyTransactionHolder.getInstance().cacheHmilyParticipant(hmilyParticipant);
    //存储参与者
    HmilyRepositoryStorage.createHmilyParticipant(hmilyParticipant);
    //设置角色
    context.setRole(HmilyRoleEnum.PARTICIPANT.getCode());
    //设置事务上下文，支持且套调用
    HmilyContextHolder.set(context);
    return hmilyParticipant;
}
```

然后执行代码 final Object proceed = point.proceed()，并执行 hmily-demo-tcc-springcloud-account/AccountServiceImpl/payment() 方法，最终执行 payment() 方法中的资源预留方法 accountMapper.update(accountDTO)，代码如下。

```
@Update("update account set balance = balance - #{amount}," +
        " freeze_amount= freeze_amount + #{amount} ,update_time = now()" +
        " where user_id =#{userId}  and  balance >= #{amount}  ")
int update(AccountDTO accountDTO);
```

执行库存服务调用的流程和执行账户调用的流程一样，这里就不再多做描述了。到这里，整个 Try 流程已经执行完成。13.3.2 节进行 Confirm 流程源码解析。

13.3.2　Confirm 流程源码解析

对于 Hmily 框架来说，所有的 Confirm 流程都是由分布式事务发起方调用的，具体对应的类为 org.dromara.hmily.tcc.handler.StarterHmilyTccTransactionHandler，核心代码如下所示。

```
public class StarterHmilyTccTransactionHandler implements HmilyTransactionHandler,
    AutoCloseable {

    //省略部分代码

    @Override
    public Object handleTransaction(final ProceedingJoinPoint point, final Hmily
        TransactionContext context)
            throws Throwable {
        try {
            HmilyTransaction hmilyTransaction = executor.preTry(point);
            try {
                returnValue = point.proceed();
                hmilyTransaction.setStatus(HmilyActionEnum.TRYING.getCode());
                executor.updateStartStatus(hmilyTransaction);
            } catch (Throwable throwable) {
             //省略部分代码
            }
            final HmilyTransaction currentTransaction = HmilyTransactionHolder.
                getInstance().getCurrentTransaction();
            disruptor.getProvider().onData(() -> {
            //执行Confirm方法
                executor.globalConfirm(currentTransaction);
            });
        } finally {
            HmilyContextHolder.remove();
            executor.remove();
            MetricsReporter.recordTime(LabelNames.TRANSACTION_LATENCY, starter
                Time.until(LocalDateTime.now(), ChronoUnit.MILLIS));
        }
        return returnValue;
    }

}
```

在所有的 Try 流程执行完成，且没有异常的情况下，使用 disruptor 队列异步执行 executor.globalConfirm(currentTransaction)，源码如下所示。

```
public void globalConfirm(final HmilyTransaction currentTransaction)
throws HmilyRuntimeException {
    LogUtil.debug(LOGGER, () -> "hmily transaction confirm .......! start");
    if (Objects.isNull(currentTransaction) ||
 CollectionUtils.isEmpty(currentTransaction.getHmilyParticipants())) {
```

```
            return;
        }
        currentTransaction.setStatus(HmilyActionEnum.CONFIRMING.getCode());
    //更新事务状态为confirm
        HmilyRepositoryStorage.updateHmilyTransactionStatus(currentTransaction);
    //从本地缓存里面获取所有的参与者对象
        final List<HmilyParticipant> hmilyParticipants = currentTransaction.
           getHmilyParticipants();
        List<Boolean> successList = new ArrayList<>();
        for (HmilyParticipant hmilyParticipant : hmilyParticipants) {
            try {
    //如果参与者的角色是发起者，类似order模块，order模块既是事务的发起者也是事务的参与者
                if (hmilyParticipant.getRole() == HmilyRoleEnum.START.getCode()) {
    //执行本地调用
                    HmilyReflector.executor(HmilyActionEnum.CONFIRMING, Executor
                        TypeEnum.LOCAL, hmilyParticipant);
                    HmilyRepositoryStorage.removeHmilyParticipant(hmilyParticipant);
                } else {
    //进行RPC调用
                    HmilyReflector.executor(HmilyActionEnum.CONFIRMING, Executor
                        TypeEnum.RPC, hmilyParticipant);
                }
                successList.add(true);
            } catch (Throwable e) {
                successList.add(false);
                LOGGER.error("HmilyParticipant confirm exception param:{} ", hmily
                    Participant.toString(), e);
            } finally {
                HmilyContextHolder.remove();
            }
        }
        if (successList.stream().allMatch(e -> e)) {
            // 如果每个参与者都执行成功，删除主事务
            HmilyRepositoryStorage.removeHmilyTransaction(currentTransaction);
        }
    }
```

这里，重点分析HmilyReflector.executor方法，它是执行调用的核心，源码如下所示。

```
public static Object executor(final HmilyActionEnum action, final ExecutorTypeEnum
    executorType, final HmilyParticipant hmilyParticipant) throws Exception {
    if (executorType == ExecutorTypeEnum.RPC && hmilyParticipant.getRole() !=
        HmilyRoleEnum.START.getCode()) {
        setContext(action, hmilyParticipant);
        if (action == HmilyActionEnum.CONFIRMING) {
            return executeRpc(hmilyParticipant.getConfirmHmilyInvocation());
        } else {
            return executeRpc(hmilyParticipant.getCancelHmilyInvocation());
        }
    } else {
        if (action == HmilyActionEnum.CONFIRMING) {
            return executeLocal(hmilyParticipant.getConfirmHmilyInvocation(), hmily
                Participant.getTargetClass(), hmilyParticipant.getConfirmMethod());
```

```
        } else {
            return executeLocal(hmilyParticipant.getConfirmHmilyInvocation(), hmily
                Participant.getTargetClass(), hmilyParticipant.getCancelMethod());
        }
    }
}
```

分析 executeRpc() 方法与 executeLocal() 方法的差异，如下所示。

```
public static Object executor(final HmilyActionEnum action, final ExecutorTypeEnum
    executorType, final HmilyParticipant hmilyParticipant) throws Exception {
//设置事务上下文
    setContext(action, hmilyParticipant);
    if (executorType == ExecutorTypeEnum.RPC && hmilyParticipant.getRole() != Hmily
        RoleEnum.START.getCode()) {
        if (action == HmilyActionEnum.CONFIRMING) {
//如果是confirm状态，执行confirm方法
            return executeRpc(hmilyParticipant.getConfirmHmilyInvocation());
        } else {
//执行Cancel方法
            return executeRpc(hmilyParticipant.getCancelHmilyInvocation());
        }
    } else {
        if (action == HmilyActionEnum.CONFIRMING) {
//执行本地反射调用
            return executeLocal(hmilyParticipant.getConfirmHmilyInvocation(), hmily
                Participant.getTargetClass(), hmilyParticipant.getConfirmMethod());
        } else {
            return executeLocal(hmilyParticipant.getCancelHmilyInvocation(), hmily
                Participant.getTargetClass(), hmilyParticipant.getCancelMethod());
        }
    }
}
```

executeLocal 执行发起者本地方法调用，类似执行 order 模块中 @HmilyTCC 注解的 Confirm 方法，代码如下所示。

```
private static Object executeLocal(final HmilyInvocation hmilyInvocation, final
    String className, final String methodName) throws Exception {
    if (Objects.isNull(hmilyInvocation)) {
        return null;
    }
    //获取class对象
    final Class<?> clazz = Class.forName(className);
    final Object[] args = hmilyInvocation.getArgs();
    final Class<?>[] parameterTypes = hmilyInvocation.getParameterTypes();
    final Object bean = SingletonHolder.INST.get(ObjectProvide.class).
       provide(clazz);
    //发起反射调用
    return MethodUtils.invokeMethod(bean, methodName, args, parameterTypes);
}
```

executeRpc 执行远程 RPC 调用，代码如下所示。

```
private static Object executeRpc(final HmilyInvocation hmilyInvocation) throws
    Exception {
    if (Objects.isNull(hmilyInvocation)) {
        return null;
    }
    final Class<?> clazz = hmilyInvocation.getTargetClass();
    final String method = hmilyInvocation.getMethodName();
    final Object[] args = hmilyInvocation.getArgs();
    final Class<?>[] parameterTypes = hmilyInvocation.getParameterTypes();
    //获取提供者对象，如果是Spring对象，则获取其bean实例，否则是反射获取对象
    final Object bean = SingletonHolder.INST.get(ObjectProvide.class).
        provide(clazz);
    //进行反射调用
    return MethodUtils.invokeMethod(bean, method, args, parameterTypes);
}
```

这里发起 RPC 调用的时候，其实还是发起对原方法的调用，只是之前设置事务上下文中的动作为 confirm，设置代码如下所示。

```
private static void setContext(final HmilyActionEnum action, final HmilyParticipant
    hmilyParticipant) {
    HmilyTransactionContext context = new HmilyTransactionContext();
    context.setAction(action.getCode());
    context.setTransId(hmilyParticipant.getTransId());
    context.setParticipantId(hmilyParticipant.getParticipantId());
    context.setRole(HmilyRoleEnum.START.getCode());
    context.setTransType(hmilyParticipant.getTransType());
    HmilyContextHolder.set(context);
}
```

因此当再次调用原来的 RPC 方法时，会进入 org.dromara.hmily.tcc.handler.ParticipantHmilyTccTransactionHandler 类的 handleTransaction 方法，此时事务执行动作为 confirm，执行以下代码。

```
public class ParticipantHmilyTccTransactionHandler implements HmilyTransaction
    Handler {

//省略部分代码

    @Override
    public Object handleTransaction(final ProceedingJoinPoint point, final Hmily
        TransactionContext context) throws Throwable {
        HmilyParticipant hmilyParticipant = null;
//省略部分代码
        switch (HmilyActionEnum.acquireByCode(context.getAction())) {
//省略部分代码
            case CONFIRMING:
//获取参与者
                List<HmilyParticipant> confirmList = HmilyParticipantCache
                    Manager.getInstance().get(context.getParticipantId());
//执行参与者Confirm方法
```

```
                return executor.participantConfirm(confirmList, context.get
                    ParticipantId());
            default:
                break;
        }
        Method method = ((MethodSignature) (point.getSignature())).getMethod();
        return DefaultValueUtils.getDefaultValue(method.getReturnType());
    }
}
```

这里重点关注 executor.participantConfirm(confirmList, context.getParticipantId()) 方法，代码如下所示。

```
public Object participantConfirm(final List<HmilyParticipant> hmilyParticipantList,
    final Long selfParticipantId) {
    if (CollectionUtils.isEmpty(hmilyParticipantList)) {
        return null;
    }
    List<Object> results = Lists.newArrayListWithCapacity(hmilyParticipantList.
        size());
    for (HmilyParticipant hmilyParticipant : hmilyParticipantList) {
        try {
            if (hmilyParticipant.getParticipantId().equals(selfParticipantId)) {
//本地反射执行
                final Object result = HmilyReflector.executor(HmilyActionEnum.
                    CONFIRMING, ExecutorTypeEnum.LOCAL, hmilyParticipant);
                results.add(result);
//删除本地参与者对象
                HmilyRepositoryStorage.removeHmilyParticipant(hmilyParticipant);
            } else {
                final Object result = HmilyReflector.executor(HmilyActionEnum.
                    CONFIRMING, ExecutorTypeEnum.RPC, hmilyParticipant);
                results.add(result);
            }
        } catch (Throwable throwable) {
            throw new HmilyRuntimeException(" hmilyParticipant execute confirm
                exception:" + hmilyParticipant.toString());
        } finally {
            HmilyContextHolder.remove();
        }
    }
//清空缓存
    HmilyParticipantCacheManager.getInstance().removeByKey(selfParticipantId);
    return results.get(0);
}
```

当执行参与者 Confirm 方法的时候，因为这个代码已经在参与者的提供方执行了，所以直接进行本地反射调用，如果成功就删除参与者对象，再清理缓存。

在 Confirm 阶段，如果前面的参与者提交成功了，后面有一个失败了怎么办？如果没有都提交成功，主事务日志不会删除，如果在 Confirm 阶段没有提交成功，则依赖定时任务进行事务恢复，再次提交。

13.3.3 Cancel 流程源码解析

对于 Hmily 框架来说，所有的 Cancel 流程都是分布式事务发起方发现在 Try 阶段有异常时调用的，具体对应的类为 org.dromara.hmily.tcc.handler.StarterHmilyTccTransactionHandler，核心代码如下所示。

```
public class StarterHmilyTccTransactionHandler implements
HmilyTransactionHandler, AutoCloseable {

    @Override
    public Object handleTransaction(final ProceedingJoinPoint point, final Hmily
        TransactionContext context)
            throws Throwable {
        try {
            HmilyTransaction hmilyTransaction = executor.preTry(point);
            try {
                returnValue = point.proceed();
                hmilyTransaction.setStatus(HmilyActionEnum.TRYING.getCode());
                executor.updateStartStatus(hmilyTransaction);
            } catch (Throwable throwable) {
                final HmilyTransaction currentTransaction = HmilyTransactionHolder.
                    getInstance().getCurrentTransaction();
                disruptor.getProvider().onData(() -> {
                    executor.globalCancel(currentTransaction);
                });
                throw throwable;
            }
          //省略部分代码

        } finally {
            HmilyContextHolder.remove();
            executor.remove();
            MetricsReporter.recordTime(LabelNames.TRANSACTION_LATENCY,
                starterTime.until(LocalDateTime.now(), ChronoUnit.MILLIS));
        }
        return returnValue;
    }
}
```

当 Try 阶段有异常的时候，使用 disruptro 队列执行 executor.globalCancel(currentTransaction) 方法，代码如下所示。

```
public void globalCancel(final HmilyTransaction currentTransaction) {
    LogUtil.debug(LOGGER, () -> "tcc cancel ..........start!");
    if (Objects.isNull(currentTransaction) ||
        CollectionUtils.isEmpty(currentTransaction.getHmilyParticipants())) {
        return;
```

```
    }
    currentTransaction.setStatus(HmilyActionEnum.CANCELING.getCode());
    //更新事务日志状态为cancel
HmilyRepositoryStorage.updateHmilyTransactionStatus(currentTransaction);
    final List<HmilyParticipant> hmilyParticipants = currentTransaction.
         getHmilyParticipants();
    for (HmilyParticipant hmilyParticipant : hmilyParticipants) {
        try {
            if (hmilyParticipant.getRole() == HmilyRoleEnum.START.getCode()) {
            //如果是发起者，执行本地调用
  HmilyReflector.executor(HmilyActionEnum.CANCELING, ExecutorTypeEnum.LOCAL,
      hmilyParticipant);
                HmilyRepositoryStorage.removeHmilyParticipant(hmilyParticipant);
            } else {
               //执行远端RPC调用
               HmilyReflector.executor(HmilyActionEnum.CANCELING, Executor
                   TypeEnum.RPC, hmilyParticipant);
            }
        } catch (Throwable e) {
            LOGGER.error("HmilyParticipant cancel exception :{}", hmilyParticipant.
                toString(), e);
        } finally {
            HmilyContextHolder.remove();
        }
    }
}
```

HmilyReflector.executor 执行模式同上述 Confirm 流程类似，唯一的区别是这里设置的执行动作为 cancel。因此当再次调用原来 RPC 方法时，会进入 org.dromara.hmily.tcc.handler.ParticipantHmilyTccTransactionHandler 类的 handleTransaction 方法，根据事务执行确定 Cancel 阶段执行的逻辑，代码如下。

```
public class ParticipantHmilyTccTransactionHandler implements HmilyTransaction
    Handler {
    //省略部分代码
@Override
    public Object handleTransaction(final ProceedingJoinPoint point,
final HmilyTransactionContext context) throws Throwable {
        HmilyParticipant hmilyParticipant = null;
        switch (HmilyActionEnum.acquireByCode(context.getAction())) {
            case CANCELING:
                List<HmilyParticipant> cancelList = HmilyParticipantCacheManager.
                    getInstance().get(context.getParticipantId());
                return executor.participantCancel(cancelList, context.getPartici
                    pantId());
            default:
                break;
        }
        Method method = ((MethodSignature) (point.getSignature())).getMethod();
        return DefaultValueUtils.getDefaultValue(method.getReturnType());
    }
}
```

这里重点关注 executor.participantCancel(confirmList, context.getParticipantId()) 方法，其代码如下所示。

```
public Object participantCancel(final List<HmilyParticipant> hmilyParticipants,
    final Long selfParticipantId) {
    LogUtil.debug(LOGGER, () -> "tcc cancel ..........start!");
    if (CollectionUtils.isEmpty(hmilyParticipants)) {
        return null;
    }
    HmilyParticipant selfHmilyParticipant = filterSelfHmilyParticipant(hmilyPart
        icipants);
    if (Objects.nonNull(selfHmilyParticipant)) {
        selfHmilyParticipant.setStatus(HmilyActionEnum.CANCELING.getCode());
        HmilyRepositoryStorage.updateHmilyParticipantStatus(selfHmilyParti
            cipant);
    }
    List<Object> results = Lists.newArrayListWithCapacity(hmilyParticipants.
        size());
    for (HmilyParticipant hmilyParticipant : hmilyParticipants) {
        try {
            if (hmilyParticipant.getParticipantId().equals(selfParticipantId)) {
//发起发射调用
final Object result =
HmilyReflector.executor(HmilyActionEnum.CANCELING, ExecutorTypeEnum.LOCAL, hmily
    Participant);
                results.add(result);
    //删除参与者
                HmilyRepositoryStorage.removeHmilyParticipant(hmilyParticipant);
            } else {
                final Object result =HmilyReflector.executor(HmilyActionEnum.
                    CANCELING, ExecutorTypeEnum.RPC, hmilyParticipant);
                results.add(result);
            }
        } catch (Throwable throwable) {
            throw new HmilyRuntimeException(" hmilyParticipant execute cancel
                exception:" + hmilyParticipant.toString());
        } finally {
            HmilyContextHolder.remove();
        }
    }
    HmilyParticipantCacheManager.getInstance().removeByKey(selfParticipantId);
    return results.get(0);
}
```

当执行参与者 Cancel 阶段的方法时，因为上述代码已经在参与者的提供方执行了，所以直接进行本地反射调用，如果调用成功就删除参与者对象，再清理缓存。

在循环里面执行回滚操作，如果前面的参与者回滚成功了，后面有一个失败了怎么办？如果没有都执行成功，主事务日志不会删除，如果在 Cancel 阶段没有执行成功，则依赖定时任务进行事务恢复，再次回滚。

13.4　Hmily 对 RPC 框架的支持

Hmily 对 RPC 框架的支持，其实是针对不同的 RPC 框架，对 RPC 调用拦截的封装、RPC 传参、负载均衡等关键特性。目前，Hmily 支持 Dubbo、BRPC、gRPC、Spring Cloud、Motan、Sofa-RPC 等国内外主流的 RPC 框架，对应的模块为 hmily-rpc。Hmily 提供的 SPI 扩展接口，用来屏蔽各 RPC 框架在参数传递的差异性，具体接口定义如下。

1）RpcParameterLoader：根据不同的 RPC 传参，获取 HmilyTransactionContext。接口定义如下所示。

```
public interface RpcParameterLoader {

    HmilyTransactionContext load();
}
```

2）RpcTransmit：RPC 参数传递接口，接口定义如下所示。

```
public interface RpcTransmit {

    void transmit(String key, String value);
}
```

3）RpcAcquire：RPC 参数获取接口，接口定义如下所示。

```
public interface RpcAcquire {

    String acquire(String key);
}
```

13.4.1　对 Dubbo 框架的支持

Dubbo 是阿里巴巴开源的 RPC 框架，后来被捐献给了 Apache 基金会。目前，Hmily 提供的 hmily-dubbo 模块是对 Alibaba-Dubbo 的扩展，hmily-apache-dubbo 是针对 Apache-Dubbo 的扩展，以支持分布式事务场景。Dubbo 支持的特性如下。

1）参数传递：Hmily 利用 Dubbo 框架的 Filter 特性，成功拦截到 Dubbo 的请求调用，并利用 RpcContext 进行 RPC 传递，核心代码如下所示。

```
@Activate(group = Constants.CONSUMER)
public class DubboHmilyTransactionFilter implements Filter {

    private static final Logger LOGGER =
LoggerFactory.getLogger(DubboHmilyTransactionFilter.class);

    @Override
    public Result invoke(final Invoker<?> invoker, final Invocation invocation)
        throws RpcException {
        final HmilyTransactionContext context = HmilyContextHolder.get();
//利用RpcTransmit的接口，封装Dubb的 RpcContext传参
```

```
        RpcMediator.getInstance().transmit(RpcContext.getContext()::setAttachment,
            context);
        final Result result = invoker.invoke(invocation);
        return result;
    }
```

2）参数获取：实现 RpcParameterLoader 接口，利用 RpcContext 进行获取，供 Hmily 框架使用，代码如下所示。

```
@HmilySPI(value = "dubbo")
public class DubboParameterLoader implements RpcParameterLoader {

    @Override
    public HmilyTransactionContext load() {
        return Optional.ofNullable(RpcMediator.getInstance().acquire(RpcContext.
            getContext()::getAttachment)).
orElse(HmilyContextHolder.get());
    }
}
```

3）负载均衡：扩展实现 Dubbo 的 LoadBalance 接口，主要目的是让 Try、Confirm、Cancel 的请求调用全部落到同一应用，使用缓存提高性能，核心代码如下所示。

```
public class HmilyLoadBalanceUtils {

    private static final Map<String, URL> URL_MAP = Maps.newConcurrentMap();

    public static <T> Invoker<T> doSelect(final Invoker<T> defaultInvoker, final
        List<Invoker<T>> invokers) {
        final HmilyTransactionContext hmilyTransactionContext = HmilyContextHolder.
            gct();
        if (Objects.isNull(hmilyTransactionContext)) {
            return defaultInvoker;
        }
        //在Try阶段，将调用请求存放到map里面，然后返回
        String key = defaultInvoker.getInterface().getName();
        if (hmilyTransactionContext.getAction() == HmilyActionEnum.TRYING.
             getCode()) {
            URL_MAP.put(key, defaultInvoker.getUrl());
            return defaultInvoker;
        }
        final URL orlUrl = URL_MAP.get(key);
        URL_MAP.remove(key);
        if (Objects.nonNull(orlUrl)) {
            for (Invoker<T> inv : invokers) {
//获取Try阶段的请求，进行匹配，然后返回
                if (Objects.equals(inv.getUrl(), orlUrl)) {
                   return inv;
                }
            }
        }
        return defaultInvoker;
```

```
        }
    }
```

13.4.2　对 Spring Cloud 框架的支持

Spring Cloud 是目前最流行的微服务 RPC 框架，提供了一整套组件，Hmily 提供了 hmily-springcloud 模块对其进行扩展，以支持分布式事务场景。Spring Cloud 支持的特性如下。

1）请求拦截：Hmily 针对 Spring Cloud 请求的调用，生成了 HmilyFeignHandler 对象进行拦截。生成代码如下所示。

```
public class HmilyFeignBeanPostProcessor implements BeanPostProcessor {

    @Override
    public Object postProcessBeforeInitialization(final Object bean, final String
        beanName) throws BeansException {
        return bean;
    }

    @Override
    public Object postProcessAfterInitialization(final Object bean, final String
        beanName) throws BeansException {
        if (!Proxy.isProxyClass(bean.getClass())) {
            return bean;
        }
        InvocationHandler handler = Proxy.getInvocationHandler(bean);
        final Method[] methods = ReflectionUtils.getAllDeclaredMethods(bean.
            getClass());
        for (Method method : methods) {
//注意：使用Feign接口调用Spring Cloud时，需要添加Hmily注解
            Hmily hmily = AnnotationUtils.findAnnotation(method, Hmily.class);
            if (Objects.nonNull(hmily)) {
                HmilyFeignHandler hmilyFeignHandler = new HmilyFeignHandler();
                hmilyFeignHandler.setDelegate(handler);
                Class<?> clazz = bean.getClass();
                Class<?>[] interfaces = clazz.getInterfaces();
                ClassLoader loader = clazz.getClassLoader();
                return Proxy.newProxyInstance(loader, interfaces, hmilyFeign
                    Handler);
            }
        }
        return bean;
    }
}
```

2）参数传递：Hmily 实现 Feign 的 RequestInterceptor 接口，进行 Header 传参，代码如下所示。

```
public class HmilyFeignInterceptor implements RequestInterceptor {
```

```
    @Override
    public void apply(final RequestTemplate requestTemplate) {
        RpcMediator.getInstance().transmit(requestTemplate::header, HmilyContext
            Holder.get());
    }
}
```

3）参数获取：实现 RpcParameterLoader 接口，利用 Spring 的 RequestContextHolder 获取 Header，供 Hmily 框架使用，代码如下所示。

```
@HmilySPI(value = "springCloud")
public class SpringCloudParameterLoader implements RpcParameterLoader {

    private static final Logger LOGGER = LoggerFactory.getLogger(SpringCloudPara
        meterLoader.class);

    @Override
    public HmilyTransactionContext load() {
        HmilyTransactionContext hmilyTransactionContext = null;
        try {
            final RequestAttributes requestAttributes = RequestContextHolder.
                currentRequestAttributes();
            hmilyTransactionContext = RpcMediator.getInstance().acquire(key ->
 ((ServletRequestAttributes) requestAttributes).getRequest().getHeader(key));
        } catch (IllegalStateException ex) {
            LogUtil.warn(LOGGER, () ->
"can not acquire request info:" + ex.getLocalizedMessage());
        }
        return hmilyTransactionContext;
    }
}
```

4）负载均衡：主要目的是让 Try、Confirm、Cancel 的请求调用全部落到同一应用，使用缓存提高性能。Hmily 继承 ZoneAvoidanceRule 实现了扩展，核心代码如下所示。

```
public class HmilyZoneAwareLoadBalancer extends ZoneAvoidanceRule {

    private static final Map<String, Server> SERVER_MAP = Maps.newConcurrentMap();

    public HmilyZoneAwareLoadBalancer() {
    }

    @Override
    public Server choose(final Object key) {
        List<Server> serverList = getLoadBalancer().getAllServers();
        if (null == serverList || serverList.isEmpty() || serverList.size() == 1)
            {
            return super.choose(key);
        }
        final Server server = super.choose(key);
        final HmilyTransactionContext hmilyTransactionContext = HmilyContext
            Holder.get();
```

```
        if (Objects.isNull(hmilyTransactionContext)) {
            return server;
        }
        //将Try阶段执行的应用放到缓存里面，然后直接返回
        if (hmilyTransactionContext.getAction() == HmilyActionEnum.TRYING.
            getCode()) {
            SERVER_MAP.put(server.getMetaInfo().getAppName(), server);
            return server;
        }
        final Server oldServer = SERVER_MAP.get(server.getMetaInfo().getAppName());
        SERVER_MAP.remove(server.getMetaInfo().getAppName());
        if (Objects.nonNull(oldServer)) {
            for (Server s : serverList) {
                //将所有的应用，与Try阶段存入的应用进行匹配，然后返回
                if (Objects.equals(s, oldServer)) {
                    return oldServer;
                }
            }
        }
        return server;
    }
}
```

5）Hystrix 使用线程池模型：Hmily 提供继承 HystrixConcurrencyStrategy 的方式来解决跨线程的问题，核心代码如下所示。

```
public class HmilyHystrixConcurrencyStrategy extends HystrixConcurrencyStrategy {

    @Override
    public <T> Callable<T> wrapCallable(final Callable<T> callable) {
        final HmilyTransactionContext hmilyTransactionContext = HmilyContextHolder.
             get();
        return () -> {
            HmilyContextHolder.set(hmilyTransactionContext);
            return delegate.wrapCallable(callable).call();
        };
    }
}
```

13.4.3　对 BRPC 框架的支持

BRPC 是由百度开源的 RPC 框架，目前已经在 Apache 基金会孵化。Hmily 提供了 hmily-brpc 模块，针对其 Java 客户端进行了扩展，以支持分布式事务场景。BRPC 支持的特性如下。

1）参数传递：Hmily 利用 BRPC 框架的 Interceptor 接口，拦截到 BRPC 的请求调用，并利用 BRPC 的 RpcContext 对象进行 RPC 传递，核心代码如下所示。

```
public class BrpcHmilyTransactionInterceptor extends AbstractInterceptor {

    @Override
```

```
    public void aroundProcess(final Request request, final Response response, final
        InterceptorChain chain) throws RpcException {
        RpcMediator.getInstance().transmit(RpcContext.getContext()::setRequestKv
            Attachment, context);
            chain.intercept(request, response);
    }
}
```

2）参数获取：实现 RpcParameterLoader 接口，利用 BRPC 的 RpcContext 对象进行获取，供 Hmily 框架使用，核心代码如下所示。

```
@HmilySPI(value = "brpc")
public class BrpcParameterLoader implements RpcParameterLoader {
    @Override
    public HmilyTransactionContext load() {
        return Optional.ofNullable(RpcMediator.getInstance().acquire(key -> {
        //获取对象
            Map<String, Object> attachment = RpcContext.getContext().getReque-
                stKvAttachment();
            if (attachment != null) {
                return String.valueOf(attachment.get(key));
            }
            return null;
        })).orElse(HmilyContextHolder.get());
    }
}
```

3）负载均衡：扩展实现 BRPC 的 LoadBalanceStrategy 接口，主要目的是让 Try、Confirm、Cancel 的请求调用全部路由到同一应用，使用缓存提高性能，核心代码如下所示。

```
public class HmilyLoadBalanceUtils {

    private static final Map<String, String> URL_MAP = Maps.newConcurrentMap();

    public static CommunicationClient doSelect(final CommunicationClient
        defaultClient, final List<CommunicationClient> instances) {
        final HmilyTransactionContext hmilyTransactionContext = HmilyContextHolder.
            get();
        if (Objects.isNull(hmilyTransactionContext)) {
            return defaultClient;
        }
        //将Try阶段调用的服务存入map
        String key = defaultClient.getCommunicationOptions().getClientName();
        if (hmilyTransactionContext.getAction() == HmilyActionEnum.TRYING.
            getCode()) {
            URL_MAP.put(key, defaultClient.getServiceInstance().getIp());
            return defaultClient;
        }
        final String ip = URL_MAP.get(key);
        URL_MAP.remove(key);
        if (Objects.nonNull(ip)) {
            for (CommunicationClient client : instances) {
```

```
            //所有的实例与Try阶段存入的实例进行匹配，然后返回
                    if (Objects.equals(client.getServiceInstance().getIp(), ip)) {
                        return client;
                    }
                }
            }
            return defaultClient;
        }
    }
```

13.4.4　对 Motan 框架的支持

Motan 是新浪微博开源的 RPC 框架。Hmily 提供了 hmily-motan 模块对其进行扩展，以支持分布式事务场景。Motan 支持的特性如下。

1）参数传递：Hmily 利用 Motan 框架的 Filter 接口，拦截 Motan 的请求调用，并利用 Motan 的 Request 对象进行 RPC 传递，核心代码如下所示。

```
@SpiMeta(name = "motanHmilyTransactionFilter")
@Activation(key = {MotanConstants.NODE_TYPE_REFERER})
public class MotanHmilyTransactionFilter implements Filter {

    @Override
    public Response filter(final Caller<?> caller, final Request request) {
        RpcMediator.getInstance().transmit(request::setAttachment, context);
        final Response response = caller.call(request);
        return response;
    }
}
```

2）参数获取：实现 RpcParameterLoader 接口，利用 Motan 的 Request 对象调用接口，供 Hmily 框架使用，核心代码如下所示。

```
@HmilySPI(value = "motan")
public class MotanParameterLoader implements RpcParameterLoader {

    @Override
    public HmilyTransactionContext load() {
        return Optional.ofNullable(RpcMediator.getInstance().acquire(key -> {
            final Request request = RpcContext.getContext().getRequest();
            return Optional.ofNullable(request).map(r -> {
                final Map<String, String> attachments = request.getAttachments();
                if (attachments != null && !attachments.isEmpty()) {
                    return attachments.get(key);
                }
                return null;
            }).orElse(null);
        })).orElse(HmilyContextHolder.get());
    }
}
```

3）负载均衡：扩展实现 Motan 的 LoadBalance 接口，主要目的是让 Try、Confirm、Cancel 的请求调用全部路由到同一应用，使用缓存提高性能，核心代码如下所示。

```
public class HmilyLoadBalanceUtils {

    private static final Map<String, URL> URL_MAP = Maps.newConcurrentMap();

    public static <T> Referer<T> doSelect(final Referer<T> defaultReferer, final
        List<Referer<T>> refererList) {
        final HmilyTransactionContext hmilyTransactionContext = HmilyContextHolder.
            get();
        if (Objects.isNull(hmilyTransactionContext)) {
            return defaultReferer;
        }
        String key = defaultReferer.getInterface().getName();
        if (hmilyTransactionContext.getAction() == HmilyActionEnum.TRYING.
            getCode()) {
            URL_MAP.put(key, defaultReferer.getUrl());
            return defaultReferer;
        }
        final URL orlUrl = URL_MAP.get(key);
        URL_MAP.remove(key);
        if (Objects.nonNull(orlUrl)) {
            for (Referer<T> inv : refererList) {
                if (Objects.equals(inv.getUrl(), orlUrl)) {
                    return inv;
                }
            }
        }
        return defaultReferer;
    }
}
```

13.4.5 对 gRPC 框架的支持

gRPC 是谷歌开源的 RPC 框架。Hmily 提供了 hmily-grpc 模块对其进行扩展，以支持分布式事务场景。gRPC 支持的特性如下。

1）参数传递：Hmily 利用 gRPC 框架的 ClientInterceptor 接口，拦截 gRPC 客户端请求调用，利用 gRPC 框架的 Metadata 对象进行 RPC 参数传递，核心代码如下所示。

```
public class GrpcHmilyTransactionFilter implements ClientInterceptor {

    @Override
    public <R, P> ClientCall<R, P> interceptCall(final MethodDescriptor<R, P>
        methodDescriptor, final CallOptions callOptions, final Channel channel) {
        final HmilyTransactionContext context = HmilyContextHolder.get();
        try {
            if (method != null) {
                return new ForwardingClientCall.SimpleForwardingClientCall<R,
                    P>(channel.newCall(methodDescriptor, callOptions)) {
```

```
                @Override
                public void start(final Listener<P> responseListener, final
                    Metadata headers) {
                    //设置Metadata里面的KV进行参数传递
                    RpcMediator.getInstance().transmit((key, value) -> headers.
                        put(GrpcHmilyContext.HMILY_META_DATA, value), context);
                    super.start(new ForwardingClientCallListener.SimpleForwa
                        rdingClientCallListener<P>(responseListener) {
                        public void onClose(final Status status, final Metadata
                            trailers) {
                            if (status.getCode().value() == Status.Code.OK.
                                value()) {
                                if (context.getRole() == HmilyRoleEnum.PARTI-
                                    CIPANT.getCode()) {
                                    HmilyTransactionHolder.getInstance().reg
                                        isterParticipantByNested(participant
                                        Id, hmilyParticipant);
                                } else {
                                    HmilyTransactionHolder.getInstance().reg
                                        isterStarterParticipant(hmilyPartici
                                        pant);
                                }
                            } else {
                                GrpcHmilyContext.getHmilyFailContext().
                                    set(true);
                            }
                            GrpcHmilyContext.removeAfterInvoke();
                            super.onClose(status, trailers);
                        } }, headers);
                }
            };
        }
    } catch (Exception e) {
        LOGGER.error("exception is {}", e.getMessage());
    }
    return channel.newCall(methodDescriptor, callOptions);
  }
}
```

2）参数获取：首先利用 ServerInterceptor 拦截器获取 Metadata 对象的 RPC 参数，并设置到 ThreadLocal 中，代码如下所示。

```
public class GrpcHmilyServerFilter implements ServerInterceptor {

    @Override
    public <R, P> ServerCall.Listener<R> interceptCall(final ServerCall<R,
        P> serverCall,final Metadata metadata, final ServerCallHandler<R, P>
        serverCallHandler) {
    GrpcHmilyContext.getHmilyContext().set(metadata.get(GrpcHmilyContext.HMILY_
        META_DATA));
        return serverCallHandler.startCall(new ForwardingServerCall.SimpleForwarding
            ServerCall<R, P>(serverCall) {
            @Override
```

```
            public void sendMessage(final P message) {
                GrpcHmilyContext.getHmilyContext().remove();
                super.sendMessage(message);
            }
        }, metadata);
    }
}
```

3）实现 RpcParameterLoader 接口，供 Hmily 框架获取，核心代码如下所示。

```
@HmilySPI(value = "grpc")
public class GrpcParameterLoader implements RpcParameterLoader {

    @Override
    public HmilyTransactionContext load() {
        return Optional.ofNullable(RpcMediator.getInstance().acquire(key -> GrpcHmily
            Context.getHmilyContext().get()))
            .orElse(HmilyContextHolder.get());
 }
}
```

13.4.6 对 Sofa-RPC 框架的支持

Sofa-RPC 是蚂蚁金服开源的 RPC 框架。Hmily 提供了 hmily-sofa-rpc 对其进行扩展，以支持分布式事务。Sofa-RPC 支持的特性如下。

1）参数传递：Hmily 利用 Sofa-RPC 框架的 Filter 抽象类，拦截 Sofa-RPC 的请求调用，并利用 Sofa-RPC 的 SofaRequest 对象进行 RPC 参数传递，核心代码如下所示。

```
@Extension(value = "hmilySofaRpcTransactionConsumer")
@AutoActive(consumerSide = true)
public class HmilySofaRpcTransactionConsumerFilter extends Filter {

    @Override
    @SneakyThrows
    public SofaResponse invoke(final FilterInvoker invoker, final SofaRequest
        sofaRequest) throws SofaRpcException
        RpcMediator.getInstance().transmit(sofaRequest::addRequestProp, context);
        final SofaResponse result = invoker.invoke(sofaRequest);
        return result;
    }
}
```

2）参数获取，分为两步。

首先在服务端利用 Filter 接口获取 SofaRequest 对象，再将客户端传过来的参数设置到 RpcInternalContext 里面，核心代码如下所示。

```
@Extension(value = "hmilySofaRpcTransactionProvider")
@AutoActive(providerSide = true)
public class HmilySofaRpcTransactionProviderFilter extends Filter {
```

```
    @Override
    public SofaResponse invoke(final FilterInvoker filterInvoker, final SofaRequest
        sofaRequest) throws SofaRpcException {
        RpcMediator.getInstance().getAndSet(sofaRequest::getRequestProp,
           RpcInternalContext.getContext()::setAttachment);
        return filterInvoker.invoke(sofaRequest);
    }
}
```

然后实现 RpcParameterLoader 接口，利用 RpcInternalContext 对象调用接口，供 Hmily 框架获取，核心代码如下所示。

```
@HmilySPI(value = "sofa-rpc")
public class SofaRpcParameterLoader implements RpcParameterLoader {

    @Override
    public HmilyTransactionContext load() {
        return Optional.ofNullable(RpcMediator.getInstance().acquire(key -> {
            Object context = RpcInternalContext.getContext().getAttachment(key);
            return Optional.ofNullable(context).map(String::valueOf).orElse("");
        })).orElse(HmilyContextHolder.get());
    }
}
```

3）负载均衡：扩展实现 Sofa-RPC 的 LoadBalance 接口，主要目的是让 Try、Confirm、Cancel 的请求调用全部路由到同一应用，使用缓存提高性能，核心代码如下所示。

```
public class HmilyLoadBalanceUtils {

    private static final Map<String, ProviderInfo> URL_MAP = Maps.newConcurrentMap();

    public static ProviderInfo doSelect(final ProviderInfo defaultProviderInfo,
        final List<ProviderInfo> providerInfos) {
        final HmilyTransactionContext hmilyTransactionContext = HmilyContextHolder.
            get();
        if (Objects.isNull(hmilyTransactionContext)) {
            return defaultProviderInfo;
        }
        //将Try阶段使用的服务缓存到map里面
        String key = defaultProviderInfo.getPath();
        if (hmilyTransactionContext.getAction() == HmilyActionEnum.TRYING.
            getCode()) {
            URL_MAP.put(key, defaultProviderInfo);
            return defaultProviderInfo;
        }
        final ProviderInfo oldProviderInfo = URL_MAP.get(key);
        URL_MAP.remove(key);
        if (Objects.nonNull(oldProviderInfo)) {
            for (ProviderInfo providerInfo : providerInfos) {
//在Confirm和Cancel阶段，循环匹配Try阶段保存的服务并返回
                if (Objects.equals(providerInfo, oldProviderInfo)) {
                    return oldProviderInfo;
```

```
                }
            }
        }
        return defaultProviderInfo;
    }
}
```

13.4.7 对 Tars 框架的支持

Tars 是腾讯开源的 RPC 框架。Hmily 提供了 hmily-tars 模块对其提供的 Java 客户端进行扩展，以支持分布式事务的场景。Tars 支持的特性如下。

1）参数传递：Hmily 利用 Tars 框架的 Filter 接口，拦截 Tars 的请求调用，利用 Tars 的 Context 对象进行 RPC 参数传递。核心代码如下所示。

```
public class TarsHmilyTransactionFilter implements Filter {

    @Override
    public void doFilter(final Request request, final Response response, final
        FilterChain chain) throws Throwable {
        if (request instanceof TarsServantRequest && response instanceof
            TarsServantResponse) {
            RpcMediator.getInstance().transmit(ContextManager.getContext()::set
                Attribute, context);
            chain.doFilter(request, response);
        }
}
```

2）参数获取：实现 RpcParameterLoader 接口，利用 Context 对象调用接口，供 Hmily 框架获取，核心代码如下所示。

```
@HmilySPI(value = "tars")
public class TarsParameterLoader implements RpcParameterLoader {

    @Override
    public HmilyTransactionContext load() {
        if (ContextManager.getContext() != null) {
            return Optional.ofNullable(RpcMediator.getInstance()
                    .acquire(ContextManager.getContext()::getAttribute)).
                        orElse(HmilyContextHolder.get());
        }
        return HmilyContextHolder.get();
    }
}
```

3）负载均衡：扩展实现 Tars 的 LoadBalance 接口，主要目的是让 Try、Confirm、Cancel 的请求调用全部路由到同一应用，使用缓存提高性能，核心代码如下所示。

```
public class HmilyLoadBalanceUtils {

    private static final Map<String, Url> URL_MAP = Maps.newConcurrentMap();
```

```
    public static <T> Invoker<T> doSelect(final Invoker<T> defaultInvoker, final
        List<Invoker<T>> invokers) {
        final HmilyTransactionContext hmilyTransactionContext = HmilyContext
            Holder.get();
        if (Objects.isNull(hmilyTransactionContext)) {
            return defaultInvoker;
        }
        //将Try阶段使用的服务缓存到map里面
        String key = defaultInvoker.getApi().getName();
        if (hmilyTransactionContext.getAction() == HmilyActionEnum.TRYING.
            getCode()) {
            URL_MAP.put(key, defaultInvoker.getUrl());
            return defaultInvoker;
        }
        final Url orlUrl = URL_MAP.get(key);
        URL_MAP.remove(key);
        if (Objects.nonNull(orlUrl)) {
            for (Invoker<T> inv : invokers) {
            //在Confirm和Cancel阶段，循环匹配Try阶段保存的服务并返回
                if (Objects.equals(inv.getUrl(), orlUrl)) {
                    return inv;
                }
            }
        }
        return defaultInvoker;
    }
}
```

13.5 Hmily-TCC 事务恢复源码解析

事务恢复日志只针对非常特殊、极少的场景，在正常的流程中都会被清理掉，比如正在执行 Try 阶段方法时，服务宕机，或在执行 Confirm 或者 Cancel 阶段方法时，有 RPC 服务执行不成功等特殊场景。我们来看一下在 Hmily 框架启动时候，初始化的事务恢复定时任务，定时调度时间由 hmily.config.scheduledRecoveryDelay 来配置，默认 60s 执行一次，代码如下所示。

```
private void selfTccRecovery() {
    selfTccRecoveryExecutor
            .scheduleWithFixedDelay(() -> {
                try {
①
                    List<HmilyParticipant> hmilyParticipantList = hmilyRepository.
                         listHmilyParticipant(acquireDelayData(hmilyConfig.
                         getRecoverDelayTime()), TransTypeEnum.TCC.name(),
                         hmilyConfig.getLimit());
                    if (CollectionUtils.isEmpty(hmilyParticipantList)) {
                        return;
                    }
                    for (HmilyParticipant hmilyParticipant : hmilyPartici
```

```
                        pantList) {
②
 if (hmilyParticipant.getRetry() > hmilyConfig.getRetryMax()) {
                            LogUtil.error(LOGGER, "This hmily tcc transaction
                                exceeds the maximum number of retries and no
                                retries will occur: {}", () -> hmilyParticipant);
                            hmilyRepository.updateHmilyParticipantStatus(hmilyP
                                articipant.getParticipantId(), HmilyActionEnum.
                                DEATH.getCode());
                            continue;
                        }
③
                        if (hmilyParticipant.getStatus() == HmilyActionEnum.PRE_
                            TRY.getCode()) {
                            continue;
                        }
④
                        final boolean successful = hmilyRepository.lockHmilyPart
                            icipant(hmilyParticipant);
                        if (successful) {
                            LOGGER.info("hmily tcc transaction begin self recovery:
                                {}", hmilyParticipant.toString());
⑤
                            HmilyTransaction globalHmilyTransaction = hmily
                                Repository.findByTransId(hmilyParticipant.
                                getTransId());
                            if (Objects.isNull(globalHmilyTransaction)) {
⑥
                                tccRecovery(hmilyParticipant.getStatus(), hmily
                                    Participant);
                            } else {
⑦
                                tccRecovery(globalHmilyTransaction.getStatus(), hmily
                                    Participant);
                            }
                        }
                    }
                } catch (Exception e) {
                    LOGGER.error("hmily scheduled transaction log is error:", e);
                }
            }, hmilyConfig.getScheduledInitDelay(), hmilyConfig.getScheduledRecovery
                Delay(), TimeUnit.SECONDS);
}
```

13.5.1 逻辑处理

事务恢复逻辑分 7 个步骤来完成，下面的数字与上面代码里面的标注一一对应。

1）首先根据延迟时间和数据条数，获取本应用作为事务参与者需要恢复的日志。延迟时间由 hmily.config.scheduledRecoveryDelay 配置，默认 60s，数据条数由 hmily.config.limit 配置，默认 100 条。

2）判断重试次数是否超过了配置的最大重试次数，如果超过了，则将事务日志设置成

DEATH 状态，这个状态的日志需要人工来处理。最大重试次数由 hmily.config.retryMax 配置，默认 10 次。

3）如果事务参与者还处于 PRE_TRY 状态，证明 Try 方法还未调用时，服务就已经宕机。这种情况不需要处理，这种事务日志无效，需要等待事务日志清理任务来删除。

4）对该条事务日志进行锁定，因为在集群环境下可能有多个定时任务同时执行，只有成功拿到锁的这条事务日志，才继续往下执行。对事务日志进行锁定，不同的存储有不同的实现，如果采用数据库来存储，则通过更新 version 字段来获取锁。

5）根据全局事务 id 获取全局事务对象。需要根据全局事务及状态来判断到底是进行 Confirm 操作还是 Cancel 操作。

6）如果没有全局事务，证明整个事务流程已经完成，则根据自身的事务状态进行恢复。这种场景最常见于 RPC 接口调用超时，但是自身执行又成功了。

7）如果全局事务存在，则根据全局事务状态进行恢复。

13.5.2 事务恢复

最后分析下 tccRecovery 事务恢复方法，源码如下所示。

```
private void tccRecovery(final int status, final HmilyParticipant hmilyParticipant)
    {
    if (status == HmilyActionEnum.TRYING.getCode() || status == HmilyActionEnum.
        CANCELING.getCode()) {
        hmilyTransactionRecoveryService.cancel(hmilyParticipant);
    } else if (status == HmilyActionEnum.CONFIRMING.getCode()) {
        hmilyTransactionRecoveryService.confirm(hmilyParticipant);
    }
}
```

该方法很简单，如果事务状态是 TRYING 和 CANCELING，则执行 HmilyTransaction-RecoveryService 类的 cancel() 方法。如果事务状态是 CONFIRING 状态，则执行 Hmily-TransactionRecoveryService 类的 confirm() 方法。HmilyTransactionRecoveryService 类的源码如下所示。

```
public class HmilyTransactionRecoveryService {

    public boolean cancel(final HmilyParticipant hmilyParticipant) {
        try {
            HmilyReflector.executor(HmilyActionEnum.CANCELING, ExecutorTypeEnum.
                LOCAL, hmilyParticipant);
            removeHmilyParticipant(hmilyParticipant.getParticipantId());
            return true;
        } catch (Exception e) {
            LOGGER.error("hmily Recovery executor cancel exception param {}",
                hmilyParticipant.toString(), e);
            return false;
        }
```

```
    }

    public boolean confirm(final HmilyParticipant hmilyParticipant) {
        try {
            HmilyReflector.executor(HmilyActionEnum.CONFIRMING, ExecutorTypeEnum.
                LOCAL, hmilyParticipant);
            removeHmilyParticipant(hmilyParticipant.getParticipantId());
            return true;
        } catch (Exception e) {
            LOGGER.error("hmily Recovery executor confirm exception param:{} ",
                hmilyParticipant.toString(), e);
            return false;
        }
    }

    private void removeHmilyParticipant(final Long participantId) {
        HmilyRepositoryFacade.getInstance().removeHmilyParticipant(participant
            Id);
    }
}
```

使用 HmilyReflector.executor() 方法执行本地反射调用，实现对 Cancel 或者 Confirm 阶段方法的调用。最后删除参与者事务日志，整个事务恢复完成。

注意，在事务日志中，根据切面保存用户提供的 Confirm 与 Cancel 方法对象、参数列表以及运行时的参数。

13.6 本章小结

本章首先搭建了 Hmily-TCC 分布式事务场景，以便于进行源码调试。然后分析了 Hmily 框架的整体初始化流程，尤其是加载配置，初始化事务日志存储。接下来根据搭建的环境，模拟了一次 TCC 分布式事务的请求，并根据请求完成了 Hmily-TCC 框架中 Try、Confirm、Cancel 阶段的源码解析。接着讲解了 Hmily 如何整合目前主流的 RPC 框架，支持分布式事务。最后讲解了 Hmily 框架中 TCC 场景的事务恢复原理与逻辑。第 14 章将进行分布式事务实战，会基于 Atomikos 框架实现一个完整的 XA 分布式事务案例。

第 14 章 Chapter 14

XA 强一致性分布式事务实战

前面介绍了 XA 强一致性分布式事务的原理。本章综合前面介绍的 XA 分布式事务原理，模拟跨库转账业务场景。具体的业务场景是在同一个微服务项目中操作不同的数据库，实现跨库转账业务，以及使用 Atomikos 框架实现分布式事务。

本章涉及的内容如下。

- 场景说明。
- 程序模块说明。
- 数据库表设计。
- 程序实现。
- 测试程序。

14.1 场景说明

本案例使用 Atomikos 框架实现 XA 强一致性分布式事务，模拟跨库转账的业务场景。不同账户之间的转账操作通过同一个项目程序完成，具体流程如图 14-1 所示。

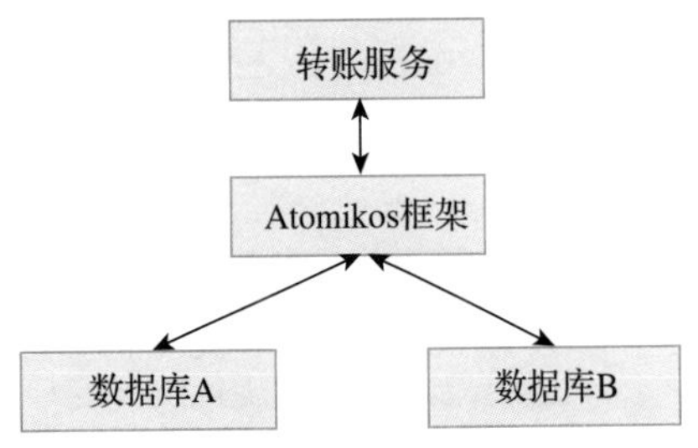

图 14-1 通过 Atomikos 框架实现 XA 强一致性分布式事务

转账服务不会直接连接数据库进行转账操作，而是通过 Atomikos 框架对数据库连接进行封装，通过 Atomikos 框架操作不同的数据库。由于 Atomikos 框架内部实现了 XA 分布式事务协议，因此转账服务的逻辑处理不用关心分布式事务是如何实现的，只需要关注具体的业务逻辑。

14.2 程序模块说明

本案例涉及的服务和程序组件如下所示。

- 服务器：192.168.175.100 和 192.168.175.101。
- MySQL：MySQL 8.0.20。
- JDK：64 位 JDK 1.8.0_212。
- 微服务框架：springboot- 2.2.6.RELEASE。
- Atomikos 框架：springboot- 2.2.6.RELEASE 整合的版本。
- 数据库：转出金额数据库 tx-xa-01，存储在 192.168.175.100 服务器上；转入金额数据库 tx-xa-02，存储在 192.168.175.101 服务器上。

14.3 数据库表设计

本案例程序中涉及两个数据库，一个是转出金额数据库 tx-xa-01，一个是转入金额数据库 tx-xa-02。两个数据库中的数据表名称和数据表结构都相同，数据表名称为 user_account，数据表结构如表 14-1 所示。

表 14-1 user_account 数据表结构

字段名称	字段类型	字段说明
account_no	varchar(64)	账户编号
account_name	varchar(50)	账户名称
account_balance	decimal(10,2)	账户余额

设计完数据表后，在 192.168.175.100 服务器的 MySQL 命令行执行如下命令创建转出金额数据库和数据表。

```
create database if not exists tx-xa-01;

CREATE TABLE 'user_account' (
    'account_no' varchar(64) NOT NULL DEFAULT '' COMMENT '账户编号',
    'account_name' varchar(50) DEFAULT '' COMMENT '账户名称',
    'account_balance' decimal(10,2) DEFAULT '0.00' COMMENT '账户余额',
    PRIMARY KEY ('account_no')
) ENGINE=InnoDB DEFAULT CHARSET=utf8mb4;
```

在 192.168.175.101 服务器的 MySQL 命令行执行如下命令创建转入金额数据库和数据表。

```
create database if not exists tx-xa-02;

CREATE TABLE 'user_account' (
    'account_no' varchar(64) NOT NULL DEFAULT '' COMMENT '账户编号',
    'account_name' varchar(50) DEFAULT '' COMMENT '账户名称',
    'account_balance' decimal(10,2) DEFAULT '0.00' COMMENT '账户余额',
    PRIMARY KEY ('account_no')
) ENGINE=InnoDB DEFAULT CHARSET=utf8mb4;
```

在两个数据库下分别执行如下命令为数据表插入一条记录。

在 tx-xa-01 数据库为数据表插入一条记录，代码如下。

```
INSERT INTO 'tx-xa-01'.'user_account'('account_no', 'account_name', 'account_
    balance')
VALUES ('1001', '冰河001', 1000.00);
```

在 tx-xa-02 数据库为数据表插入一条记录，代码如下。

```
INSERT INTO 'tx-xa-02'.'user_account'('account_no', 'account_name', 'account_
    balance')
VALUES ('1002', '冰河002', 1000.00);
```

至此，数据库表就设计完成了。

14.4　程序实现

本案例利用 Atomikos 框架实现跨数据库的 XA 强一致性分布式事务。整个程序的实现步骤分为项目搭建、持久层的实现、业务逻辑层的实现、接口层的实现和项目启动类的实现。

14.4.1　项目搭建

整个项目主要基于 Spring Boot 实现，项目的搭建过程如下所示。

第一步：新建名称为 tx-xa 的 Maven 项目，在项目的 pom.xml 文件中添加如下配置。

```
<parent>
    <groupId>org.springframework.boot</groupId>
    <artifactId>spring-boot-starter-parent</artifactId>
    <version>2.2.6.RELEASE</version>
</parent>

<modelVersion>4.0.0</modelVersion>

<artifactId>tx-xa</artifactId>

<properties>
    <project.build.sourceEncoding>UTF-8</project.build.sourceEncoding>
    <skip_maven_deploy>false</skip_maven_deploy>
    <java.version>1.8</java.version>
    <druid.version>1.1.10</druid.version>
```

```
        <mybatis.version>3.4.6</mybatis.version>
        <mybatis.plus.version>3.1.0</mybatis.plus.version>
        <jdbc.version>5.1.49</jdbc.version>
        <lombok.version>1.18.12</lombok.version>
    </properties>

    <dependencies>
        <dependency>
            <groupId>org.springframework.boot</groupId>
            <artifactId>spring-boot-starter-test</artifactId>
        </dependency>

        <dependency>
            <groupId>org.springframework.boot</groupId>
            <artifactId>spring-boot-starter-web</artifactId>
            <exclusions>
                <exclusion>
                    <groupId>org.springframework.boot</groupId>
                    <artifactId>spring-boot-starter-tomcat</artifactId>
                </exclusion>
                <exclusion>
                    <groupId>org.springframework.boot</groupId>
                    <artifactId>spring-boot-starter-logging</artifactId>
                </exclusion>
            </exclusions>
        </dependency>

        <dependency>
            <groupId>org.springframework.boot</groupId>
            <artifactId>spring-boot-starter-jta-atomikos</artifactId>
        </dependency>

        <dependency>
            <groupId>org.springframework.boot</groupId>
            <artifactId>spring-boot-starter-undertow</artifactId>
        </dependency>

        <dependency>
            <groupId>org.springframework.boot</groupId>
            <artifactId>spring-boot-configuration-processor</artifactId>
            <optional>true</optional>
        </dependency>

        <dependency>
            <groupId>mysql</groupId>
            <artifactId>mysql-connector-java</artifactId>
            <version>${jdbc.version}</version><!--$NO-MVN-MAN-VER$-->
        </dependency>

        <dependency>
            <groupId>org.mybatis.spring.boot</groupId>
            <artifactId>mybatis-spring-boot-starter</artifactId>
            <version>1.1.1</version>
```

```
    </dependency>

    <dependency>
        <groupId>com.baomidou</groupId>
        <artifactId>mybatis-plus-boot-starter</artifactId>
        <version>${mybatis.plus.version}</version>
    </dependency>


    <dependency>
        <groupId>com.alibaba</groupId>
        <artifactId>druid</artifactId>
        <version>${druid.version}</version>
    </dependency>

    <dependency>
        <groupId>com.alibaba</groupId>
        <artifactId>druid-spring-boot-starter</artifactId>
        <version>${druid.version}</version>
    </dependency>

    <dependency>
        <groupId>org.projectlombok</groupId>
        <artifactId>lombok</artifactId>
        <version>${lombok.version}</version>
    </dependency>

</dependencies>
```

第二步：在 io.transaction.xa.config 包下创建 CorsConfig 类、MybatisPlusConfig 类和 WebMvcConfig 类，分别表示 Spring Boot 项目实现跨域访问的配置类、MyBatisPlus 框架的配置类、WebMVC 的配置类，具体代码如下所示。

创建 CorsConfig 类，代码如下。

```
@Configuration
public class CorsConfig {

    private CorsConfiguration buildConfig(){
        CorsConfiguration corsConfiguration = new CorsConfiguration();
        corsConfiguration.addAllowedOrigin("*");
        corsConfiguration.addAllowedHeader("*");
        corsConfiguration.addAllowedMethod("*");
        return corsConfiguration;
    }

    @Bean
    public CorsFilter corsFilter(){
        UrlBasedCorsConfigurationSource source = new UrlBasedCorsConfigurationSo
            urce();
        source.registerCorsConfiguration("/**", buildConfig());
        return new CorsFilter(source);
```

```
    }
}
```

创建 MybatisPlusConfig 类，代码如下。

```
@EnableTransactionManagement
@Configuration
@MapperScan(value = {"io.transaction.msg.order.mapper"})
public class MybatisPlusConfig {
    @Bean
    public PaginationInterceptor paginationInterceptor() {
        return new PaginationInterceptor();
    }
}
```

创建 WebMvcConfig 类，代码如下。

```
@Configuration
public class WebMvcConfig extends WebMvcConfigurationSupport {
    @Bean
    public HttpMessageConverter<String> responseBodyConverter() {
        return new StringHttpMessageConverter(Charset.forName("UTF-8"));
    }

    @Override
    public void configureMessageConverters(List<HttpMessageConverter<?>> converters) {
        converters.add(responseBodyConverter());
        addDefaultHttpMessageConverters(converters);
    }

    @Override
    public void configureContentNegotiation(ContentNegotiationConfigurer
        configurer) {
        configurer.favorPathExtension(false);
    }

    @Override
    protected void addResourceHandlers(ResourceHandlerRegistry registry) {
        registry.addResourceHandler("/**").addResourceLocations("classpath:/
            static/").addResourceLocations("classpath:/resources/");
        super.addResourceHandlers(registry);
    }
}
```

第三步：在 io.transaction.xa.config 包下创建第一个数据源的配置类 DBConfig1，此类中的字段与 application-db.yml 文件中 mysql.datasource.account1 节点下的字段一一对应，具体代码如下。

```
@Data
@ConfigurationProperties(prefix = "mysql.datasource.account1")
public class DBConfig1 {
```

```
    private String url;
    private String username;
    private String password;
    private int minPoolSize;
    private int maxPoolSize;
    private int maxLifetime;
    private int borrowConnectionTimeout;
    private int loginTimeout;
    private int maintenanceInterval;
    private int maxIdleTime;
    private String testQuery;
}
```

第四步：在 io.transaction.xa.config 包下创建第二个数据源的配置类 DBConfig2，此类中的字段与 application-db.yml 文件中 mysql.datasource.account2 节点下的字段一一对应，具体代码如下。

```
@Data
@ConfigurationProperties(prefix = "mysql.datasource.account2")
public class DBConfig2 {

    private String url;
    private String username;
    private String password;
    private int minPoolSize;
    private int maxPoolSize;
    private int maxLifetime;
    private int borrowConnectionTimeout;
    private int loginTimeout;
    private int maintenanceInterval;
    private int maxIdleTime;
    private String testQuery;
}
```

第五步：在 io.transaction.xa.config 包下创建 MyBatisConfig1 类。MyBatisConfig1 类的作用是整合 Atomikos 框架，读取 DBConfig1 类中的信息，实现数据库连接池，最终通过 Atomikos 框架的数据库连接池连接数据库并操作，具体代码如下。

```
@Configuration
@MapperScan(basePackages = "io.transaction.xa.mapper1", sqlSessionTemplateRef =
    "account1SqlSessionTemplate")
public class MyBatisConfig1 {

    // 配置数据源
    @Primary
    @Bean(name = "account1DataSource")
    public DataSource account1DataSource(DBConfig1 dbConfig1) throws SQLException {
        MysqlXADataSource mysqlXaDataSource = new MysqlXADataSource();
        mysqlXaDataSource.setUrl(dbConfig1.getUrl());
        mysqlXaDataSource.setPinGlobalTxToPhysicalConnection(true);
        mysqlXaDataSource.setPassword(dbConfig1.getPassword());
```

```
        mysqlXaDataSource.setUser(dbConfig1.getUsername());
        mysqlXaDataSource.setPinGlobalTxToPhysicalConnection(true);

        AtomikosDataSourceBean xaDataSource = new AtomikosDataSourceBean();
        xaDataSource.setXaDataSource(mysqlXaDataSource);
        xaDataSource.setUniqueResourceName("account1DataSource");

        xaDataSource.setMinPoolSize(dbConfig1.getMinPoolSize());
        xaDataSource.setMaxPoolSize(dbConfig1.getMaxPoolSize());
        xaDataSource.setMaxLifetime(dbConfig1.getMaxLifetime());
        xaDataSource.setBorrowConnectionTimeout(dbConfig1.getBorrowConnection
            Timeout());
        xaDataSource.setLoginTimeout(dbConfig1.getLoginTimeout());
        xaDataSource.setMaintenanceInterval(dbConfig1.getMaintenanceInterval());
        xaDataSource.setMaxIdleTime(dbConfig1.getMaxIdleTime());
        xaDataSource.setTestQuery(dbConfig1.getTestQuery());
        return xaDataSource;
    }

    @Primary
    @Bean(name = "accout1SqlSessionFactory")
    public SqlSessionFactory accout1SqlSessionFactory(
    @Qualifier("account1DataSource") DataSource dataSource)
            throws Exception {
        SqlSessionFactoryBean bean = new SqlSessionFactoryBean();
        bean.setDataSource(dataSource);
        return bean.getObject();
    }

    @Primary
    @Bean(name = "account1SqlSessionTemplate")
    public SqlSessionTemplate account1SqlSessionTemplate(
            @Qualifier("accout1SqlSessionFactory") SqlSessionFactory sqlSessionFactory)
            throws Exception {
        return new SqlSessionTemplate(sqlSessionFactory);
    }
}
```

第六步：在 io.transaction.xa.config 包下创建 MyBatisConfig2 类。MyBatisConfig2 类的作用与 MyBatisConfig1 类的作用相似，只不过 MyBatisConfig2 类读取的是 DBConfig2 类中的信息，封装的是整合了 Atomikos 框架的另一个数据源的数据库连接池，通过连接池连接数据库并操作，具体代码如下所示。

```
@Configuration
@MapperScan(basePackages = "io.transaction.xa.mapper2", sqlSessionTemplateRef =
    "account2SqlSessionTemplate")
public class MyBatisConfig2 {

    // 配置数据源
    @Bean(name = "account2DataSource")
```

```
    public DataSource account2DataSource(DBConfig2 dbConfig2) throws SQLException {
        MysqlXADataSource mysqlXaDataSource = new MysqlXADataSource();
        mysqlXaDataSource.setUrl(dbConfig2.getUrl());
        mysqlXaDataSource.setPinGlobalTxToPhysicalConnection(true);
        mysqlXaDataSource.setPassword(dbConfig2.getPassword());
        mysqlXaDataSource.setUser(dbConfig2.getUsername());
        mysqlXaDataSource.setPinGlobalTxToPhysicalConnection(true);

        AtomikosDataSourceBean xaDataSource = new AtomikosDataSourceBean();
        xaDataSource.setXaDataSource(mysqlXaDataSource);
        xaDataSource.setUniqueResourceName("account2DataSource");

        xaDataSource.setMinPoolSize(dbConfig2.getMinPoolSize());
        xaDataSource.setMaxPoolSize(dbConfig2.getMaxPoolSize());
        xaDataSource.setMaxLifetime(dbConfig2.getMaxLifetime());
        xaDataSource.setBorrowConnectionTimeout(dbConfig2.
            getBorrowConnectionTimeout());
        xaDataSource.setLoginTimeout(dbConfig2.getLoginTimeout());
        xaDataSource.setMaintenanceInterval(dbConfig2.getMaintenanceInterval());
        xaDataSource.setMaxIdleTime(dbConfig2.getMaxIdleTime());
        xaDataSource.setTestQuery(dbConfig2.getTestQuery());
        return xaDataSource;
    }

    @Bean(name = "account2SqlSessionFactory")
    public SqlSessionFactory account2SqlSessionFactory(
    @Qualifier("account2DataSource") DataSource dataSource)
            throws Exception {
        SqlSessionFactoryBean bean = new SqlSessionFactoryBean();
        bean.setDataSource(dataSource);
        return bean.getObject();
    }

    @Bean(name = "account2SqlSessionTemplate")
    public SqlSessionTemplate account2SqlSessionTemplate(
            @Qualifier("account2SqlSessionFactory") SqlSessionFactory sqlSession
                Factory)
 throws Exception {
        return new SqlSessionTemplate(sqlSessionFactory);
    }
}
```

第七步：在项目的 src/main/resources 目录下创建 application.yml 文件。Spring Boot 在启动时会自动加载 application.yml 文件，application.yml 中主要定义了项目启动后监听的端口号，访问项目的根 URL 和编码，并引用 application-db.yml 文件，具体代码如下所示。

```
server:
    port: 8083
    servlet:
        context-path: /xa
    tomcat:
        uri-encoding: UTF-8
```

```
spring:
    main:
        allow-bean-definition-overriding: true
    profiles:
        include: db
        active: db
    output:
        ansi:
            enabled: detect
    application:
        name: tx-xa

    http:
        encoding:
            charset: UTF-8
            enabled: true
            force: true
```

第八步：在项目的 src/main/resources 目录下创建 application-db.yml 文件，该文件主要定义了与数据源相关的信息，其中 mysql.datasource.account1 节点下的内容与 DBConfig1 类对应，mysql.datasource.account2 节点下的内容与 DBConfig2 类对应。同时，在 application-db.yml 文件中还定义了 MyBatis 扫描的实体类包，具体代码如下所示。

```
mysql:
    datasource:
        account1:
            url: jdbc:mysql://192.168.175.100:3306/tx-xa-01?useUnicode=true&char
                 acterEncoding=UTF-8&useOldAliasMetadataBehavior=true&autoRecon
                 nect=true&failOverReadOnly=false&useSSL=false
            username: root
            password: root
            minPoolsize: 3
            maxPoolSize: 25
            maxLifetime: 30000
            borrowConnectionTimeout: 30
            loginTimeout: 30
            maintenanceInterval: 60
            maxIdleTime: 60
            testQuery: SELECT 1

        account2:
            url: jdbc:mysql://192.168.175.101:3306/tx-xa-02?useUnicode=true&char
                 acterEncoding=UTF-8&useOldAliasMetadataBehavior=true&autoRecon
                 nect=true&failOverReadOnly=false&useSSL=false
            username: root
            password: root
            minPoolsize: 3
            maxPoolSize: 25
            maxLifetime: 30000
            borrowConnectionTimeout: 30
            loginTimeout: 30
```

```
            maintenanceInterval: 60
            maxIdleTime: 60
            testQuery: SELECT 1

mybatis:
    type-aliases-package: io.transaction.xa.entity
```

至此，项目搭建就完成了。

14.4.2　持久层的实现

项目的持久层主要通过 MyBatis 框架实现操作数据库的简单方法，具体的实现步骤如下所示。

第一步：在 io.transaction.xa.entity 包下创建 UserAccount 类，UserAccount 类封装的是用户的账户信息，与 user_account 数据表中的字段一一对应，具体代码如下所示。

```
public class UserAccount implements Serializable {
    private static final long serialVersionUID = 6909533252826367496L;

    /**
     * 账户编号
     */
    private String accountNo;

    /**
     * 账户名称
     */
    private String accountName;

    /**
     * 账户余额
     */
    private BigDecimal accountBalance;
}
```

第二步：分别在 io.transaction.xa.mapper1 包和 io.transaction.xa.mapper2 包下创建 UserAccount1Mapper 接口和 UserAccount2Mapper 接口。两个接口中定义的方法相同，都定义了一个更新账户余额的接口 updateAccountBalance(BigDecimal, String) 和一个查询账户余额的接口 getAccountBalance(String)。这里以 UserAccount1Mapper 接口的代码为例，具体代码如下所示。

```
public interface UserAccount1Mapper {

    /**
     * 更新账户余额
     */
int updateAccountBalance(@Param("accountBalance") BigDecimal accountBalance,
@Param("accountNo") String accountNo);
```

```
    /**
     * 获取账户余额
     */
    BigDecimal getAccountBalance(@Param("accountNo") String accountNo);
}
```

第三步：分别在项目的src/main/resources/io/transaction/xa/mapper1目录和src/main/resources/io/transaction/xa/mapper2目录下创建UserAccount1Mapper.xml文件和UserAccount2Mapper.xml文件。UserAccount1Mapper.xml文件对应的是UserAccount1Mapper接口，UserAccount2Mapper.xml文件对应的是UserAccount2Mapper接口，两个文件的内容大体相同，这里以UserAccount1Mapper.xml文件为例，具体代码如下所示。

```
<?xml version="1.0" encoding="UTF-8"?>
<!DOCTYPE mapper PUBLIC "-//mybatis.org//DTD Mapper 3.0//EN" "http://mybatis.org/
    dtd/mybatis-3-mapper.dtd">
<mapper namespace="io.transaction.xa.mapper1.UserAccount1Mapper">

    <update id="updateAccountBalance">
        update user_account set account_balance = account_balance + #{account
            Balance} where account_no = #{accountNo}
    </update>

    <select id="getAccountBalance" resultType="java.math.BigDecimal">
        select account_balance from user_account where account_no = #{accountNo}
    </select>

</mapper>
```

至此，项目的持久层实现完毕。

14.4.3 业务逻辑层的实现

项目的业务逻辑层主要实现具体的跨库转账的业务逻辑，由于具体的XA跨库分布式事务是由Atomikos框架内部实现的，因此在业务逻辑层处理跨库转账的逻辑时，就像操作本地数据库一样简单，具体的实现步骤如下所示。

第一步：在io.transaction.xa.service包下创建UserAccountService接口，UserAccountService接口中定义了一个转账方法transferAccounts(String, String, BigDecimal)，具体代码如下所示。

```
public interface UserAccountService {
    /**
     * 转账操作
     */
    void transferAccounts(String sourceAccountNo, String targetSourceNo, Big
        Decimal transferAmount);
}
```

第二步：在 io.transaction.xa.service.impl 包下创建 UserAccountServiceImpl 类，实现 UserAccountService 接口，并在 UserAccountServiceImpl 类中实现了转账的具体逻辑，具体代码如下所示。

```
@Service
public class UserAccountServiceImpl implements UserAccountService {

    @Autowired
    private UserAccount1Mapper userAccount1Mapper;

    @Autowired
    private UserAccount2Mapper userAccount2Mapper;

    @Override
    @Transactional(rollbackFor = Exception.class)
    public void transferAccounts(String sourceAccountNo, String targetSourceNo,
        BigDecimal transferAmount) {
        log.info("开始执行转账操作, sourceAccountNo:{}, targetSourceNo:{},
            transferAmount:{}", sourceAccountNo, targetSourceNo, transferAmount);
        BigDecimal accountBalance = userAccount1Mapper.getAccountBalance(sourceA
            ccountNo);
        if(accountBalance.compareTo(transferAmount) < 0){
            throw new RuntimeException("转账余额不足");
        }
        userAccount1Mapper.updateAccountBalance(transferAmount.negate(),
            sourceAccountNo);
        //int i = 1 / 0;
        userAccount2Mapper.updateAccountBalance(transferAmount, targetSourceNo);
        log.info("转账操作执行成功...");
    }
}
```

至此，业务逻辑层实现完毕。

14.4.4　接口层的实现

项目的接口层主要对外提供转账操作的接口，客户端可以通过访问接口层对外提供的转账接口进行转账操作。接口层的实现比较简单，就是在 io.transaction.xa.controller 包下创建一个 TransferController 类。TransferController 类对外提供了一个 transfer 接口。客户端访问这个接口，传入转出账户、转入账户、转账金额 3 个参数即可进行转账操作，具体代码如下所示。

```
@RestController
public class TransferController {
    @Autowired
    private UserAccountService userAccountService;
    @PostMapping(value = "/transfer")
    public String transfer(@RequestParam("sourceAccountNo") String sourceAccountNo,
                           @RequestParam("targetAccountNo") String targetAccountNo,
```

```
                          @RequestParam("amount")BigDecimal amount){
        userAccountService.transferAccounts(sourceAccountNo, targetAccountNo,
            amount);
        return "success";
    }
}
```

至此，接口层实现完毕。

14.4.5 项目启动类的实现

项目的启动类是整个项目的启动入口，在 Spring Boot 实现的微服务项目中，通过 main() 方法即可启动一个项目。在 io.transaction.xa 包下创建 TxXaStarter 类作为整个项目的启动类，具体代码如下所示。

```
@SpringBootApplication(exclude = {DataSourceAutoConfiguration.class})
@EnableConfigurationProperties(value = {DBConfig1.class, DBConfig2.class})
@MapperScan(value = { "io.transaction.xa.mapper1","io.transaction.xa.mapper2"})
@EnableTransactionManagement(proxyTargetClass = true)
public class TxXaStarter {
    public static void main(String[] args){
        SpringApplication.run(TxXaStarter.class, args);
    }
}
```

至此，整个项目就实现完毕了。

14.5 测试程序

本节对整个项目的实现进行测试，看看是否能够达到转出账户减少 100 元，转入账户增加 100 元的效果，具体测试步骤如下所示。

第一步：分别查询 tx-xa-01 数据库和 tx-xa-02 数据库中 user_account 数据表的数据，如下所示。

tx-xa-01 数据库代码如下。

```
mysql> use tx-xa-01;
Database changed
mysql> select * from user_account;
+------------+--------------+-----------------+
| account_no | account_name | account_balance |
+------------+--------------+-----------------+
| 1001       | 冰河001      |         1000.00 |
+------------+--------------+-----------------+
1 row in set (0.00 sec)
```

可以看到，tx-xa-01 数据库中的 user_account 数据表中账户编号为 1001 的账户余额为 1000 元。

tx-xa-02 数据库代码如下。

```
mysql> use tx-xa-02;
Database changed
mysql> select * from user_account;
+------------+--------------+-----------------+
| account_no | account_name | account_balance |
+------------+--------------+-----------------+
| 1002       | 冰河002       |         1000.00 |
+------------+--------------+-----------------+
1 row in set (0.00 sec)
```

可以看到，tx-xa-02 数据库中的 user_account 数据表中账户编号为 1002 的账户余额为 1000 元。

第二步：启动 tx-xa 项目，通过 Postman 等接口调用工具调用 http://192.168.175.100:8083/xa/transfer 接口，并传递转出账户 sourceUserAccount、转入账户 targetUserAccount 和转账金额 amount。项目的日志文件中会输出如下日志信息。

```
INFO 102640 --- [main] i.t.x.s.impl.UserAccountServiceImpl: 开始执行转账操作,
   sourceAccountNo:1001, targetSourceNo:1002, transferAmount:100
INFO 102640 --- [main] i.t.x.s.impl.UserAccountServiceImpl: 转账操作执行成功...
```

通过日志可以看出，转账操作执行成功了。

第三步：再次查询 tx-xa-01 数据库和 tx-xa-02 数据库中 user_account 数据表的数据，如下所示。

tx-xa-01 数据库代码如下。

```
mysql> use tx-xa-01;
Database changed
mysql> select * from user_account;
+------------+--------------+-----------------+
| account_no | account_name | account_balance |
+------------+--------------+-----------------+
| 1001       | 冰河001       |          900.00 |
+------------+--------------+-----------------+
1 row in set (0.00 sec)
```

可以看出，tx-xa-01 数据库中的 user_account 数据表中账户编号为 1001 的账户余额由原来的 1000 元，减少了 100 元，变为 900 元。

tx-xa-02 数据库代码如下。

```
mysql> use tx-xa-02;
Database changed
mysql> select * from user_account;
+------------+--------------+-----------------+
| account_no | account_name | account_balance |
+------------+--------------+-----------------+
| 1002       | 冰河002       |         1100.00 |
+------------+--------------+-----------------+
```

```
1 row in set (0.00 sec)
```

可以看出，tx-xa-02 数据库中的 user_account 数据表中账户编号为 1002 的账户余额由原来的 1000 元，增加了 100 元，变为了 1100 元。

说明整个项目达到了预期的效果，测试成功。

14.6 本章小结

本章主要使用 Atomikos 框架实现了 XA 强一致性分布式事务。首先，对业务的场景和程序模块进行了简单的说明。然后，简单介绍了数据库表设计。接着，详细介绍了整个项目的实现过程。最后，对项目实现的效果进行了测试。第 15 章将会基于 TCC 分布式事务实现一个完整的项目案例。

本章的随书源码已提交到如下代码仓库。

- GitHub：https://github.com/dromara/distribute-transaction。
- Gitee：https://gitee.com/dromara/distribute-transaction。

另外，除了可以基于 Atomikos 框架实现 XA 分布式事务外，也可以基于 Dromara 社区的 Raincat 框架实现 XA 分布式事务。读者可自行查询 Raincat 框架的源码进行学习，这里不再赘述。Raincat 框架的地址如下所示。

- GitHub：https://github.com/dromara/Raincat。
- Gitee：https://gitee.com/dromara/Raincat。

第 15 章 Chapter 15

TCC 分布式事务实战

前面的章节介绍了 TCC 分布式事务的原理，详细剖析了由 Dromara 社区开发并维护的业界知名的 TCC 分布式事务框架 Hmily 的源码。本章基于 Hmily 框架实现一个跨行转账的 TCC 分布式事务案例。

本章涉及的内容如下。

- 场景说明。
- 程序模块说明。
- 数据库表设计。
- 实现项目公共模块。
- 实现转出银行微服务。
- 实现转入银行微服务。
- 测试程序。

15.1 场景说明

案例程序分为 3 个部分：项目公共模块、转出银行微服务和转入银行微服务。转出银行微服务和转入银行微服务引用项目的公共模块，转出银行微服务作为 TCC 分布式事务中的事务发起方，转入银行微服务作为 TCC 分布式事务中的事务被动方，整体流程如图 15-1 所示。

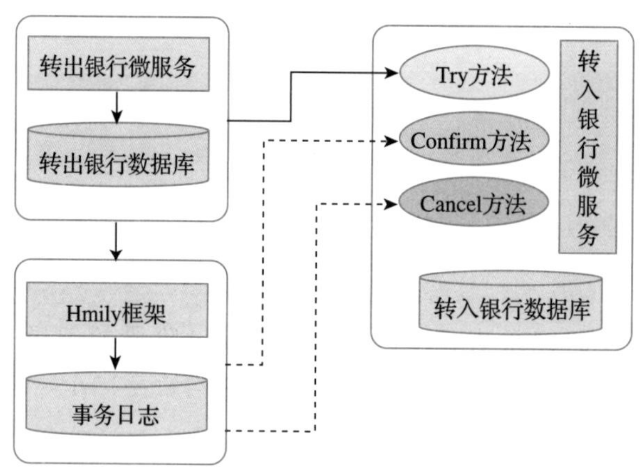

图 15-1 使用 Hmily 框架实现 TCC 分布式事务案例的流程

转出银行微服务作为事务发起方，调用转入银行微服务的 Try 方法预留相应的资源，Hmily 框架作为整个分布式事务的 TCC 管理器，由 Hmily 框架调用转入银行微服务的 Confirm 方法和 Cancel 方法。如果 Try 方法执行成功，会调用 Confirm 方法确定转账金额和转账状态，并将相应的数据持久化到数据库中。如果 Try 方法执行失败，或者程序出现异常，会调用 Cancel 方法释放 Try 阶段预留的资源，也就是回滚 Try 阶段执行的操作。TCC 分布式事务最终会使转账操作要么全部执行成功，要么全部执行失败。

另外，这里使用 Dubbo 和 ZooKeeper 实现了微服务之间的远程调用。有关 ZooKeeper 环境的搭建，读者可自行在网上查询相关资料，笔者不再赘述。

15.2 程序模块说明

本案例涉及的服务和程序组件如下所示。

- 服务器：192.168.175.100 和 192.168.175.101。
- MySQL：MySQL 8.0.20。
- JDK：64 位 JDK 1.8.0_212。
- ZooKeeper 服务：zookeeper-3.7.0。
- Dubbo 框架：2.6.5 版本。
- Hmily 框架：2.1.1 发行版。
- 微服务框架：springboot- 2.2.6.RELEASE。
- 数据库：转出银行数据库 tx-tcc-bank01，存储于 192.168.175.100 服务器，转入银行数据库 tx-tcc-bank02，存储于 192.168.175.101 服务器。

15.3　数据库表设计

在模拟跨行转账的业务场景中，核心服务包括转出银行微服务和转入银行微服务，对应的数据库包括转出银行数据库和转入银行数据库。在整个分布式事务的实现过程中，为了保证程序的幂等性和避免事务悬挂等问题，在数据库中不仅要设计相应的账户数据表，还要创建 TCC 分布式事务中执行 Try 阶段、Confirm 阶段和 Cancel 阶段的记录表。

在转出银行数据库和转入银行数据库中，需要创建 4 张表，分别为账户数据表 user_account、执行 Try 阶段的记录表 try_log、执行 Cancel 阶段的记录表 cancel_log 和执行 Confirm 阶段的记录表 confirm_log。4 张数据表的表结构如表 15-1 ~ 表 15-4 所示。

表 15-1　user_account 账户数据表

字段名称	字段类型	字段说明
account_no	varchar(64)	账户编号
account_name	varchar(50)	账户名称
account_balance	decimal(10, 2)	账户余额
transfer_amount	decimal(10, 2)	转账金额，用于锁定资源

表 15-2　try_log 记录表

字段名称	字段类型	字段名称
tx_no	varchar(64)	全局事务编号
create_time	datetime	创建时间

表 15-3　confirm_log 记录表

字段名称	字段类型	字段名称
tx_no	varchar(64)	全局事务编号
create_time	datetime	创建时间

表 15-4　cancel_log 记录表

字段名称	字段类型	字段名称
tx_no	varchar(64)	全局事务编号
create_time	datetime	创建时间

接下来，在 192.168.175.100 服务器的 MySQL 命令行执行如下命令创建转出银行数据库和数据表。

```
create database if not exists tx-tcc-bank01;

CREATE TABLE 'user_account' (
```

```
    'account_no' varchar(64) NOT NULL DEFAULT '' COMMENT '账户编号',
    'account_name' varchar(50) DEFAULT '' COMMENT '账户名称',
    'account_balance' decimal(10,2) DEFAULT '0.00' COMMENT '账户余额',
    'transfer_amount' decimal(10,2) DEFAULT '0.00' COMMENT '转账金额',
    PRIMARY KEY ('account_no')
) ENGINE=InnoDB DEFAULT CHARSET=utf8mb4 COMMENT='账户信息';

CREATE TABLE 'try_log' (
    'tx_no' varchar(64) NOT NULL DEFAULT '' COMMENT '全局事务编号',
    'create_time' datetime DEFAULT CURRENT_TIMESTAMP COMMENT '创建时间',
    PRIMARY KEY ('tx_no')
) ENGINE=InnoDB DEFAULT CHARSET=utf8mb4 COMMENT='Try阶段执行的日志记录';

CREATE TABLE 'confirm_log' (
    'tx_no' varchar(64) NOT NULL DEFAULT '' COMMENT '全局事务编号',
    'create_time' datetime DEFAULT CURRENT_TIMESTAMP COMMENT '创建时间',
    PRIMARY KEY ('tx_no')
) ENGINE=InnoDB DEFAULT CHARSET=utf8mb4 COMMENT='Confirm阶段执行的日志记录';

CREATE TABLE 'cancel_log' (
    'tx_no' varchar(64) NOT NULL DEFAULT '' COMMENT '全局事务编号',
    'create_time' datetime DEFAULT CURRENT_TIMESTAMP COMMENT '创建时间',
    PRIMARY KEY ('tx_no')
) ENGINE=InnoDB DEFAULT CHARSET=utf8mb4 COMMENT='Cancel阶段执行的日志记录';
```

在 192.168.175.101 服务器的 MySQL 命令行执行如下命令创建转入银行数据库和数据表。

```
create database if not exists tx-tcc-bank02;

CREATE TABLE 'user_account' (
    'account_no' varchar(64) NOT NULL DEFAULT '' COMMENT '账户编号',
    'account_name' varchar(50) DEFAULT '' COMMENT '账户名称',
    'account_balance' decimal(10,2) DEFAULT '0.00' COMMENT '账户余额',
    'transfer_amount' decimal(10,2) DEFAULT '0.00' COMMENT '转账金额',
    PRIMARY KEY ('account_no')
) ENGINE=InnoDB DEFAULT CHARSET=utf8mb4 COMMENT='账户信息';

CREATE TABLE 'try_log' (
    'tx_no' varchar(64) NOT NULL DEFAULT '' COMMENT '全局事务编号',
    'create_time' datetime DEFAULT CURRENT_TIMESTAMP COMMENT '创建时间',
    PRIMARY KEY ('tx_no')
) ENGINE=InnoDB DEFAULT CHARSET=utf8mb4 COMMENT='Try阶段执行的日志记录';

CREATE TABLE 'confirm_log' (
    'tx_no' varchar(64) NOT NULL DEFAULT '' COMMENT '全局事务编号',
    'create_time' datetime DEFAULT CURRENT_TIMESTAMP COMMENT '创建时间',
    PRIMARY KEY ('tx_no')
) ENGINE=InnoDB DEFAULT CHARSET=utf8mb4 COMMENT='Confirm阶段执行的日志记录';

CREATE TABLE 'cancel_log' (
    'tx_no' varchar(64) NOT NULL DEFAULT '' COMMENT '全局事务编号',
    'create_time' datetime DEFAULT CURRENT_TIMESTAMP COMMENT '创建时间',
```

```
    PRIMARY KEY ('tx_no')
) ENGINE=InnoDB DEFAULT CHARSET=utf8mb4 COMMENT='Cancel阶段执行的日志记录';
```

执行如下命令向转出银行数据库 tx-tcc-bank01 的 user_account 数据表插入测试数据。

```
INSERT INTO 'tx-tcc-bank01'.'user_account'('account_no', 'account_name',
    'account_balance', 'transfer_amount') VALUES ('1001', '冰河001', 10000.00,
    0.00);
```

执行如下命令向转入银行数据库 tx-tcc-bank02 的 user_account 数据表插入测试数据。

```
INSERT INTO 'tx-tcc-bank02'.'user_account'('account_no', 'account_name',
    'account_balance', 'transfer_amount') VALUES ('1002', '冰河002', 10000.00,
    0.00);
```

至此，程序的数据库和数据表就创建完成了。

15.4 实现项目公共模块

在模拟的跨行转账业务场景中，由于转出银行微服务和转入银行微服务存在一些共同的业务功能，因此在实现的过程中，将这些共同的业务功能分离出来，开发一个单独的项目模块供转出银行微服务和转入银行微服务调用，从而达到程序复用的目的。本节简单介绍如何实现项目公共模块的开发。

15.4.1 项目搭建

在整个跨行转账业务场景的实现中，将项目的公共业务功能和依赖环境全部放在公共模块中实现。整个公共模块的项目搭建步骤比较简单，创建名为 tx-tcc-common 的 Maven 项目，并在 pom.xml 文件中添加如下配置信息即可。

```
<parent>
    <groupId>org.springframework.boot</groupId>
    <artifactId>spring-boot-starter-parent</artifactId>
    <version>2.2.6.RELEASE</version>
</parent>
<modelVersion>4.0.0</modelVersion>
<groupId>io.transaction</groupId>
<artifactId>tx-tcc-common</artifactId>
<version>1.0.0-SNAPSHOT</version>
<properties>
    <project.build.sourceEncoding>UTF-8</project.build.sourceEncoding>
    <skip_maven_deploy>false</skip_maven_deploy>
    <java.version>1.8</java.version>
    <druid.version>1.1.10</druid.version>
    <mybatis.version>3.4.6</mybatis.version>
    <mybatis.plus.version>3.1.0</mybatis.plus.version>
    <jdbc.version>5.1.49</jdbc.version>
    <rocketmq.version>2.0.2</rocketmq.version>
```

```
        <lombok.version>1.18.12</lombok.version>
        <curator.version>5.1.0</curator.version>
        <dubbo.version>2.6.5</dubbo.version>
        <zookeeper.version>3.6.0</zookeeper.version>
        <hmily.version>2.1.1</hmily.version>
    </properties>

    <dependencies>
        <dependency>
            <groupId>org.springframework.boot</groupId>
            <artifactId>spring-boot-starter-test</artifactId>
        </dependency>

        <dependency>
            <groupId>org.springframework.boot</groupId>
            <artifactId>spring-boot-starter-web</artifactId>
            <exclusions>
                <exclusion>
                    <groupId>org.springframework.boot</groupId>
                    <artifactId>spring-boot-starter-tomcat</artifactId>
                </exclusion>
                <exclusion>
                    <groupId>org.springframework.boot</groupId>
                    <artifactId>spring-boot-starter-logging</artifactId>
                </exclusion>
            </exclusions>
        </dependency>

        <dependency>
            <groupId>org.springframework.boot</groupId>
            <artifactId>spring-boot-starter-undertow</artifactId>
        </dependency>

        <dependency>
            <groupId>org.springframework.boot</groupId>
            <artifactId>spring-boot-configuration-processor</artifactId>
            <optional>true</optional>
        </dependency>

        <dependency>
            <groupId>mysql</groupId>
            <artifactId>mysql-connector-java</artifactId>
            <version>${jdbc.version}</version><!--$NO-MVN-MAN-VER$-->
        </dependency>

        <dependency>
            <groupId>com.baomidou</groupId>
            <artifactId>mybatis-plus-boot-starter</artifactId>
            <version>${mybatis.plus.version}</version>
        </dependency>

        <dependency>
            <groupId>org.dromara</groupId>
```

```
            <artifactId>hmily-spring-boot-starter-dubbo</artifactId>
            <version>${hmily.version}</version>
            <exclusions>
                <exclusion>
                    <groupId>mysql</groupId>
                    <artifactId>mysql-connector-java</artifactId>
                </exclusion>
            </exclusions>
        </dependency>

        <dependency>
            <groupId>com.alibaba</groupId>
            <artifactId>druid</artifactId>
            <version>${druid.version}</version>
        </dependency>

        <dependency>
            <groupId>com.alibaba</groupId>
            <artifactId>druid-spring-boot-starter</artifactId>
            <version>${druid.version}</version>
        </dependency>

        <dependency>
            <groupId>org.projectlombok</groupId>
            <artifactId>lombok</artifactId>
            <version>${lombok.version}</version>
        </dependency>

        <dependency>
            <groupId>com.alibaba</groupId>
            <artifactId>dubbo</artifactId>
            <version>${dubbo.version}</version>
        </dependency>

        <dependency>
            <groupId>org.apache.curator</groupId>
            <artifactId>curator-client</artifactId>
            <version>${curator.version}</version>
        </dependency>
        <dependency>
            <groupId>org.apache.curator</groupId>
            <artifactId>curator-framework</artifactId>
            <version>${curator.version}</version>
        </dependency>

        <dependency>
            <groupId>org.apache.zookeeper</groupId>
            <artifactId>zookeeper</artifactId>
            <version>${zookeeper.version}</version>
        </dependency>

    </dependencies>
```

至此，项目的公共模块就搭建完成了。

15.4.2 持久层的实现

项目公共模块的持久层是转出银行微服务和转入银行微服务共用的，在逻辑上既实现了转出金额的处理，又实现了转入金额的处理，同时还实现了TCC分布式事务每个阶段执行记录的保存和查询操作。具体的实现步骤如下所示。

第一步：在io.transaction.tcc.common.entity包下创建UserAccount类，UserAccount类封装了用户的账户信息。UserAccount类的字段与user_account数据表的字段一一对应，具体代码如下所示。

```
public class UserAccount implements Serializable {
    private static final long serialVersionUID = 6909533252826367496L;

    /**
     * 账户编号
     */
    private String accountNo;

    /**
     * 账户名称
     */
    private String accountName;

    /**
     * 账户余额
     */
    private BigDecimal accountBalance;

    /**
     * 转账金额
     */
private BigDecimal transferAmount;

//**********省略构造方法和get/set方法****************//
}
```

第二步：在io.transaction.tcc.common.dto包下创建UserAccountDto类，UserAccountDto类封装了转账的参数信息，包含转出账户、转入账户、转账金额和全局事务编号，具体代码如下所示。

```
public class UserAccountDto implements Serializable {
    private static final long serialVersionUID = 3361105512695088121L;

    /**
     * 自定义事务编号
     */
    private String txNo;
```

```
    /**
     * 转出账户
     */
    private String sourceAccountNo;

    /**
     * 转入账户
     */
    private String targetAccountNo;
    /**
     * 金额
     */
    private BigDecimal amount;

    //**********省略构造方法和get/set方法****************//
}
```

第三步：在 io.transaction.tcc.common.mapper 包下创建 UserAccountMapper 接口，UserAccountMapper 接口中定义了查询账户余额的接口、操作转出账户的接口、操作转入账户的接口和操作 TCC 执行记录的接口，具体代码如下所示。

```
public interface UserAccountMapper {
    /**
     * 获取指定账户的余额
     */
    UserAccount getUserAccountByAccountNo(@Param("accountNo") String accountNo);

    /**
     * 更新转出账户余额
     */
    int updateUserAccountBalanceBank01(@Param("amount") BigDecimal amount,
      @Param("acco-untNo") String accountNo);

    /**
     * 转出账户余额确认接口
     */
    int confirmUserAccountBalanceBank01(@Param("amount") BigDecimal amount,
        @Param("acco-untNo") String accountNo);

    /**
     * 转出账户余额取消接口
     */
    int cancelUserAccountBalanceBank01(@Param("amount") BigDecimal amount,@Param
      ("accountNo") String accountNo);

    /**
     * 更新转入账户余额
     */
    int updateUserAccountBalanceBank02(@Param("amount") BigDecimal amount,@Param
      ("accountNo") String accountNo);

    /**
```

```
     * 转入账户余额确认接口
     */
    int confirmUserAccountBalanceBank02(@Param("amount") BigDecimal amount,@Param
        ("accountNo") String accountNo);

    /**
     * 转入账户余额取消接口
     */
    int cancelUserAccountBalanceBank02(@Param("amount") BigDecimal amount, @Param
        ("accountNo") String accountNo);

    /**
     * 保存Try操作事务日志
     */
    int saveTryLog(@Param("txNo") String txNo);

    /**
     * 检查是否存在Try操作日志，用于幂等
     */
    Integer existsTryLog(@Param("txNo") String txNo);

    /**
     * 保存Confirm操作事务日志
     */
    int saveConfirmLog(@Param("txNo") String txNo);

    /**
     * 检查是否存在Confirm操作日志，用于幂等
     */
    Integer existsConfirmLog(@Param("txNo") String txNo);

    /**
     * 保存Cancel操作事务日志
     */
    int saveCancelLog(@Param("txNo") String txNo);

    /**
     * 检查是否存在Cancel操作日志，用于幂等
     */
    Integer existsCancelLog(@Param("txNo") String txNo);
}
```

第四步：在项目的 src/main/resources/mapper 目录下创建 UserAccountMapper.xml 文件，在 UserAccountMapper.xml 文件中，通过 MyBatis 实现 UserAccountMapper 接口定义的方法，具体代码如下所示。

```
<?xml version="1.0" encoding="UTF-8"?>
<!DOCTYPE mapper PUBLIC "-//mybatis.org//DTD Mapper 3.0//EN" "http://mybatis.org/
    dtd/mybatis-3-mapper.dtd">
<mapper namespace="io.transaction.tcc.common.mapper.UserAccountMapper">

    <select id="getUserAccountByAccountNo" resultType="io.transaction.tcc.common.
```

```
    entity.UserAccount">
    select
        account_no as accountNo, account_name as accountName, account_balance
            as accountBalance, transfer_amount as transferAmount
    from
        user_account
    where
        account_no = #{accountNo}
</select>

<update id="updateUserAccountBalanceBank01">
    update
        user_account
    set
        transfer_amount = transfer_amount + #{amount}, account_balance =
            account_balance - #{amount}
    where
        account_no = #{accountNo}
</update>

<update id="confirmUserAccountBalanceBank01">
    update
        user_account
    set
        transfer_amount = transfer_amount - #{amount}
    where
        account_no = #{accountNo}
</update>

<update id="cancelUserAccountBalanceBank01">
    update
        user_account
    set
        transfer_amount = transfer_amount - #{amount}, account_balance =
            account_balance + #{amount}
    where
        account_no = #{accountNo}
</update>

<update id="updateUserAccountBalanceBank02">
    update
        user_account
    set
        transfer_amount = transfer_amount + #{amount}
    where
        account_no = #{accountNo}
</update>

<update id="confirmUserAccountBalanceBank02">
    update
        user_account
    set
        transfer_amount = transfer_amount - #{amount}, account_balance =
```

```
                account_balance + #{amount}
        where
            account_no = #{accountNo}
    </update>

    <update id="cancelUserAccountBalanceBank02">
        update
            user_account
        set
            transfer_amount = transfer_amount - #{amount}
        where
            account_no = #{accountNo}
    </update>

    <insert id="saveTryLog">
        insert into try_log (tx_no, create_time) values(#{txNo}, now())
    </insert>

    <select id="existsTryLog" resultType="java.lang.Integer">
        select 1 from try_log where tx_no = #{txNo} limit 1
    </select>

    <insert id="saveConfirmLog">
        insert into confirm_log (tx_no, create_time) values(#{txNo}, now())
    </insert>

    <select id="existsConfirmLog" resultType="java.lang.Integer">
        select 1 from confirm_log where tx_no = #{txNo} limit 1
    </select>

    <insert id="saveCancelLog">
        insert into cancel_log (tx_no, create_time) values(#{txNo}, now())
    </insert>

    <select id="existsCancelLog" resultType="java.lang.Integer">
        select 1 from cancel_log where tx_no = #{txNo} limit 1
    </select>

</mapper>
```

15.4.3 Dubbo 接口的定义

在整个项目的实现过程中，转出银行微服务和转入银行微服务之间是通过 Dubbo 实现远程接口调用。因为项目中定义的 Dubbo 接口需要被转出银行微服务和转入银行微服务同时引用，所以需要将 Dubbo 接口放在项目的公共模块。在 io.transaction.tcc.common.api 包下定义 Dubbo 接口 UserAccountBank02Service 的具体代码如下所示。

```
public interface UserAccountBank02Service {
    /**
     * 转账
     */
```

```
    @Hmily
    void transferAmountToBank2(UserAccountDto userAccountDto);

    /**
     * 获取指定账户的余额
     */
    UserAccount getUserAccountByAccountNo(String accountNo);
}
```

需要注意的是，在实现 TCC 分布式事务时，转出银行微服务会通过 Dubbo 调用 UserAccountBank02Service 接口的 transferAmountToBank2(UserAccountDto) 方法，这里在 transferAmountToBank2(UserAccountDto) 方法上添加了 @Hmily 注解。

至此，整个项目的公共模块就实现完毕了。

15.5　实现转出银行微服务

转出银行微服务在跨行转账的业务场景中，充当事务发起方的角色，在执行 TCC 分布式事务的过程中，也会实现 Try、Confirm、Cancel 三个阶段的方法，通过 Hmily 和 Dubbo 调用转入银行微服务的接口，实现跨行转账业务。

15.5.1　项目搭建

转出银行微服务实现扣减账户金额的功能，如果在分布式事务执行的过程中出现异常，则会通过分布式事务进行回滚操作。项目搭建步骤如下所示。

第一步：创建名称为 tx-tcc-bank01 的 Maven 项目，在 pom.xml 文件中添加如下配置信息。

```
<parent>
    <groupId>org.springframework.boot</groupId>
    <artifactId>spring-boot-starter-parent</artifactId>
    <version>2.2.6.RELEASE</version>
</parent>
<modelVersion>4.0.0</modelVersion>

<artifactId>tx-tcc-bank01</artifactId>

<dependencies>
    <dependency>
        <groupId>io.transaction</groupId>
        <artifactId>tx-tcc-common</artifactId>
        <version>1.0.0-SNAPSHOT</version>
    </dependency>
</dependencies>
```

第二步：创建 io.transaction.tcc.bank01.config 包，在包下创建 CorsConfig 类、Mybatis-PlusConfig 类和 WebMvcConfig 类，分别表示 Spring Boot 项目实现跨域访问的配置类、

MyBatisPlus 框架的配置类和 WebMVC 的配置类，如下所示。

创建 CorsConfig 类，代码如下。

```
@Configuration
public class CorsConfig {

    private CorsConfiguration buildConfig(){
        CorsConfiguration corsConfiguration = new CorsConfiguration();
        corsConfiguration.addAllowedOrigin("*");
        corsConfiguration.addAllowedHeader("*");
        corsConfiguration.addAllowedMethod("*");
        return corsConfiguration;
    }

    @Bean
    public CorsFilter corsFilter(){
        UrlBasedCorsConfigurationSource source = new UrlBasedCorsConfigurationSo
            urce();
        source.registerCorsConfiguration("/**", buildConfig());
        return new CorsFilter(source);
    }
}
```

创建 MybatisPlusConfig 类，代码如下。

```
@EnableTransactionManagement
@Configuration
@MapperScan(value = {"io.transaction.msg.order.mapper"})
public class MybatisPlusConfig {
    @Bean
    public PaginationInterceptor paginationInterceptor() {
        return new PaginationInterceptor();
    }
}
```

创建 WebMvcConfig 类，代码如下。

```
@Configuration
public class WebMvcConfig extends WebMvcConfigurationSupport {
    @Bean
    public HttpMessageConverter<String> responseBodyConverter() {
        return new StringHttpMessageConverter(Charset.forName("UTF-8"));
    }

    @Override
    public void configureMessageConverters(List<HttpMessageConverter<?>>
        converters) {
        converters.add(responseBodyConverter());
        addDefaultHttpMessageConverters(converters);
    }

    @Override
    public void configureContentNegotiation(ContentNegotiationConfigurer configurer) {
```

```
        configurer.favorPathExtension(false);
    }

    @Override
    protected void addResourceHandlers(ResourceHandlerRegistry registry) {
        registry.addResourceHandler("/**").addResourceLocations("classpath:/static/").
            addResourceLocations("classpath:/resources/");
        super.addResourceHandlers(registry);
    }
}
```

第三步：在项目的 src/main/resources 目录下创建 application.yml 文件，application.yml 文件是 Spring Boot 项目启动时自动加载的文件。application.yml 文件中主要定义了项目启动后监听的端口号、访问项目的根路径和项目编码，并在文件中引用 application-db.yml 文件，具体代码如下所示。

```
server:
    port: 10005
    servlet:
        context-path: /bank01
    tomcat:
        uri-encoding: UTF-8
    #设置编码为UTF-8

spring:
    main:
        allow-bean-definition-overriding: true
    profiles:
        include: db
        active: db
    output:
        ansi:
            enabled: detect
    application:
        name: tx-tcc-bank01

    http:
        encoding:
            charset: UTF-8
            enabled: true
            force: true
```

第四步：在 src/main/resources/ 目录下创建 application-db.yml 文件。application-db.yml 文件中主要定义了数据库连接池相关的信息和 MyBatis 相关的信息，代码如下所示。

```
spring:
  datasource:
    url:jdbc:mysql://192.168.175.100:3306/tx-tcc-bank01?useUnicode=true&characte
        rEncoding=UTF-8&useOldAliasMetadataBehavior=true&autoReconnect=true&fail
        OverReadOnly=false&useSSL=false&serverTimezone=UTC
```

```
    username: root
    password: root
    driver-class-name: com.mysql.jdbc.Driver
    platform: mysql
    type: com.alibaba.druid.pool.DruidDataSource
    # 下面为连接池的补充设置，应用到上面所有数据源中
    # 初始化大小，最小、最大
    initialSize: 10
    minIdle: 5
    maxActive: 20
    # 配置获取连接等待超时的时间
    maxWait: 60000
    # 配置间隔多久检测一次需要关闭的空闲连接，单位是毫秒
    timeBetweenEvictionRunsMillis: 3600000
    # 配置一个连接在数据库连接池中最小生存的时间，单位是毫秒
    minEvictableIdleTimeMillis: 3600000
    validationQuery: select 1 from dual
    testWhileIdle: true
    testOnBorrow: false
    testOnReturn: false
    # 打开PSCache，并指定每个连接上PSCache的大小
    poolPreparedStatements: true
    maxPoolPreparedStatementPerConnectionSize: 20
    maxOpenPreparedStatements: 20
    # 配置监控统计拦截的过滤器，去掉后监控界面SQL无法统计
    filters: stat
    # 通过connectProperties属性打开mergeSql功能；慢SQL记录
    # connectionProperties: druid.stat.mergeSql=true;druid.stat.slowSqlMillis=5000

mybatis-plus:
  global-config:
    db-config:
      id-type: auto
      field-strategy: not-empty
      table-underline: true
      db-type: mysql
      logic-delete-value: 1 # 逻辑已删除值（默认为1）
      logic-not-delete-value: 0 # 逻辑未删除值（默认为0）
  mapper-locations: classpath:/mapper/*.xml
  type-aliases-package: io.transaction.tcc.common.entity.*  # 注意：对应实体类的路径
  configuration:
    jdbc-type-for-null: 'null'
```

第五步：在项目的 src/main/resources 目录下创建 hmily.yml 文件，hmily.yml 文件在项目启动时由 Hmily 分布式事务框架自动加载，文件中主要定义了 Hmily 框架整合 Dubbo 的配置信息、连接数据库的信息和监控信息等。

值得注意的是，hmily. config 节点下的 autoSql 配置为 true 时，在文件中配置的 hmily 数据库会在项目启动时由 Hmily 框架自动创建，hmily 数据库存储的是 Hmily 框架运行过程中产生的分布式事务信息。感兴趣的读者可以查看 Hmily 框架自带的 Demo 示例，这里笔

者不再赘述。

hmily.yml 文件的具体代码如下所示。

```
hmily:
    server:
        configMode: local
        appName: user-account-bank01-dubbo
    #  如果server.configMode的值为local，读取这里的配置信息
    config:
        appName: user-account-bank01-dubbo
        serializer: kryo
        contextTransmittalMode: threadLocal
        scheduledThreadMax: 16
        scheduledRecoveryDelay: 60
        scheduledCleanDelay: 60
        scheduledPhyDeletedDelay: 600
        scheduledInitDelay: 30
        recoverDelayTime: 60
        cleanDelayTime: 180
        limit: 200
        retryMax: 10
        bufferSize: 8192
        consumerThreads: 16
        asyncRepository: true
        autoSql: true
        phyDeleted: true
        storeDays: 3
        repository: mysql

repository:
    database:
        driverClassName: com.mysql.jdbc.Driver
        url:jdbc:mysql://127.0.0.1:3306/hmily?useUnicode=true&characterEncoding=
            UTF-8&useOldAliasMetadataBehavior=true&autoReconnect=true&failOverRe
            adOnly=false&useSSL=false&serverTimezone=UTC
        username: root
        password: root
        maxActive: 20
        minIdle: 10
        connectionTimeout: 30000
        idleTimeout: 600000
        maxLifetime: 1800000
    file:
        path: D:\hmilyLog
        prefix: /hmily
    mongo:
        databaseName:
        url:
        userName:
        password:
    zookeeper:
        host: localhost:2181
```

```
            sessionTimeOut: 1000000000
            rootPath: /hmily
            redis:
            cluster: false
            sentinel: false
            clusterUrl:
            sentinelUrl:
            masterName:
            hostName:
            port:
            password:
            maxTotal: 8
            maxIdle: 8
            minIdle: 2
            maxWaitMillis: -1
            minEvictableIdleTimeMillis: 1800000
            softMinEvictableIdleTimeMillis: 1800000
            numTestsPerEvictionRun: 3
            testOnCreate: false
            testOnBorrow: false
            testOnReturn: false
            testWhileIdle: false
            timeBetweenEvictionRunsMillis: -1
            blockWhenExhausted: true
            timeOut: 1000

    metrics:
        metricsName: prometheus
        host:
        port: 9081
        async: true
        threadCount : 16
        jmxConfig:
```

第六步：在项目的src/main/resources目录下创建applicationContext.xml文件，applicationContext.xml文件主要是将Hmily框架中的SpringHmilyTransactionAspect类和HmilyApplicationContextAware类实例化并装载到Spring的IOC容器中，同时在文件中引用了spring-dubbo.xml文件，具体代码如下所示。

```
<aop:aspectj-autoproxy expose-proxy="true"/>
<bean id = "hmilyTransactionAspect"
     class="org.dromara.hmily.spring.aop.SpringHmilyTransactionAspect"/>
<bean id = "hmilyApplicationContextAware"
 class="org.dromara.hmily.spring.HmilyApplicationContextAware"/>
<import resource="spring-dubbo.xml"/>
```

第七步：在项目的src/main/resources目录下创建spring-dubbo.xml文件。spring-dubbo.xml文件中定义了项目的Dubbo服务名称、ZooKeeper的地址、Dubbo的协议信息和Dubbo服务的消费者接口，如下所示。

```
<dubbo:application name="user_account_bank01_service"/>
```

```
<dubbo:registry protocol="zookeeper" address="localhost:2181"/>
<dubbo:protocol name="dubbo" port="-1"
    server="netty"
    charset="UTF-8" threadpool="fixed" threads="500"
    queues="0" buffer="8192" accepts="0" payload="8388608" />
<dubbo:reference timeout="50000000"
    interface="io.transaction.tcc.common.api.UserAccountBank02Service"
    id="userAccountBank02Service"/>
```

至此，转出银行微服务的项目就搭建完成了。

15.5.2　业务逻辑层的实现

转出银行微服务的业务逻辑层主要是实现本地账户的金额扣减操作，并通过 Hmily 框架和 Dubbo 框架实现转入银行微服务对应账户余额的增加操作，具体实现步骤如下所示。

第一步：在 io.transaction.tcc.bank01.service 包下创建 UserAccountBank01Service 接口，在 UserAccountBank01Service 接口中主要定义了转账操作的方法，具体代码如下所示。

```
public interface UserAccountBank01Service {
    /**
    * 转账
    */
    void transferAmount(UserAccountDto userAccountDto);
}
```

第二步：在 io.transaction.tcc.bank01.service.impl 包下创建 UserAccountBank01ServiceImpl 类，实现 UserAccountBank01Service 接口，将具体的转账操作分为 Try、Confirm、Cancel 三个阶段，在 Try 阶段会校验方法的幂等性和账户的合法性，并处理事务悬挂问题，扣减本地账户的余额并将扣减的余额保存在 user_account 数据表的 transfer_amount 字段中。在 Confirm 阶段会将保存在 transfer_amount 字段中的金额减去本次转账的金额。在 Cancel 阶段会回滚本次转账的金额，具体操作是将账户金额加上本次转账的金额，同时将 transfer_amount 字段中的金额减去本次转账的金额。Confirm 阶段和 Cancel 阶段也会实现幂等，具体代码如下所示。

```
@Service("userAccountBank01Service")
public class UserAccountBank01ServiceImpl implements UserAccountBank01Service {
    @Autowired
    private UserAccountMapper userAccountMapper;
    @Autowired(required = false)
    private UserAccountBank02Service userAccountBank02Service;

    @Override
    @HmilyTCC(confirmMethod = "confirmMethod", cancelMethod = "cancelMethod")
    public void transferAmount(UserAccountDto userAccountDto) {
        String txNo = userAccountDto.getTxNo();
        log.info("执行bank01的Try方法，事务id为:{}", txNo);
        if(userAccountMapper.existsTryLog(txNo)!= null){
```

```
            log.info("bank01已经执行过Try方法, txNo:{}", txNo);
            return;
        }
        //悬挂处理
        if(userAccountMapper.existsConfirmLog(txNo) != null
        || userAccountMapper.existsCancelLog(txNo) != null){
            log.info("bank01的Confirm方法或者Cancel方法已经执行过, txNo:{}", txNo);
            return;
        }
        UserAccount sourceAccount = userAccountMapper.getUserAccountByAccountNo(u
            serAccountDto.getSourceAccountNo());
        if(sourceAccount == null){
            throw new RuntimeException("不存在转出账户");
        }
        if(sourceAccount.getAccountBalance().compareTo(userAccountDto.
            getAmount()) < 0){
            throw new RuntimeException("账户余额不足");
        }
        UserAccount targetAccount = userAccountBank02Service.
        getUserAccountByAccountNo(userAccountDto.getTargetAccountNo());
        if(targetAccount == null){
            throw new RuntimeException("不存在转入账户");
        }
        userAccountMapper.saveTryLog(txNo);
        userAccountMapper.updateUserAccountBalanceBank01(userAccountDto.
            getAmount(), userAccountDto.getSourceAccountNo());

        userAccountBank02Service.transferAmountToBank2(userAccountDto);
    }

    public void confirmMethod(UserAccountDto userAccountDto){
        String txNo = userAccountDto.getTxNo();
        log.info("执行bank01的Confirm方法,事务id为:{}", txNo);
        if(userAccountMapper.existsConfirmLog(txNo) != null){
            log.info("bank01已经执行过Confirm方法, txNo:{}", txNo);
            return;
        }
        userAccountMapper.saveConfirmLog(txNo);
        userAccountMapper.confirmUserAccountBalanceBank01(userAccountDto.
            getAmount(), userAccountDto.getSourceAccountNo());
    }

    public void cancelMethod(UserAccountDto userAccountDto){
        String txNo = userAccountDto.getTxNo();
        log.info("执行bank01的Cancel方法,事务id为:{}", txNo);
        if(userAccountMapper.existsCancelLog(txNo) != null){
            log.info("bank01已经执行过Cancel方法, txNo:{}", txNo);
            return;
        }
        userAccountMapper.saveCancelLog(txNo);
        userAccountMapper.cancelUserAccountBalanceBank01(userAccountDto.getAmount(),
            userAccountDto.getSourceAccountNo());
```

```
    }
}
```

15.5.3　接口层的实现

转出银行微服务的接口层提供了对外转账的 HTTP 接口，实现比较简单，在 io.transaction. tcc.bank01.controller 包下创建 TransferController 类，在 TransferController 类中定义 transfer 接口，将 transfer 接口映射到 transfer(String, String, BigDecimal) 方法上，transfer (String, String, BigDecimal) 方法调用 UserAccountBank01Service 的 transferAmount (UserAccountDto) 方法实现转账操作。

值得注意的是，为了能够跟踪整个事务的执行流程，在 TransferControlle 类的 transfer(String, String, BigDecimal) 方法中，使用 UUID 生成的序列号作为事务传播的序列号。

TransferController 类的具体代码如下所示。

```
@RestController
public class TransferController {
    @Autowired
    private UserAccountBank01Service userAccountBank01Service;
    @PostMapping(value = "/transfer")
    public String transfer(@RequestParam("sourceAccountNo") String sourceAccountNo,
        @RequestParam("targetAccountNo") String targetAccountNo,@RequestParam
        ("amount")BigDecimal amount){
        UserAccountDto userAccountDto = new UserAccountDto(UUID.randomUUID().
            toString(), "1001", "1002", BigDecimal.valueOf(100));
        userAccountBank01Service.transferAmount(userAccountDto);
        return "success";
    }
}
```

15.5.4　项目启动类的实现

整个转出银行微服务基于 Spring Boot 实现，Spring Boot 项目通过 main() 方法启动，项目的启动类实现比较简单。在 io.transaction.tcc.bank01 包下创建 TccBank01Starter 类作为转出银行微服务的启动类，代码如下所示。

```
@SpringBootApplication
@ComponentScan(basePackages = {"io.transaction.tcc"})
@MapperScan(value = { "io.transaction.tcc.common.mapper" })
@ImportResource({"classpath:applicationContext.xml"})
@EnableTransactionManagement(proxyTargetClass = true)
public class TccBank01Starter {
    public static void main(String[] args){
        SpringApplication.run(TccBank01Starter.class, args);
    }
}
```

至此，整个转出银行微服务就实现完毕了。

15.6 实现转入银行微服务

转入银行微服务对外提供了转入账户的Dubbo接口，当转出银行微服务调用转入银行微服务的Dubbo接口时，转入银行微服务会执行增加账户余额的操作。执行成功，则将数据持久化到数据库，并将事务执行记录保存到数据库中；执行失败或者出现异常，则回滚整个分布式事务。

转入银行微服务项目搭建的过程与转出银行微服务项目的搭建过程基本一致，只是有些配置文件中的配置项和类上的包扫描路径不同，读者可参见本书的随书源码对比学习，这里笔者不再赘述。

15.6.1 业务逻辑层的实现

转入银行微服务的业务逻辑层也是Dubbo接口的具体实现，在io.transaction.tcc.bank02.service.impl包下创建UserAccountBank02ServiceImpl类，实现对外提供的Dubbo接口UserAccountBank02Service。同样将整个转入金额的操作分为Try、Confirm、Cancel三个阶段，在Try阶段会检验方法的幂等性、账户的合法性、处理事务的悬挂问题，并且将转入的金额保存在user_account数据表的transfer_amount字段中。在Confirm阶段将保存在transfer_amount字段中的金额减去本次转账的金额，并将账户的余额增加本次转账的金额。在Cancel阶段则是将transfer_amount字段中的金额减去本次转账的金额。Confirm阶段和Cancel阶段同样实现了方法的幂等操作，具体代码如下所示。

```
@Service("userAccountBank02Service")
public class UserAccountBank02ServiceImpl implements UserAccountBank02Service {
    @Autowired
    private UserAccountMapper userAccountMapper;

    @Override
    @Transactional(rollbackFor = Exception.class)
    @HmilyTCC(confirmMethod = "confirmMethod", cancelMethod = "cancelMethod")
    public void transferAmountToBank2(UserAccountDto userAccountDto) {
        String txNo = userAccountDto.getTxNo();
        log.info("执行bank02的Try方法，事务id为:{}, 参数为:{}", txNo, JSONObject.
            toJSONString(userAccountDto));
        //幂等处理
        if(userAccountMapper.existsTryLog(txNo) != null){
            log.info("bank02已经执行过try方法, txNo:{}", txNo);
            return;
        }
        //悬挂处理
        if(userAccountMapper.existsConfirmLog(txNo) != null || userAccountMapper.
```

```
            existsCancelLog(txNo) != null){
            log.info("bank02的Confirm方法或者Cancel方法已经执行过，txNo:{}", txNo);
            return;
        }
        UserAccount userAccount = userAccountMapper.getUserAccountByAccountNo(us
            erAccountDto.getTargetAccountNo());
        if(userAccount == null){
            throw new RuntimeException("不存在此账户");
        }
        userAccountMapper.saveTryLog(txNo);
        userAccountMapper.updateUserAccountBalanceBank02(userAccountDto.
            getAmount(), userAccountDto.getTargetAccountNo());
    }

    @Override
    public UserAccount getUserAccountByAccountNo(String accountNo) {
        return userAccountMapper.getUserAccountByAccountNo(accountNo);
    }

    @Transactional(rollbackFor = Exception.class)
    public void confirmMethod(UserAccountDto userAccountDto){
        String txNo = userAccountDto.getTxNo();
        log.info("执行bank02的Confirm方法，事务id为:{}, 参数为:{}", txNo, JSONObject.
            toJSONString(userAccountDto));
        if(userAccountMapper.existsConfirmLog(txNo) != null){
            log.info("bank02已经执行过Confirm方法，txNO:{}", txNo);
            return;
        }
        userAccountMapper.saveConfirmLog(txNo);
        userAccountMapper.confirmUserAccountBalanceBank02(userAccountDto.
            getAmount(), userAccountDto.getTargetAccountNo());
    }

    @Transactional(rollbackFor = Exception.class)
    public void cancelMethod(UserAccountDto userAccountDto){
        String txNo = userAccountDto.getTxNo();
        log.info("执行bank02的Confirm方法，事务id:{}, 参数为:{}", txNo, JSONObject.
            toJSONString(userAccountDto));
        if(userAccountMapper.existsCancelLog(txNo) != null){
            log.info("bank02已经执行过Cancel方法，txNo:{}", txNo);
            return;
        }
        userAccountMapper.saveCancelLog(txNo);
        userAccountMapper.cancelUserAccountBalanceBank02(userAccountDto.
            getAmount(), userAccountDto.getTargetAccountNo());
    }
}
```

15.6.2　项目启动类的实现

转入银行微服务的项目启动类也比较简单，在 io.transaction.tcc.bank02 包下创建

TccBank02Starter 类，具体代码如下所示。

```
@SpringBootApplication
@ComponentScan(basePackages = {"io.transaction.tcc"})
@MapperScan(value = { "io.transaction.tcc.common.mapper" })
@ImportResource({"classpath:applicationContext.xml"})
@EnableTransactionManagement(proxyTargetClass = true)
public class TccBank02Starter {
    public static void main(String[] args){
        SpringApplication.run(TccBank02Starter.class, args);
    }
}
```

至此，整个转入银行微服务的项目就实现完毕了。

15.7 测试程序

项目开发完后，需要对项目进行测试，以确认转出银行微服务账户减少的金额是否与转入银行微服务账户增加的金额相同。具体测试步骤如下。

第一步：分别查询 tx-tcc-bank01 数据库和 tx-tcc-bank02 数据库中 user_account 数据表中的数据，如下所示。

tx-tcc-bank01 数据库代码如下。

```
mysql> use tx-tcc-bank01;
Database changed
mysql> select * from user_account;
+------------+--------------+-----------------+-----------------+
| account_no | account_name | account_balance | transfer_amount |
+------------+--------------+-----------------+-----------------+
| 1001       | 冰河001      |        10000.00 |            0.00 |
+------------+--------------+-----------------+-----------------+
1 row in set (0.13 sec)
```

可以看到，在 tx-tcc-bank01 数据库的 user_account 数据表中，冰河 001 用户的账户余额为 10000 元。

tx-tcc-bank02 数据库代码如下。

```
mysql> use tx-tcc-bank02;
Database changed
mysql> select * from user_account;
+------------+--------------+-----------------+-----------------+
| account_no | account_name | account_balance | transfer_amount |
+------------+--------------+-----------------+-----------------+
| 1002       | 冰河002      |        10000.00 |            0.00 |
+------------+--------------+-----------------+-----------------+
1 row in set (0.00 sec)
```

可以看到，在 tx-tcc-bank02 数据库的 user_account 数据表中，冰河 002 用户的账户余额同样为 10000 元。

第二步：分别启动转出银行微服务和转入银行微服务，通过 Postman 等工具调用转出银行微服务的 http://192.168.175.100:10005/bank01/transfer 接口，并传递转账的参数，为冰河 001 的账户余额减少 100 元，为冰河 002 用户的账户余额增加 100 元。

此时，转出银行微服务的日志文件中输出了如下日志信息。

```
INFO 107956 --- [main] i.t.t.b.s.i.UserAccountBank01ServiceImpl : 执行bank01的Try
    方法，事务id为:5f7c14ca-832e-4241-ba3f-3c81f2cbb292
INFO 107956 --- [ecutorHandler-8] i.t.t.b.s.i.UserAccountBank01ServiceImpl : 执行
    bank01的Confirm方法，事务id为:5f7c14ca-832e-4241-ba3f-3c81f2cbb292
```

转入银行微服务的日志文件中输出了如下日志信息。

```
INFO 106000 --- [:20880-thread-3] i.t.t.b.s.i.UserAccountBank02ServiceImpl : 执行
    bank02的Try方法，事务id为:5f7c14ca-832e-4241-ba3f-3c81f2cbb292， 参数为:{"amount"
    :100,"sourceAccountNo":"1001","targetAccountNo":"1002","txNo":"5f7c14ca832e-
    4241-ba3f-3c81f2cbb292"}
INFO 106000 --- [:20880-thread-4] i.t.t.b.s.i.UserAccountBank02ServiceImpl : 执行
    bank02的Confirm方法，事务id为:5f7c14ca-832e-4241-ba3f-3c81f2cbb292， 参数为:{"am
    ount":100,"sourceAccountNo":"1001","targetAccountNo":"1002","txNo":"5f7c14ca
    832e-4241-ba3f-3c81f2cbb292"}
```

从输出的日志中可以看出，转账操作执行成功了，并且整个分布式事务执行的过程中传播的全局事务编号为 5f7c14ca-832e-4241-ba3f-3c81f2cbb292。

第三步：再次查询 tx-tcc-bank01 数据库和 tx-tcc-bank02 数据库中 user_account 数据表的数据，如下所示。

tx-tcc-bank01 数据库代码如下。

```
mysql> use tx-tcc-bank01;
Database changed
mysql> select * from user_account;
+------------+--------------+-----------------+-----------------+
| account_no | account_name | account_balance | transfer_amount |
+------------+--------------+-----------------+-----------------+
| 1001       | 冰河001      |         9900.00 |            0.00 |
+------------+--------------+-----------------+-----------------+
1 row in set (0.00 sec)
```

可以看到，在 tx-tcc-bank01 数据库的 user_account 数据表中，冰河 001 用户的账户余额由原来的 10000 元变成了 9900 元，减少了 100 元。

tx-tcc-bank02 数据库代码如下。

```
mysql> use tx-tcc-bank02;
Database changed
mysql> select * from user_account;
+------------+--------------+-----------------+-----------------+
```

```
| account_no | account_name | account_balance | transfer_amount |
+------------+--------------+-----------------+-----------------+
| 1002       | 冰河002      |        10100.00 |            0.00 |
+------------+--------------+-----------------+-----------------+
1 row in set (0.00 sec)
```

可以看到，在 tx-tcc-bank02 数据库的 user_account 数据表中，冰河 002 用户的账户余额由原来的 10000 元变成了 10100 元，增加了 100 元。说明转出银行微服务对应的账户余额减少的金额与转入银行微服务对应的账户余额增加的金额相等，符合预期的效果。

查看数据库中 TCC 分布式事务每个阶段执行的记录时，发现 Try 阶段的执行记录表和 Confirm 阶段的执行记录表中存在数据，读者可自行下载随书源码进行学习验证，笔者不再赘述。

15.8 本章小结

本章主要基于 Hmily 框架实现了模拟跨行转账业务的 TCC 分布式事务场景。首先对业务场景和程序模块进行了简单的说明。接下来，对数据库表结构进行了简单的介绍。随后详细描述了项目的公共模块、转出银行微服务和转入银行微服务的实现过程。最后，对整个 TCC 分布式事务场景进行了简单的测试。第 16 章将实现一个基于可靠消息最终一致性分布式事务的完整案例。

本章的随书源码已提交到如下代码仓库。

- GitHub：https://github.com/dromara/distribute-transaction。
- Gitee：https://gitee.com/dromara/distribute-transaction。

读者也可以自行阅读 Hmily 自带的 Demo 示例学习 TCC 分布式事务，Hmily 框架的地址如下所示。

- GitHub：https://github.com/dromara/hmily。
- Gitee：https://gitee.com/dromara/hmily。

第 16 章 Chapter 16

可靠消息最终一致性分布式事务实战

前面的章节介绍了可靠消息最终一致性分布式事务的解决方案和实现原理。本章综合前面章节介绍的内容，结合电商业务场景中典型的下单减库存业务，使用 RocketMQ 消息中间件来实现分布式事务。

本章涉及的内容如下。

- 场景说明。
- 程序模块说明。
- 搭建 RocketMQ 环境。
- 数据库表设计。
- 实现订单微服务。
- 实现库存微服务。
- 测试程序。

16.1 场景说明

本实战案例通过 RocketMQ 消息中间件实现可靠消息最终一致性分布式事务，模拟商城业务中的下单扣减库存场景。订单微服务和库存微服务分别独立开发和部署，如图 16-1 所示。

图 16-1　下单扣减库存业务

订单微服务通过调用库存微服务对外提供的扣减库存接口，执行扣减库存的操作。

提交订单时，订单微服务向 RocketMQ 发送事务消息，RocketMQ 成功接收到消息后，会向订单微服务返回确认消息。此时，订单微服务执行本地事务，将订单信息写入订单数据库。接下来，如果订单微服务本地事务执行成功，则会向 RocketMQ 发送提交事务的消息。否则，订单微服务向 RocketMQ 发送回滚事务的消息。库存微服务订阅 RocketMQ 的消息，如果接收到消息，就会执行本地事务，扣减商品库存。异常情况下，RocketMQ 会调用订单微服务提供的回调接口回查事务状态，并根据事务状态执行消息提交或回滚操作，整体流程如图 16-2 所示。

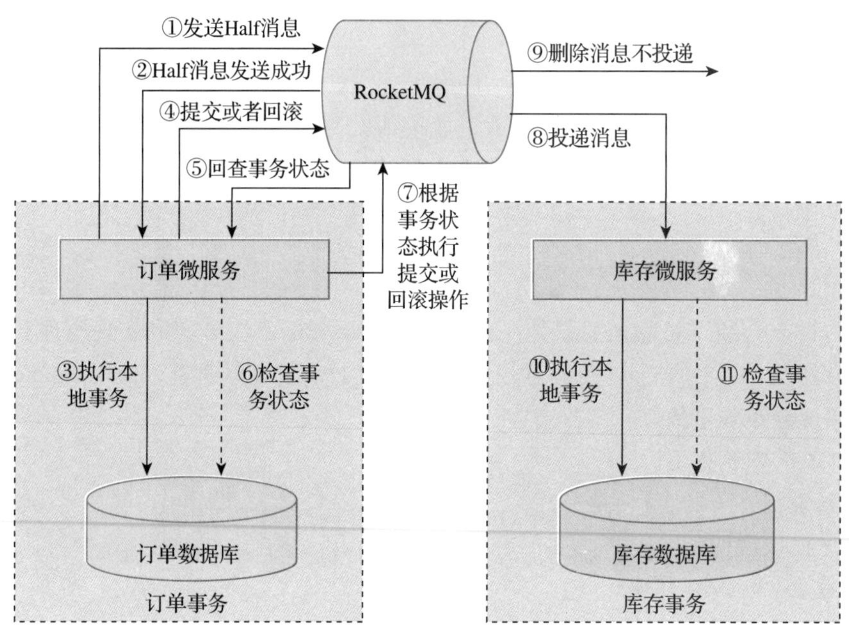

图 16-2 下单减库存可靠消息最终一致性分布式事务流程

整体流程如下所示。

第一步：订单微服务向 RocketMQ 发送 Half 消息。

第二步：RocketMQ 向订单微服务响应 Half 消息发送成功。

第三步：订单微服务执行本地事务，向本地数据库中插入、更新、删除数据。

第四步：订单微服务向 RocketMQ 发送提交事务或者回滚事务的消息。

第五步：如果库存微服务未收到消息，或者执行事务失败，且 RocketMQ 未删除保存的消息数据，RocketMQ 会回查订单微服务的接口，查询事务状态，以此确认是再次提交事务还是回滚事务。

第六步：订单微服务查询本地数据库，确认事务是否执行成功。

第七步：订单微服务根据查询出的事务状态，向 RocketMQ 发送提交事务或者回滚事务的消息。

第八步：如果第七步中订单微服务向 RocketMQ 发送的是提交事务的消息，则 RocketMQ 会向库存微服务投递消息。

第九步：如果第七步中订单微服务向 RocketMQ 发送的是回滚事务的消息，则 RocketMQ 不会向库存微服务投递消息，并且会删除内部存储的消息数据。

第十步：如果 RocketMQ 向库存微服务投递的是执行本地事务的消息，则库存微服务会执行本地事务，向本地数据库中插入、更新、删除数据。

第十一步：如果 RocketMQ 向库存微服务投递的是查询本地事务状态的消息，则库存微服务会查询本地数据库中事务的执行状态。

16.2 程序模块说明

本案例涉及的服务和程序组件如下所示。

- 服务器：192.168.175.100 和 192.168.175.101。
- MySQL：MySQL 8.0.20。
- JDK：64 位 JDK 1.8.0_212。
- RocketMQ 消息中间件：rocketmq-all-4.5.0-bin-release。
- RocketMQ 客户端：rocketmq-spring-boot-starter-2.0.2- RELEASE。
- 微服务框架：springboot- 2.2.6.RELEASE。
- 数据库：订单数据库 tx-msg-order，存储在 192.168.175.100 服务器上，库存数据库 tx-msg-stock，存储在 192.168.175.101 服务器上。

16.3 RocketMQ 环境搭建与测试

采用 RocketMQ 实现可靠消息最终一致性分布式事务，需要先搭建 RocketMQ 环境。因为 RocketMQ 消息中间件使用 Java 语言编程，所以需要搭建 Java 环境。本节在 CentOS 8 服务器上基于 Java 8 环境搭建 RocketMQ 环境。

16.3.1 搭建 Java 环境

在 CentOS 8 中搭建 Java 8 环境还是比较简单的，将下载的 JDK8 安装包上传到 CentOS 8 服务器指定的目录下，解压后配置好系统环境变量即可，具体步骤如下所示。

第一步：将下载的 jdk-8u212-linux-x64.tar.gz 安装文件上传到服务器的 /usr/local/src 目录下，代码如下。

```
[root@binghe101 ~]# ls /usr/local/src/
jdk-8u212-linux-x64.tar.gz
```

第二步：将服务器命令行切换到 /usr/local/src 目录下，解压 jdk-8u212-linux-x64.tar.gz 安装包，如下所示。

```
[root@binghe101 ~]# cd /usr/local/src/
[root@binghe101 src]# tar -zxvf jdk-8u212-linux-x64.tar.gz
```

第三步：将解压出的 jdk1.8.0_212 移动到 /usr/local 目录下，如下所示。

```
[root@binghe101 src]# mv jdk1.8.0_212/ /usr/local/
```

第四步：使用 vim 命令编辑 /etc/profile 文件，如下所示。

```
[root@binghe101 src]# vim /etc/profile
```

在 /etc/profile 文件末尾添加如下代码行。

```
JAVA_HOME=/usr/local/jdk1.8.0_212
CLASS_PATH=.:$JAVA_HOME/lib
PATH=$JAVA_HOME/bin:$PATH
export JAVA_HOME CLASS_PATH PATH
```

保存并退出 vim 编辑器，执行如下命令使系统环境变量生效。

```
source /etc/profile
```

第五步：在命令行执行如下命令验证 Java 环境是否搭建成功。

```
[root@binghe101 ~]# java -version
java version "1.8.0_212"
Java(TM) SE Runtime Environment (build 1.8.0_212-b10)
Java HotSpot(TM) 64-Bit Server VM (build 25.212-b10, mixed mode)
```

在命名行输入 java -version 命令查看 Java 版本号，成功地输出了 java version "1.8.0_212"，说明 Java 环境搭建成功。

16.3.2 搭建 RocketMQ 环境

为了方便演示，本节在一台服务器上搭建 RocketMQ 环境，在实际工作中，需要将 RocketMQ 搭建成集群模式，以便实现 RocketMQ 环境高可用。接下来，按照如下步骤搭建单机版 RocketMQ 环境。

第一步：将下载的 rocketmq-all-4.5.0-bin-release.zip 安装包上传到服务器的 /usr/local/src 目录下，如下所示。

```
[root@binghe101 src]# pwd
/usr/local/src
[root@binghe101 src]# ls
jdk-8u212-linux-x64.tar.gz  rocketmq-all-4.5.0-bin-release.zip
```

第二步：解压 rocketmq-all-4.5.0-bin-release.zip 安装包，如下所示。

```
[root@binghe101 src]# unzip rocketmq-all-4.5.0-bin-release.zip
```

第三步：将解压出的 rocketmq-all-4.5.0-bin-release 文件夹移动到 /usr/local 目录下。

```
[root@binghe101 src]# mv rocketmq-all-4.5.0-bin-release /usr/local/
```

第四步：将目录切换到 /usr/local/rocketmq-all-4.5.0-bin-release/ 目录下。

```
[root@binghe101 src]# cd /usr/local/rocketmq-all-4.5.0-bin-release/
```

第五步：创建 /data/logs/rocketmqlogs 目录，并修改 broker、namesrv、tools 的日志输出位置为 /data/logs/rocketmqlogs，如下所示。

```
[root@binghe101 rocketmq-all-4.5.0-bin-release]# mkdir -p /data/logs/rocketmqlogs
[root@binghe101 rocketmq-all-4.5.0-bin-release]# sed -i 's#${user.home}/logs/#/
    data/logs/#g' conf/logback_broker.xml
[root@binghe101 rocketmq-all-4.5.0-bin-release]# sed -i 's#${user.home}/logs/#/
    data/logs/#g' conf/logback_namesrv.xml
[root@binghe101 rocketmq-all-4.5.0-bin-release]# sed -i 's#${user.home}/logs/#/
    data/logs/#g' conf/logback_tools.xml
```

第六步：为 broker 分配占用的 JVM 内存大小。

```
vim bin/runbroker.sh
```

找到如下配置。

```
JAVA_OPT="${JAVA_OPT} -server -Xms8g -Xmx8g -Xmn4g"
```

将其修改为如下配置。

```
JAVA_OPT="${JAVA_OPT} -server -Xms256m -Xmx256m -Xmn128m"
```

保存并退出 vim 编辑器。

第七步：为 namesrv 分配占用的 JVM 内存大小。

```
vim bin/runserver.sh
```

找到如下配置。

```
JAVA_OPT="${JAVA_OPT} -server -Xms4g -Xmx4g -Xmn2g -XX:MetaspaceSize=128m
    -XX:MaxMetaspaceSize=320m"
```

将其修改为如下配置。

```
JAVA_OPT="${JAVA_OPT} -server -Xms256m -Xmx256m -Xmn128m -XX:MetaspaceSize=128m
    -XX:MaxMetaspaceSize=320m"
```

第八步：为 tools 分配占用的 JVM 内存大小。

```
vim bin/tools.sh
```

找到如下配置。

```
JAVA_OPT="${JAVA_OPT} -server -Xms1g -Xmx1g -Xmn256m -XX:PermSize=128m
    -XX:MaxPermSize=128m"
```

将其修改为如下配置。

```
JAVA_OPT="${JAVA_OPT} -server -Xms128m -Xmx128m -Xmn256m -XX:PermSize=128m
    -XX:MaxPermSize=128m"
```

第九步：修改 broker.conf 文件，如下所示。

```
vim /usr/local/rocketmq-all-4.5.0-bin-release/conf/broker.conf
```

找到文件中的如下配置。

```
namesrvAddr=127.0.0.1:9876
```

将其修改为如下配置。

```
namesrvAddr=192.168.175.101:9876
```

并添加如下配置。

```
brokerIP1=192.168.175.101
```

第十步：在 /etc/profile 文件中配置系统环境变量，配置完成后的系统环境变量如下所示。

```
JAVA_HOME=/usr/local/jdk1.8.0_212
ROCKETMQ_HOME=/usr/local/rocketmq-all-4.5.0-bin-release
CLASS_PATH=.:$JAVA_HOME/lib
PATH=$JAVA_HOME/bin:$ROCKETMQ_HOME/bin:$PATH
export JAVA_HOME ROCKETMQ_HOME CLASS_PATH PATH
```

在命令行输入如下命令使 RocketMQ 系统环境变量生效。

```
source /etc/profile
```

注意，本案例作为演示，broker、namesrv、tools 的占用的 JVM 内存不会太大，如果读者在实际业务场景搭建 RocketMQ 环境，则需要根据具体需求分配 JVM 内存。

至此，RocketMQ 环境搭建成功。

16.3.3 测试 RocketMQ 环境

搭建完 RocketMQ 环境后，需要对搭建的 RocketMQ 环境进行测试。接下来，按照如下步骤测试搭建的 RocketMQ 环境。

1. 启动 RocketMQ

第一步：启动 namesrv 服务，如下所示。

```
[root@binghe101 ~]#  nohup mqnamesrv >> /data/logs/mqnamesrv.log 2>&1 &
[1] 8166
```

第二步：启动 broker 服务，如下所示。

```
[root@binghe101 ~]# nohup mqbroker -n 192.168.175.101:9876 -c /usr/local/
    rocketmq-all-4.5.0-bin-release/conf/broker.conf autoCreateTopicEnable=true
    >> /data/logs/mqbroker.log 2>&1 &
```

```
[2] 8187
```

这里通过 -n 192.168.175.101:9876 选项将 RocketMQ 监听的 IP 和端口分别设置为 192.168.175.101 和 9876。

第三步：分别输入如下命令，查看 namesrv 进程和 broker 进程是否启动成功。

```
[root@binghe101 ~]# ps -ef | grep mqnamesrv
root     8166   7742  0 09:09 pts/0     00:00:00 /bin/sh /usr/local/rocketmq-all-4.5.0
    bin-release/bin/mqnamesrv
root     8258   7742  0 09:10 pts/0    00:00:00 grep --color=auto mqnamesrv
[root@binghe101 ~]#
[root@binghe101 ~]# ps -ef | grep mqbroker
root    8187  7742  0 09:09 pts/0      00:00:00 /bin/sh /usr/local/rocketmq-all-4.5.0
    bin-release/bin/mqbroker -n 192.168.175.101:9876
root     8261   7742  0 09:11 pts/0    00:00:00 grep --color=auto mqbroker
```

根据输出的结果可以看出，namesrv 进程和 broker 进程已经启动成功。

2. 测试 RocketMQ

第一步：在命令行指定 NAMESRV_ADDR 的 IP 和端口，如下所示。

```
[root@binghe101 ~]# export NAMESRV_ADDR=192.168.175.101:9876
```

第二步：使用 tools.sh 脚本启动 RocketMQ 自带的 Producer 类，如下所示。

```
[root@binghe101 ~]# tools.sh org.apache.rocketmq.example.quickstart.Producer
```

启动后，发现 Producer 类会自动向 RocketMQ 发送消息，如下所示。

```
SendResult [sendStatus=SEND_OK, msgId=AC110001213460E53B9320EF56F403E2,
    offsetMsgId=AC11000100002A9F00000000000837DE, messageQueue=MessageQueue
    [topic=TopicTest, brokerName=binghe101, queueId=3], queueOffset=748]
SendResult [sendStatus=SEND_OK, msgId=AC110001213460E53B9320EF56F603E3,
    offsetMsgId=AC11000100002A9F0000000000083892, messageQueue=MessageQueue
    [topic=TopicTest, brokerName=binghe101, queueId=0], queueOffset=748]
SendResult [sendStatus=SEND_OK, msgId=AC110001213460E53B9320EF56F703E4,
    offsetMsgId=AC11000100002A9F0000000000083946, messageQueue=MessageQueue
    [topic=TopicTest, brokerName=binghe101, queueId=1], queueOffset=749]
SendResult [sendStatus=SEND_OK, msgId=AC110001213460E53B9320EF56F903E5,
    offsetMsgId=AC11000100002A9F00000000000839FA, messageQueue=MessageQueue
    [topic=TopicTest, brokerName=binghe101, queueId=2], queueOffset=749]
SendResult [sendStatus=SEND_OK, msgId=AC110001213460E53B9320EF56FB03E6,
    offsetMsgId=AC11000100002A9F0000000000083AAE, messageQueue=MessageQueue
    [topic=TopicTest, brokerName=binghe101, queueId=3], queueOffset=749]
SendResult [sendStatus=SEND_OK, msgId=AC110001213460E53B9320EF56FD03E7,
    offsetMsgId=AC11000100002A9F0000000000083B62, messageQueue=MessageQueue
    [topic=TopicTest, brokerName=binghe101, queueId=0], queueOffset=749]
```

发送完毕后，在命令行输出如下信息。

```
09:29:16.302 [NettyClientSelector_1] INFO  RocketmqRemoting - closeChannel: close
    the connection to remote address[192.168.175.101:9876] result: true
```

```
09:29:16.303 [NettyClientSelector_1] INFO  RocketmqRemoting - closeChannel: close
    the connection to remote address[172.17.0.1:10909] result: true
09:29:16.304 [NettyClientSelector_1] INFO  RocketmqRemoting - closeChannel: close
    the connection to remote address[172.17.0.1:10911] result: true
```

第三步：使用 tools.sh 脚本启动 RocketMQ 自定义的 Consumer 类，如下所示。

```
[root@binghe101 ~]# tools.sh org.apache.rocketmq.example.quickstart.Consumer
```

启动后，发现 Consumer 类会自动消费 RocketMQ 中的消息，如下所示。

```
ConsumeMessageThread_1 Receive New Messages: [MessageExt [queueId=3,
    storeSize=180, queueOffset=716, sysFlag=0, bornTimestamp=1625621354062,
    born Host=/172.17.0.1:49706, storeTimestamp=1625621354063, storeHost=/172.
    17.0.1:10911, msgId=AC11000100002A9F000000000007DDDE, commitLogOffset=515550,
    bodyCRC=820827250, reconsumeTimes=0, preparedTransactionOffset=0, toString()=
    Message{topic='TopicTest', flag=0, properties={MIN_OFFSET=0, MAX_OFFSET=750,
    CONSUME_START_TIME=1625621592039, UNIQ_KEY=AC110001213460E53B9320EF4E4E0362
    , WAIT=true, TAGS=TagA}, body=[72, 101, 108, 108, 111, 32, 82, 111, 99, 107,
    101, 116, 77, 81, 32, 56, 54, 54], transactionId='null'}]]
ConsumeMessageThread_5 Receive New Messages: [MessageExt [queueId=3, storeSize=180,
    queueOffset=715, sysFlag=0, bornTimestamp=1625621354054, bornHost=/172.17.0.1:49706,
    storeTimestamp=1625621354055, storeHost=/172.17.0.1:10911, msgId=AC11000100002A9
    F000000000007DB0E, commitLogOffset=514830, bodyCRC=931205227, reconsumeTimes=0,
    preparedTransactionOffset=0, toString()=Message{topic='TopicTest', flag=0,
    properties={MIN_OFFSET=0, MAX_OFFSET=750, CONSUME_START_TIME=1625621592039,
    UNIQ_KEY=AC110001213460E53B9320EF4E46035E, WAIT=true, TAGS=TagA}, body=[72,
    101, 108, 108, 111, 32, 82, 111, 99, 107, 101, 116, 77, 81, 32, 56, 54, 50],
    transactionId='null'}]]
```

至此，RocketMQ 环境搭建成功。

16.4 数据库表设计

下单扣减库存的业务场景主要涉及的核心业务表包括订单数据表和库存数据表。这里为了方便演示，简化了订单数据表和库存数据表的设计，去除了实际场景中复杂的业务流程。order 订单数据表设计和 stock 库存数据表设计如表 16-1、表 16-2 所示。

表 16-1 order 订单数据表

字段名称	字段类型	字段含义
id	bigint(20)	数据表主键 id
create_time	datetime	创建时间
order_no	varchar(64)	订单编号
product_id	bigint(20)	商品 id
pay_count	int	购买数量

表 16-2　stock 库存数据表

字段名称	字段类型	字段含义
id	bigint(20)	数据表主键 id
product_id	bigint(20)	商品 id
total_count	int	总库存数量

为了在实现分布式事务的过程中，统一全局事务 id 和实现幂等操作，设计了事务记录表 tx_log，如表 16-3 所示。

表 16-3　tx_log 事务记录表

字段名称	字段类型	字段含义
tx_no	varchar(64)	全局事务编号
create_time	datetime	创建时间

order 数据表存储于 tx-msg-order 订单数据库，stock 数据表存储于 tx-msg-stock 库存数据库，tx_log 数据表存储于 tx-msg-order 订单数据库和 tx-msg-stock 库存数据库。

设计完数据库，在 192.168.175.100 服务器的 MySQL 命令行执行如下命令创建订单数据库和数据表，代码如下。

```
create database if not exists tx-msg-order;

CREATE TABLE 'order' (
    'id' bigint(20) NOT NULL COMMENT '主键',
    'create_time' datetime DEFAULT CURRENT_TIMESTAMP COMMENT '创建时间',
    'order_no' varchar(64) DEFAULT '' COMMENT '订单编号',
    'product_id' bigint(20) DEFAULT '0' COMMENT '商品id',
    'pay_count' int(11) DEFAULT NULL COMMENT '购买数量',
    PRIMARY KEY ('id')
) ENGINE=InnoDB DEFAULT CHARSET=utf8mb4 COMMENT='模拟订单';

CREATE TABLE 'tx_log' (
    'tx_no' varchar(64) NOT NULL COMMENT '分布式事务全局序列号',
    'create_time' datetime DEFAULT NULL COMMENT '创建时间',
    PRIMARY KEY ('tx_no')
) ENGINE=InnoDB DEFAULT CHARSET=utf8mb4 COMMENT='事务记录';
```

在 192.168.175.101 服务器的 MySQL 命令行执行如下命令，创建库存数据库和数据表。

```
create database if not exists tx-msg-stock;

CREATE TABLE 'stock' (
    'id' bigint(20) NOT NULL COMMENT '主键id',
    'product_id' bigint(20) DEFAULT '0' COMMENT '商品id',
    'total_count' int(11) DEFAULT '0' COMMENT '商品总库存',
    PRIMARY KEY ('id')
) ENGINE=InnoDB DEFAULT CHARSET=utf8mb4 COMMENT='模拟库存';
```

```
CREATE TABLE 'tx_log' (
    'tx_no' varchar(64) NOT NULL COMMENT '分布式事务全局序列号',
    'create_time' datetime DEFAULT NULL COMMENT '创建时间',
    PRIMARY KEY ('tx_no')
) ENGINE=InnoDB DEFAULT CHARSET=utf8mb4 COMMENT='事务记录';
```

至此，数据库设计完成并创建了相关的数据和数据表。

16.5 实现订单微服务

订单微服务作为下单扣减库存业务场景的核心模块之一，是分布式事务场景中的事务发起方。当用户提交订单时，就会发送请求到下单接口，下单接口触发提交订单的业务逻辑。提交订单的业务逻辑是先将用户提交的参数封装为事务消息发送到 RocketMQ，RocketMQ 收到消息后会回调执行本地事务的接口方法，可以在这个方法中执行订单微服务的本地事务提交订单。如果订单微服务的本地事务执行成功，则向 RocketMQ 返回提交状态，通知 RocketMQ 提交消息信息，库存微服务就会收到消息。否则，向 RocketMQ 返回回滚状态，RocketMQ 删除消息，从而实现分布式事务。

16.5.1 项目搭建

订单微服务主要基于 SpringBoot 实现，项目的搭建过程如下所示。

第一步：新建名为 tx-msg-order 的 Maven 项目，表示基于可靠消息一致性分布式事务方案实现的订单微服务，并在项目的 pom.xml 文件中进行如下配置。

```
<parent>
    <groupId>org.springframework.boot</groupId>
    <artifactId>spring-boot-starter-parent</artifactId>
    <version>2.2.6.RELEASE</version>
</parent>
<modelVersion>4.0.0</modelVersion>

<artifactId>tx-msg-order</artifactId>
<properties>
    <project.build.sourceEncoding>UTF-8</project.build.sourceEncoding>
    <skip_maven_deploy>false</skip_maven_deploy>
    <java.version>1.8</java.version>
    <druid.version>1.1.10</druid.version>
    <mybatis.version>3.4.6</mybatis.version>
    <mybatis.plus.version>3.1.0</mybatis.plus.version>
    <rocketmq.version>4.3.0</rocketmq.version>
    <jdbc.version>5.1.49</jdbc.version>
    <rocketmq.version>2.0.2</rocketmq.version>
    <lombok.version>1.18.12</lombok.version>
</properties>
```

```
<dependencies>
    <dependency>
        <groupId>org.springframework.boot</groupId>
        <artifactId>spring-boot-starter-test</artifactId>
    </dependency>

    <dependency>
        <groupId>org.springframework.boot</groupId>
        <artifactId>spring-boot-starter-web</artifactId>
        <exclusions>
            <exclusion>
                <groupId>org.springframework.boot</groupId>
                <artifactId>spring-boot-starter-tomcat</artifactId>
            </exclusion>
            <exclusion>
                <groupId>org.springframework.boot</groupId>
                <artifactId>spring-boot-starter-logging</artifactId>
            </exclusion>
        </exclusions>
    </dependency>

    <dependency>
        <groupId>org.springframework.boot</groupId>
        <artifactId>spring-boot-starter-undertow</artifactId>
    </dependency>

    <dependency>
        <groupId>org.springframework.boot</groupId>
        <artifactId>spring-boot-configuration-processor</artifactId>
        <optional>true</optional>
    </dependency>

    <dependency>
        <groupId>mysql</groupId>
        <artifactId>mysql-connector-java</artifactId>
        <version>${jdbc.version}</version><!--$NO-MVN-MAN-VER$-->
    </dependency>

    <dependency>
        <groupId>com.baomidou</groupId>
        <artifactId>mybatis-plus-boot-starter</artifactId>
        <version>${mybatis.plus.version}</version>
    </dependency>

    <dependency>
        <groupId>com.alibaba</groupId>
        <artifactId>druid</artifactId>
        <version>${druid.version}</version>
    </dependency>

    <dependency>
        <groupId>com.alibaba</groupId>
        <artifactId>druid-spring-boot-starter</artifactId>
```

```
            <version>${druid.version}</version>
        </dependency>

        <dependency>
            <groupId>org.apache.rocketmq</groupId>
            <artifactId>rocketmq-spring-boot-starter</artifactId>
            <version>${rocketmq.version}</version>
        </dependency>

        <dependency>
            <groupId>org.projectlombok</groupId>
            <artifactId>lombok</artifactId>
            <version>${lombok.version}</version>
        </dependency>

    </dependencies>
```

第二步：创建 io.transaction.msg.order.config 包，并在 io.transaction.msg.order.config 包下创建 CorsConfig 类、MybatisPlusConfig 类和 WebMvcConfig 类，分别表示 Spring Boot 项目实现跨域访问的配置类、MyBatisPlus 框架的配置类、WebMVC 的配置类，如下所示。

创建 CorsConfig 类，代码如下。

```
@Configuration
public class CorsConfig {

    private CorsConfiguration buildConfig(){
        CorsConfiguration corsConfiguration = new CorsConfiguration();
        corsConfiguration.addAllowedOrigin("*");
        corsConfiguration.addAllowedHeader("*");
        corsConfiguration.addAllowedMethod("*");
        return corsConfiguration;
    }

    @Bean
    public CorsFilter corsFilter(){
        UrlBasedCorsConfigurationSource source = new UrlBasedCorsConfigurationSo
            urce();
        source.registerCorsConfiguration("/**", buildConfig());
        return new CorsFilter(source);
    }
}
```

创建 MybatisPlusConfig 类，代码如下。

```
@EnableTransactionManagement
@Configuration
@MapperScan(value = {"io.transaction.msg.order.mapper"})
public class MybatisPlusConfig {
    @Bean
    public PaginationInterceptor paginationInterceptor() {
        return new PaginationInterceptor();
```

```
    }
}
```

创建 WebMvcConfig 类，代码如下。

```
@Configuration
public class WebMvcConfig extends WebMvcConfigurationSupport {
    @Bean
    public HttpMessageConverter<String> responseBodyConverter() {
        return new StringHttpMessageConverter(Charset.forName("UTF-8"));
    }

    @Override
    public void configureMessageConverters(List<HttpMessageConverter<?>>
        converters) {
        converters.add(responseBodyConverter());
        addDefaultHttpMessageConverters(converters);
    }

    @Override
    public void configureContentNegotiation(ContentNegotiationConfigurer configurer)
        {
        configurer.favorPathExtension(false);
    }

    @Override
    protected void addResourceHandlers(ResourceHandlerRegistry registry) { registry.
        addResourceHandler("/**").addResourceLocations("classpath:/static/").addRes
        ourceLocations("classpath:/resources/");
        super.addResourceHandlers(registry);
    }
}
```

第三步：在项目的 src/main/resources 目录下新建文件 application.yml 和 application-db.yml，application.yml 文件是 Spring Boot 启动加载的主配置文件，配置了项目启动后监听的端口号、项目服务名称、项目编码以及 RocketMQ 的信息等。在 application.yml 文件中引入 application-db.yml 文件。application-db.yml 文件主要配置了数据库相关的信息。application.yml 文件和 application-db.yml 文件的具体配置如下所示。

新建 application.yml 文件，代码如下。

```
server:
    port: 8080
    servlet:
        context-path: /order
    tomcat:
        uri-encoding: UTF-8

spring:
    main:
        allow-bean-definition-overriding: true
    profiles:
```

```
        include: db
        active: db
    output:
        ansi:
            enabled: detect
    application:
        name: tx-msg-order

    http:
        encoding:
            charset: UTF-8
            enabled: true
            force: true

rocketmq:
    name-server: 192.168.175.101:9876
    producer:
        group: order-group
```

新建 application-db.yml 文件，代码如下。

```
spring:
  datasource:
    url:jdbc:mysql://127.0.0.1:3306/tx-msg-order?useUnicode=true&characterEncodi
        ng=UTF-8&useOldAliasMetadataBehavior=true&autoReconnect=true&failOverRea
        dOnly=false&useSSL=false
    username: root
    password: root
    driver-class-name: com.mysql.jdbc.Driver
    platform: mysql
    type: com.alibaba.druid.pool.DruidDataSource
    # 下面为连接池的补充设置，应用到上面所有数据源中
    # 初始化大小，最小、最大
    initialSize: 10
    minIdle: 5
    maxActive: 20
    # 配置获取连接等待超时的时间
    maxWait: 60000
    # 配置间隔多久才进行一次检测，检测需要关闭的空闲连接，单位是毫秒
    timeBetweenEvictionRunsMillis: 3600000
    # 配置一个连接在池中最小生存的时间，单位是毫秒
    minEvictableIdleTimeMillis: 3600000
    validationQuery: select 1 from dual
    testWhileIdle: true
    testOnBorrow: false
    testOnReturn: false
    # 打开PSCache，并且指定每个连接上PSCache的大小
    poolPreparedStatements: true
    maxPoolPreparedStatementPerConnectionSize: 20
    maxOpenPreparedStatements: 20
    # 配置监控统计拦截的过滤器，去掉后监控界面SQL无法统计
    filters: stat
```

```
mybatis-plus:
    global-config:
    db-config:
      id-type: auto
      field-strategy: not-empty
      table-underline: true
      db-type: mysql
      logic-delete-value: 1                          # 逻辑已删除值（默认为 1）
      logic-not-delete-value: 0                      # 逻辑未删除值（默认为 0）
    configuration:
    jdbc-type-for-null: 'null'
    mapper-locations: classpath*:mapper/*.xml    #注意：一定要对应mapper映射XML文件的所
                                                  在路径
    type-aliases-package: io.transaction.msg.order.entity.*   # 注意：对应实体类的路径
```

至此，订单微服务的项目搭建完成。

16.5.2　持久层的实现

项目搭建完成后，先实现项目的持久层，为整个项目的实现打下良好的基础。持久层的实现步骤如下所示。

第一步：在项目的 io.transaction.msg.order.entity 包下创建 Order 实体类，Order 实体类中的字段与 order 数据表中的字段一一对应，具体代码如下所示。

```
public class Order implements Serializable {
    private static final long serialVersionUID = 2874316208843394191L;

private Long id;

    /**
     * 创建时间.
     */
    private Date createTime;

    /**
     * 订单编号.
     */
    private String orderNo;

    /**
     * 商品id.
     */
    private Long productId;

    /**
     * 购买数量.
     */
private Integer payCount;

//************省略构造方法和get/set方法*****************//
}
```

第二步：在项目的 io.transaction.msg.order.tx 包下创建 TxMessage 类，主要用来封装实现分布式事务时，在订单微服务、RocketMQ 消息中间件和库存微服务之间传递的全局事务消息，项目中会通过事务消息实现幂等，具体代码如下所示。

```
public class TxMessage implements Serializable {

    private static final long serialVersionUID = -4704980150056885074L;

    /**
     * 商品id
     */
    private Long productId;

    /**
     * 商品购买数量
     */
    private Integer payCount;

    /**
     * 全局事务编号
     */
    private String txNo;

    //*******省略构造方法和get/set方法*********//
}
```

第三步：在 io.transaction.msg.order.mapper 包下创建 OrderMapper 接口。基于 MyBatis 实现的操作 order 数据表的 Java 接口主要定义了保存订单的方法、查询是否存在指定事务编号的事务消息的方法和保存事务记录的方法，具体代码如下所示。

```
public interface OrderMapper {
    /**
     * 保存订单
     */
    void saveOrder(@Param("order") Order order);

    /**
     * 检查是否存在指定事务编号的事务记录，如果存在，则说明已经执行过
     * 用于幂等操作
     */
    Integer isExistsTx(@Param("txNo") String txNo);

    /**
     * 保存事务记录
     */
    void saveTxLog(@Param("txNo") String txNo);
}
```

第四步：在项目的 src/main/resources/mapper 目录下创建 OrderMapper.xml 文件，与 OrderMapper 接口对应。这里主要实现了 OrderMapper 接口中定义的方法，具体代码如下

所示。

```
<?xml version="1.0" encoding="UTF-8"?>
<!DOCTYPE mapper PUBLIC "-//mybatis.org//DTD Mapper 3.0//EN" "http://mybatis.org/
dtd/mybatis-3-mapper.dtd">
<mapper namespace="io.transaction.msg.order.mapper.OrderMapper">

    <insert id="saveOrder">
        insert into 'order'
        (id, create_time, order_no, product_id,  pay_count)
        values
        (#{order.id}, #{order.createTime}, #{order.orderNo}, #{order.productId},
            #{order.payCount})
    </insert>


    <select id="isExistsTx" resultType="java.lang.Integer">
        select 1 from tx_log where tx_no = #{txNo} limit 1
    </select>

    <insert id="saveTxLog">
        insert into tx_log(tx_no, create_time) values (#{txNo}, now())
    </insert>

</mapper>
```

至此，订单微服务的持久层就搭建完成了。

16.5.3　业务逻辑层的实现

业务逻辑层主要实现了用户提交订单后的业务逻辑，具体实现步骤如下所示。

第一步：在 io.transaction.msg.order.service 包下创建 OrderService 接口，主要定义了 submitOrderAndSaveTxNo(TxMessage) 方法和 submitOrder(Long, Integer) 方法。用户下单时，通过下单接口调用 submitOrder(Long, Integer) 方法，通过 submitOrder(Long, Integer) 方法向 RocketMQ 发送事务消息。在 RocketMQ 的回调方法中会调用 submitOrderAndSaveTxNo (TxMessage) 方法执行订单微服务的本地事务，将订单信息写入订单数据表，并将事务记录写入事务记录表，同时通过事务信息实现了幂等操作。

OrderService 接口的具体代码如下所示。

```
public interface OrderService {

    /**
     * 提交订单同时保存事务信息
     */
    void submitOrderAndSaveTxNo(TxMessage txMessage);

    /**
     * 提交订单
     * @param productId 商品id
```

```
     * @param payCount 购买数量
     */
    void submitOrder(Long productId, Integer payCount);
}
```

第二步：在 io.transaction.msg.order.service.impl 包下创建 OrderServiceImpl 类，实现 OrderService 接口，具体代码如下所示。

```
@Service
public class OrderServiceImpl implements OrderService {

    @Autowired
    private OrderMapper orderMapper;

    @Autowired
    RocketMQTemplate rocketMQTemplate;

    @Override
    @Transactional(rollbackFor = Exception.class)
    public void submitOrderAndSaveTxNo(TxMessage txMessage) {
        Integer existsTx = orderMapper.isExistsTx(txMessage.getTxNo());
        if(existsTx != null){
            log.info("订单微服务已经执行过事务,商品id为:{}, 事务编号为:{}",txMessage.get
                ProductId(), txMessage.getTxNo());
            return;
        }
        //生成订单
        Order order = new Order();
        order.setId(System.currentTimeMillis());
        order.setCreateTime(new Date());
        order.setOrderNo(String.valueOf(System.currentTimeMillis()));
        order.setPayCount(txMessage.getPayCount());
        order.setProductId(txMessage.getProductId());
        orderMapper.saveOrder(order);

        //添加事务日志
        orderMapper.saveTxLog(txMessage.getTxNo());
    }

    @Override
    public void submitOrder(Long productId, Integer payCount) {
        //生成全局分布式序列号
        String txNo = UUID.randomUUID().toString();
        TxMessage txMessage = new TxMessage(productId, payCount, txNo);
        JSONObject jsonObject = new JSONObject();
        jsonObject.put("txMessage", txMessage);
        Message<String> message = MessageBuilder.withPayload(jsonObject.to
            JSONString()).build();
        //发送一条事务消息
        rocketMQTemplate.sendMessageInTransaction("tx_order_group", "topic_txmsg",
            message, null);
```

```
    }
}
```

可以看到，submitOrder(Long, Integer) 方法将传递过来的参数封装到事务消息中，并将消息发送给 RocketMQ。

第三步：在 io.transaction.msg.order.message 下创建 OrderTxMessageListener 类，实现 RocketMQLocalTransactionListener 接口。该接口的主要作用就是实现 RocketMQ 回调生产者的 executeLocalTransaction(Message, Object) 方法，在方法中执行本地事务提交订单信息，提交成功则向 RocketMQ 返回提交状态，提交失败或者异常则向 RocketMQ 返回回滚状态。

另外，还要实现 checkLocalTransaction(Message) 方法，RocketMQ 会通过这个方法来查询消息生产者的本地事务状态，具体代码如下所示。

```
@Component
@RocketMQTransactionListener(txProducerGroup = "tx_order_group")
public class OrderTxMessageListener implements RocketMQLocalTransactionListener {
    @Autowired
    private OrderService orderService;
    @Autowired
    private OrderMapper orderMapper;

    @Override
    @Transactional(rollbackFor = Exception.class)
    public RocketMQLocalTransactionState executeLocalTransaction(Message msg,
        Object obj) {
        try{
            log.info("订单微服务执行本地事务");
            TxMessage txMessage = this.getTxMessage(msg);
            //执行本地事务
            orderService.submitOrderAndSaveTxNo(txMessage);
            //提交事务
            log.info("订单微服务提交事务");
            return RocketMQLocalTransactionState.COMMIT;
        }catch (Exception e){
            e.printStackTrace();
            //异常回滚事务
            log.info("订单微服务回滚事务");
            return RocketMQLocalTransactionState.ROLLBACK;
        }

    }

    @Override
    public RocketMQLocalTransactionState checkLocalTransaction(Message msg) {
        log.info("订单微服务查询本地事务");
        TxMessage txMessage = this.getTxMessage(msg);
        Integer exists = orderMapper.isExistsTx(txMessage.getTxNo());
        if(exists != null){
            return RocketMQLocalTransactionState.COMMIT;
        }
```

```
        return RocketMQLocalTransactionState.UNKNOWN;
    }

    private TxMessage getTxMessage(Message msg){
        String messageString = new String((byte[]) msg.getPayload());
        JSONObject jsonObject = JSONObject.parseObject(messageString);
        String txStr = jsonObject.getString("txMessage");
        return JSONObject.parseObject(txStr, TxMessage.class);
    }
}
```

至此，业务逻辑层的实现就完成了。

16.5.4 接口层的实现

项目接口层的实现就比较简单了，只需要实现一个 OrderController 类、对外提供一个 submit_order 接口、接收用户提交的参数、调用业务逻辑层的方法执行业务操作，具体代码如下所示。

```
@Controller
public class OrderController {
    @Autowired
    private OrderService orderService;

    @GetMapping(value = "/submit_order")
    public String transfer(@RequestParam("productId")Long productId, @Request
        Param("payCount") Integer payCount){
        orderService.submitOrder(productId, payCount);
        return "下单成功";
    }
}
```

16.5.5 项目启动类的实现

项目启动类是整个程序的入口，整个项目基于 Spring Boot 实现，项目的启动类也比较简单，代码如下所示。

```
@SpringBootApplication
@ComponentScan(basePackages = {"io.transaction.msg"})
@MapperScan(value = { "io.transaction.msg.order.mapper" })
@EnableTransactionManagement(proxyTargetClass = true)
public class OrderServerStarter {
    public static void main(String[] args) {
        ConfigurableApplicationContext context = SpringApplication.run(Order
            ServerStarter.class, args);
    }
}
```

至此，整个订单微服务的逻辑就完成了。

16.6 实现库存微服务

库存微服务在整个分布式事务的实现中充当事务参与方，主要接收 RocketMQ 发送过来的事务消息，并且执行本地事务操作、扣减数据库中商品的库存数量。

16.6.1 项目搭建

库存微服务的项目搭建过程与订单微服务的项目搭建过程基本一致，只是有两点需要注意。

1）库存微服务中 MybatisPlusConfig 类上的注解为 @MapperScan(value = {"io.transaction.msg.stock.mapper"})，而订单微服务中 MybatisPlusConfig 类的注解为 @MapperScan(value = {"io.transaction.msg.order.mapper"})。

2）库存微服务 YML 文件中配置的端口号为 8081，并且 context-path 路径为 /stock，数据库为 tx-msg-stock。而订单微服务 YML 文件中配置的端口号为 8080，context-path 路径为 /order，数据库为 tx-msg-order。

其他搭建步骤，读者可参见订单微服务的搭建过程和随书源码了解，笔者不再赘述。

16.6.2 持久层的实现

库存微服务的持久层主要用来操作数据库中的库存数据，主要的实现步骤如下所示。

第一步：在 io.transaction.msg.stock.entity 包下创建 Stock 实体类，Stock 实体类的字段与 stock 数据表的字段一一对应，具体代码如下所示。

```
public class Stock implements Serializable {

    private static final long serialVersionUID = 2127099109599870497L;

    private Long id;

    /**
     * 商品id.
     */
    private Long productId;

    /**
     * 总库存
     */
    private Integer totalCount;
}
```

第二步：在 io.transaction.msg.stock.tx 包下创建 TxMessage 类，主要作用是封装事务消息，用于 RocketMQ 消息中间件和库存微服务之间传输事务信息，具体代码如下所示。

```java
public class TxMessage implements Serializable {

    private static final long serialVersionUID = 7345475682023913652L;
    /**
     * 商品id
     */
    private Long productId;

    /**
     * 商品购买数量
     */
    private Integer payCount;

    /**
     * 全局事务编号
     */
    private String txNo;
}
```

第三步：在 io.transaction.msg.stock.mapper 包下创建 StockMapper 接口。StockMapper 接口主要定义了 4 个方法，即根据商品 id 获取库存信息的方法 getStockByProductId(Long)、修改商品库存信息的方法 updateTotalCountById(Integer, Long)、查询是否存在事务记录的方法 isExistsTx(String) 和保存事务记录的方法 saveTxLog(String)，具体代码如下所示。

```java
public interface StockMapper {

    /**
     * 根据商品id获取库存信息
     */
    Stock getStockByProductId(@Param("productId") Long productId);

    /**
     * 修改商品库存
     */
    int updateTotalCountById(@Param("count") Integer count, @Param("id") Long
       id);

    /**
     * 检查是否存在指定事务编号的事务记录，如果存在，则说明已经执行过
     * 用于幂等操作
     */
    Integer isExistsTx(@Param("txNo") String txNo);

    /**
     * 保存事务记录
     */
    void saveTxLog(@Param("txNo") String txNo);
}
```

第四步：在项目的 src/main/resources/mapper 目录下创建 StockMapper.xml 文件，主要用于实现 StockMapper 接口中定义的方法，具体代码如下所示。

```xml
<?xml version="1.0" encoding="UTF-8"?>
<!DOCTYPE mapper PUBLIC "-//mybatis.org//DTD Mapper 3.0//EN" "http://mybatis.org/
    dtd/mybatis-3-mapper.dtd">
<mapper namespace="io.transaction.msg.stock.mapper.StockMapper">

    <select id="getStockById" resultType="io.transaction.msg.stock.entity.Stock">
        select id as id, product_id as productId, total_count as totalCount from stock
            where id = #{id}
    </select>

    <select id="getStockByProductId" resultType="io.transaction.msg.stock.entity.
        Stock">
        select
            id as id, product_id as productId, total_count as totalCount
        from
            stock
        where
            product_id = #{productId}
    </select>

    <update id="updateTotalCountById">
        update stock set total_count = total_count - #{count} where id = #{id}
    </update>

    <select id="isExistsTx" resultType="java.lang.Integer">
        select 1 from tx_log where tx_no = #{txNo} limit 1
    </select>

    <insert id="saveTxLog">
        insert into tx_log(tx_no, create_time) values (#{txNo}, now())
    </insert>
</mapper>
```

至此，库存微服务的持久层实现完毕。

16.6.3　业务逻辑层的实现

库存微服务的业务逻辑层主要监听 RocketMQ 发送过来的事务消息，并在本地事务中执行扣减库存的操作，具体实现步骤如下所示。

第一步：在 io.transaction.msg.stock.service 包下创建 StockService 接口。StockService 接口中定义了一个扣减库存的方法 decreaseStock(TxMessage)，具体代码如下所示。

```java
public interface StockService {
    /**
     * 扣减库存
     */
    void decreaseStock(TxMessage txMessage);
}
```

第二步：在 io.transaction.msg.stock.service.impl 包下创建 StockServiceImpl 类，实现 StockService 接口，在 decreaseStock(TxMessage) 方法中首先实现幂等操作，然后实现扣减库存的操作，最后记录事务日志，具体代码如下所示。

```
@Service
public class StockServiceImpl implements StockService {
    @Autowired
    private StockMapper stockMapper;

    @Override
    public void decreaseStock(TxMessage txMessage) {
        log.info("库存微服务执行本地事务,商品id:{}, 购买数量:{}", txMessage.getProductId(),
            txMessage.getPayCount());
        //检查是否执行过事务
        Integer exists = stockMapper.isExistsTx(txMessage.getTxNo());
        if(exists != null){
            log.info("库存微服务已经执行过事务,事务编号为:{}", txMessage.getTxNo());
        }
        Stock stock = stockMapper.getStockByProductId(txMessage.getProductId());
        if(stock.getTotalCount() < txMessage.getPayCount()){
            throw  new RuntimeException("库存不足");
        }
        stockMapper.updateTotalCountById(txMessage.getPayCount(), stock.getId());
        //记录事务日志
        stockMapper.saveTxLog(txMessage.getTxNo());
    }
}
```

第三步：在 io.transaction.msg.stock.message 包下创建 StockTxMessageConsumer 类，用于消费 RocketMQ 发送过来的事务消息，并且调用 StockService 中的 decreaseStock (TxMessage) 方法扣减库存，具体代码如下所示。

```
@Component
@RocketMQMessageListener(consumerGroup = "tx_stock_group", topic = "topic_txmsg")
public class StockTxMessageConsumer implements RocketMQListener<String> {
    @Autowired
    private StockService stockService;

    @Override
    public void onMessage(String message) {
        log.info("库存微服务开始消费事务消息:{}", message);
        TxMessage txMessage = this.getTxMessage(message);
        stockService.decreaseStock(txMessage);
    }

    private TxMessage getTxMessage(String msg){
        JSONObject jsonObject = JSONObject.parseObject(msg);
        String txStr = jsonObject.getString("txMessage");
        return JSONObject.parseObject(txStr, TxMessage.class);
    }
}
```

16.6.4 项目启动类的实现

库存微服务项目启动类的实现与订单微服务项目启动类的实现大体一致，具体代码如下所示。

```
@SpringBootApplication
@ComponentScan(basePackages = {"io.transaction.msg"})
@MapperScan(value = { "io.transaction.msg.stock.mapper" })
@EnableTransactionManagement(proxyTargetClass = true)
public class StockServerStarter {
    public static void main(String[] args) {
        SpringApplication.run(StockServerStarter.class, args);
    }
}
```

至此，库存微服务的逻辑就实现完毕了。

16.7 测试程序

在实际工作中，项目开发完成后，必须经过严格的测试才能将程序发布到生产环境，否则会存在很多 Bug 和不可预知的问题。本节简单测试一下本章实现的案例程序。

第一步：正式测试之前，先来查询下 tx-msg-order 数据库和 tx-msg-stock 数据库各个数据表中的数据。

tx-msg-order 数据库代码如下。

```
mysql> use tx-msg-order;
Database changed
mysql>
mysql> select * from 'order';
Empty set (0.12 sec)

mysql> select * from tx_log;
Empty set (0.01 sec)
```

可以看到，在 tx-msg-order 数据库中，各个数据表的数据都为空。

tx-msg-stock 数据库代码如下。

```
mysql> use tx-msg-stock;
Database changed
mysql> select * from stock;
+----+------------+-------------+
| id | product_id | total_count |
+----+------------+-------------+
|  1 |       1001 |       10000 |
+----+------------+-------------+
1 row in set (0.08 sec)
```

```
mysql> select * from tx_log;
Empty set (0.00 sec)
```

可以看到，在 tx-msg-stock 数据库中的 stock 数据表中存在一条记录，商品 id 为 1001，库存为 10000。而 tx_log 数据表中的数据为空。

第二步：分别启动库存微服务 tx-msg-stock 和订单微服务 tx-msg-order，并在浏览器中访问 http://192.168.175.11:8080/order /submit_order?productId=1001&payCount=1。

在订单微服务的日志文件中输出了如下信息。

```
INFO 93236 --- [main] i.t.m.o.message.OrderTxMessageListener: 订单微服务执行本地事务
INFO 93236 --- [main] i.t.m.o.message.OrderTxMessageListener: 订单微服务提交事务
```

在库存微服务的日志文件中输出了如下信息。

```
INFO 92200 --- [MessageThread_1] i.t.m.s.message.StockTxMessageConsumer    : 库存
    微服务开始消费事务消息:{"txMessage":{"payCount":1,"productId":1001,"txNo":"31a52
    94a-451e-4dab-ac21-a833da5813c6"}}
INFO 92200 --- [MessageThread_1] i.t.m.s.service.impl.StockServiceImpl     : 库存
    微服务执行本地事务,商品id:1001, 购买数量:1
```

说明订单微服务成功将事务消息发送到了 RocketMQ 并且执行了本地事务，而库存微服务也成功接收到 RocketMQ 发送过来的消息，并且执行了本地事务。

第三步：再次查询 tx-msg-order 数据库和 tx-msg-stock 数据库各个数据表中的数据。

tx-msg-order 数据库代码如下。

```
mysql> use tx-msg-order;
Database changed
mysql> select * from 'order';
+---------------+---------------------+---------------+------------+-----------+
| id            | create_time         | order_no      | product_id | pay_count |
+---------------+---------------------+---------------+------------+-----------+
| 1625912607941 | 2021-07-10 18:23:28 | 1625912607941 |       1001 |         1 |
+---------------+---------------------+---------------+------------+-----------+
1 row in set (0.00 sec)

mysql> select * from tx_log;
+--------------------------------------+---------------------+
| tx_no                                | create_time         |
+--------------------------------------+---------------------+
| 31a5294a-451e-4dab-ac21-a833da5813c6 | 2021-07-10 18:23:28 |
+--------------------------------------+---------------------+
1 row in set (0.00 sec)
```

可以看到，在 tx-msg-order 数据库的 order 数据表中生成了一条订单记录，其中商品 id 字段 product_id 的值为 1001，购买数量字段 pay_count 的值为 1，并且在 tx_log 数据表中生成了一条事务记录，事务编号为 31a5294a-451e-4dab-ac21-a833da5813c6。

tx-msg-stock 数据库代码如下。

```
mysql> use tx-msg-stock;
Database changed
mysql> select * from stock;
+----+------------+-------------+
| id | product_id | total_count |
+----+------------+-------------+
|  1 |       1001 |        9999 |
+----+------------+-------------+
1 row in set (0.00 sec)

mysql> select * from tx_log;
+--------------------------------------+---------------------+
| tx_no                                | create_time         |
+--------------------------------------+---------------------+
| 31a5294a-451e-4dab-ac21-a833da5813c6 | 2021-07-10 18:23:29 |
+--------------------------------------+---------------------+
1 row in set (0.00 sec)
```

可以看到，在 tx-msg-stock 数据库的 stock 数据表中，商品库存字段 pay_count 由原来的 10000 变成了 9999，减少了 1，说明库存扣减成功，并且在 tx_log 表中生成了一条事务记录，事务编号为 31a5294a-451e-4dab-ac21-a833da5813c6，与 tx-msg-order 数据库的 tx_log 数据表中的事务编号相同，说明实现了分布式事务。

限于篇幅，本案例只实现了正常逻辑下的分布式事务，当由于库存不足等原因导致库存微服务发生异常时，RocketMQ 会向库存微服务发送消息，此时库存微服务监听消息的方法需要实现幂等。解决方法是在库存微服务抛出异常时，向 RocketMQ 发送一条回滚事务的消息，订单微服务监听回滚事务的消息，当收到消息时，订单微服务回滚之前提交的事务。关于这些异常逻辑，读者可按照随书源码中的正常逻辑自行实现，笔者不再赘述。

16.8　本章小结

本章实现了一个相对比较完整的基于可靠消息最终一致性分布式事务案例，首先对案例的业务场景和案例的各个程序模块进行了简单的说明，因为案例是基于 RocketMQ 实现的，所以对 RocketMQ 的环境搭建进行了介绍。随后对案例的数据库设计、订单微服务的实现和库存微服务的实现进行了简单的介绍。最后对案例程序进行了测试。

限于篇幅，笔者只是实现了正常逻辑下的分布式事务，对于异常逻辑，读者可按照笔者实现的正常逻辑自行实现，本章的随书源码已提交到如下代码仓库。

- GitHub：https://github.com/dromara/distribute-transaction。
- Gitee：https://gitee.com/dromara/distribute-transaction。

除了可以使用 RocketMQ 实现可靠消息最终一致性分布式事务外，也可以基于本地消息表实现。基于本地消息表实现可靠消息最终一致性分布式事务推荐使用 Dromara 社区的

Myth 框架，读者可自行查阅 Myth 框架源码进行学习，笔者不再赘述。Myth 框架地址如下所示。

- GitHub：https://github.com/dromara/myth。
- Gitee：https://gitee.com/dromara/myth。

第 17 章将会实现一个基于最大努力通知型分布式事务的完整案例。

第 17 章 Chapter 17

最大努力通知型分布式事务实战

最大努力通知型解决方案适用于对最终一致性时间敏感度低的场景，并且事务被动方的处理结果不会影响主动方的处理结果。最典型的使用场景就是支付成功后，支付平台异步通知商户支付结果。本章将实现一个基于最大努力通知型分布式事务的完整案例。

本章涉及的内容如下。

- 场景说明。
- 程序模块说明。
- 数据库表设计。
- 实现账户微服务。
- 实现充值微服务。
- 测试程序。

17.1 场景说明

本案例模拟为账户充值的经典场景，案例分为两个微服务：账户微服务和充值微服务。模拟用户调用充值微服务的接口充值，充值微服务充值成功后会将充值信息发送到 RocketMQ 消息中间件，由 RocketMQ 向账户微服务发送充值成功的消息。当消息发送失败时，RocketMQ 会以阶梯型时间间隔向账户微服务重试发送消息。充值微服务提供了查询充值结果的接口，供账户微服务查询对账。整体流程如图 17-1 所示。

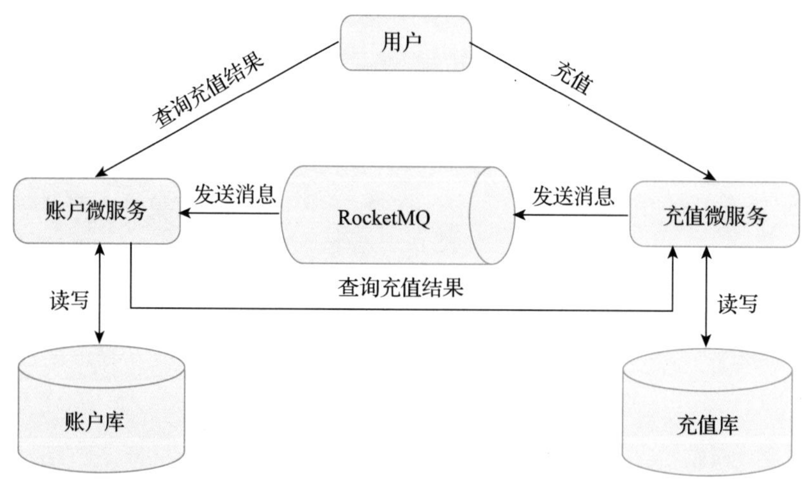

图 17-1 账户充值场景流程图

17.2 程序模块说明

本案例涉及的服务和程序组件如下所示。

- 服务器：192.168.175.100 和 192.168.175.101。
- MySQL：MySQL 8.0.20。
- JDK：64 位 JDK 1.8.0_212。
- RocketMQ 消息中间件：rocketmq-all-4.5.0-bin-release。
- RocketMQ 客户端：rocketmq-spring-boot-starter-2.0.2- RELEASE。
- 微服务框架：springboot- 2.2.6.RELEASE。
- 数据库：账户数据库 tx-notifymsg-account，存储在 192.168.175.100 服务器上，充值数据库 tx-notifymsg-pay，存储在 192.168.175.101 服务器上。

本章所使用的 RocketMQ 消息中间件与第 16 章使用的 RocketMQ 消息中间件一致，关于 RocketMQ 环境的搭建，读者可参见第 16 章，这里不再赘述。

17.3 数据库表设计

账户充值业务场景主要涉及的核心业务表包括账户数据表和充值记录数据表。这里为了方便演示，简化了账户数据表和充值记录数据表的设计，去除了实际场景中复杂的业务流程。账户数据表 account_info 和充值记录数据表 pay_info 的设计分别如表 17-1、表 17-2 所示。

表 17-1 account_info 账户数据表

字段名称	字段类型	字段含义
id	bigint	主键 id
account_no	varchar(64)	账户编号
account_name	varchar(30)	账户名称
account_balance	decimal(10, 2)	账户余额

表 17-2 pay_info 充值记录数据表

字段名称	字段类型	字段含义
tx_no	varchar(50)	主键编号，全局事务编号
account_no	varchar(64)	账户编号
pay_amount	decimal(10, 2)	充值金额
pay_result	varchar(50)	充值结果
pay_time	datetime	充值时间

注意，account_info 数据表和 pay_info 数据表位于 tx-notifymsg-account 数据库中，pay_info 数据库位于 tx-notifymsg-pay 数据库中。

设计完数据库后，在 192.168.175.100 服务器的 MySQL 命令行中执行如下命令，创建账户数据库和数据表。

```
create database if not exists tx-notifymsg-account;
use tx-notifymsg-account;

CREATE TABLE 'account_info' (
    'id' bigint(11) NOT NULL COMMENT '主键id',
    'account_no' varchar(64) DEFAULT '' COMMENT '账户',
    'account_name' varchar(30) DEFAULT '' COMMENT '账户名',
    'account_balance' decimal(10,2) DEFAULT '0.00' COMMENT '账户余额',
    PRIMARY KEY ('id')
) ENGINE=InnoDB DEFAULT CHARSET=utf8mb4 COMMENT='账户信息';

CREATE TABLE 'pay_info' (
    'tx_no' varchar(50) NOT NULL DEFAULT '' COMMENT '充值记录流水号',
    'account_no' varchar(64) DEFAULT '' COMMENT '账户',
    'pay_amount' decimal(10,2) DEFAULT '0.00' COMMENT '充值金额',
    'pay_result' varchar(50) DEFAULT '' COMMENT '充值结果',
    'pay_time' datetime DEFAULT CURRENT_TIMESTAMP COMMENT '充值时间',
    PRIMARY KEY ('tx_no') USING BTREE
) ENGINE=InnoDB DEFAULT CHARSET=utf8mb4 COMMENT='充值记录表';
```

在 192.168.175.101 服务器的 MySQL 命令行中执行如下命令，创建充值数据库和数据表。

```
create database if not exists tx-notifymsg-pay;
```

```
use tx-notifymsg-pay;

CREATE TABLE 'pay_info' (
    'tx_no' varchar(50) NOT NULL DEFAULT '' COMMENT '充值记录流水号',
    'account_no' varchar(64) DEFAULT '' COMMENT '账户',
    'pay_amount' decimal(10,2) DEFAULT '0.00' COMMENT '充值金额',
    'pay_result' varchar(50) DEFAULT '' COMMENT '充值结果',
    'pay_time' datetime DEFAULT CURRENT_TIMESTAMP COMMENT '充值时间',
    PRIMARY KEY ('tx_no') USING BTREE
) ENGINE=InnoDB DEFAULT CHARSET=utf8mb4 COMMENT='充值记录表';
```

至此，数据库设计完成并创建了相关的数据库和数据表。

17.4 实现账户微服务

账户微服务作为充值场景的核心服务模块之一，充当最大努力通知型分布式事务的事务被动方。当用户调用充值接口充值成功后，充值微服务会向 RocketMQ 发送充值成功的消息，而账户微服务会订阅 RocketMQ 的消息，当接收到 RocketMQ 的消息时，账户微服务会执行本地事务，更新账户余额并记录充值信息。同时，账户微服务订阅 RocketMQ 充值消息的接口会实现幂等。

17.4.1 项目搭建

账户微服务主要是基于 Spring Boot 实现，项目的搭建过程如下所示。

第一步：新建名为 tx-notifymsg-account 的 Maven 项目，并在 pom.xml 文件中进行如下配置。

```
<parent>
    <groupId>org.springframework.boot</groupId>
    <artifactId>spring-boot-starter-parent</artifactId>
    <version>2.2.6.RELEASE</version>
</parent>
<modelVersion>4.0.0</modelVersion>

<artifactId>tx-notifymsg-account</artifactId>

<properties>
    <project.build.sourceEncoding>UTF-8</project.build.sourceEncoding>
    <skip_maven_deploy>false</skip_maven_deploy>
    <java.version>1.8</java.version>
    <druid.version>1.1.10</druid.version>
    <mybatis.version>3.4.6</mybatis.version>
    <mybatis.plus.version>3.1.0</mybatis.plus.version>
    <rocketmq.version>4.3.0</rocketmq.version>
    <jdbc.version>5.1.49</jdbc.version>
    <rocketmq.version>2.0.2</rocketmq.version>
    <lombok.version>1.18.12</lombok.version>
```

```
    <httpclient.version>4.5.2</httpclient.version>
    <commons-httpclient.version>3.1</commons-httpclient.version>
</properties>

<dependencies>
    <dependency>
        <groupId>org.springframework.boot</groupId>
        <artifactId>spring-boot-starter-test</artifactId>
    </dependency>

    <dependency>
        <groupId>org.springframework.boot</groupId>
        <artifactId>spring-boot-starter-web</artifactId>
        <exclusions>
            <exclusion>
                <groupId>org.springframework.boot</groupId>
                <artifactId>spring-boot-starter-tomcat</artifactId>
            </exclusion>
            <exclusion>
                <groupId>org.springframework.boot</groupId>
                <artifactId>spring-boot-starter-logging</artifactId>
            </exclusion>
        </exclusions>
    </dependency>

    <dependency>
        <groupId>org.springframework.boot</groupId>
        <artifactId>spring-boot-starter-undertow</artifactId>
    </dependency>

    <dependency>
        <groupId>org.springframework.boot</groupId>
        <artifactId>spring-boot-configuration-processor</artifactId>
        <optional>true</optional>
    </dependency>

    <dependency>
        <groupId>mysql</groupId>
        <artifactId>mysql-connector-java</artifactId>
        <version>${jdbc.version}</version><!--$NO-MVN-MAN-VER$-->
    </dependency>

    <dependency>
        <groupId>com.baomidou</groupId>
        <artifactId>mybatis-plus-boot-starter</artifactId>
        <version>${mybatis.plus.version}</version>
    </dependency>


    <dependency>
        <groupId>com.alibaba</groupId>
        <artifactId>druid</artifactId>
        <version>${druid.version}</version>
```

```
        </dependency>

        <dependency>
            <groupId>com.alibaba</groupId>
            <artifactId>druid-spring-boot-starter</artifactId>
            <version>${druid.version}</version>
        </dependency>

        <dependency>
            <groupId>org.apache.rocketmq</groupId>
            <artifactId>rocketmq-spring-boot-starter</artifactId>
            <version>${rocketmq.version}</version>
        </dependency>

        <dependency>
            <groupId>org.projectlombok</groupId>
            <artifactId>lombok</artifactId>
            <version>${lombok.version}</version>
        </dependency>

        <dependency>
            <groupId>org.apache.httpcomponents</groupId>
            <artifactId>httpclient</artifactId>
            <version>${httpclient.version}</version>
        </dependency>

        <dependency>
            <groupId>commons-httpclient</groupId>
            <artifactId>commons-httpclient</artifactId>
            <version>${commons-httpclient.version}</version>
        </dependency>
    </dependencies>
```

第二步：创建 io.transaction.notifymsg.account.config 包，并在 io.transaction.notifymsg.account.config 包下创建 CorsConfig 类、MybatisPlusConfig 类和 WebMvcConfig 类，分别表示 Spring Boot 项目实现跨域访问的配置类、MyBatisPlus 框架的配置类、WebMVC 的配置类，如下所示。

创建 CorsConfig 类，代码如下。

```
@Configuration
public class CorsConfig {

    private CorsConfiguration buildConfig(){
        CorsConfiguration corsConfiguration = new CorsConfiguration();
        corsConfiguration.addAllowedOrigin("*");
        corsConfiguration.addAllowedHeader("*");
        corsConfiguration.addAllowedMethod("*");
        return corsConfiguration;
    }

    @Bean
```

```
    public CorsFilter corsFilter(){
        UrlBasedCorsConfigurationSource source = new UrlBasedCorsConfigurationSo
            urce();
        source.registerCorsConfiguration("/**", buildConfig());
        return new CorsFilter(source);
    }
}
```

创建 MybatisPlusConfig 类，代码如下。

```
@EnableTransactionManagement
@Configuration
@MapperScan(value = {"io.transaction.msg.order.mapper"})
public class MybatisPlusConfig {
    @Bean
    public PaginationInterceptor paginationInterceptor() {
        return new PaginationInterceptor();
    }
}
```

创建 WebMvcConfig 类，代码如下。

```
@Configuration
public class WebMvcConfig extends WebMvcConfigurationSupport {
    @Bean
    public HttpMessageConverter<String> responseBodyConverter() {
        return new StringHttpMessageConverter(Charset.forName("UTF-8"));
    }

    @Override
    public void configureMessageConverters(List<HttpMessageConverter<?>>
        converters) {
        converters.add(responseBodyConverter());
        addDefaultHttpMessageConverters(converters);
    }

    @Override
    public void configureContentNegotiation(ContentNegotiationConfigurer configurer)
        {
        configurer.favorPathExtension(false);
    }

    @Override
    protected void addResourceHandlers(ResourceHandlerRegistry registry) {
        registry.addResourceHandler("/**").addResourceLocations("classpath:/
            static/").addResourceLocations("classpath:/resources/");
        super.addResourceHandlers(registry);
    }
}
```

第三步：在项目的 src/main/resources 目录下新建 application.yml 文件和 application-db.yml 文件。application.yml 文件是 Spring Boot 启动加载的主配置文件，主要配置了项目启

动后监听的端口号、项目服务名称、项目编码以及 RocketMQ 的信息等。application.yml 文件中引入了 application-db.yml 文件。application-db.yml 文件主要配置了数据库相关的信息。application.yml 文件和 application-db.yml 文件的具体配置如下所示。

新建 application.yml 文件，代码如下。

```
server:
    port: 8082
    servlet:
        context-path: /account
    tomcat:
        uri-encoding: UTF-8

spring:
    main:
        allow-bean-definition-overriding: true
    profiles:
        include: db
        active: db
    output:
        ansi:
            enabled: detect
    application:
        name: tx-notifymsg-account

    http:
        encoding:
            charset: UTF-8
            enabled: true
            force: true

rocketmq:
    name-server: 192.168.175.101:9876
    producer:
        group: account-group
```

新建 application-db.yml 文件，代码如下。

```
spring:
    datasource:
        url:jdbc:mysql://192.168.175.100:3306/tx-notifymsg-account?useUnicode=tr
            ue&characterEncoding=UTF-8&useOldAliasMetadataBehavior=true&autoReco
            nnect=true&failOverReadOnly=false&useSSL=false
        username: root
        password: root
        driver-class-name: com.mysql.jdbc.Driver
        platform: mysql
        type: com.alibaba.druid.pool.DruidDataSource
        # 下面为连接池的补充设置，应用到上面的所有数据源中
        # 初始化大小，最小、最大
        initialSize: 10
        minIdle: 5
        maxActive: 20
```

```
        # 配置获取连接等待超时的时间
        maxWait: 60000
        # 配置检测的间隔时间，检测需要关闭的空闲连接，单位是毫秒
        timeBetweenEvictionRunsMillis: 3600000
        # 配置一个连接在池中最小生存的时间，单位是毫秒
        minEvictableIdleTimeMillis: 3600000
        validationQuery: select 1 from dual
        testWhileIdle: true
        testOnBorrow: false
        testOnReturn: false
        # 打开PSCache，并指定每个连接上PSCache的大小
        poolPreparedStatements: true
        maxPoolPreparedStatementPerConnectionSize: 20
        maxOpenPreparedStatements: 20
        # 配置监控统计拦截的过滤器，去掉后监控界面SQL无法统计
        filters: stat

mybatis-plus:
        global-config:
            db-config:
                id-type: auto
                field-strategy: not-empty
                table-underline: true
                db-type: mysql
                logic-delete-value: 1 # 逻辑已删除值（默认为1）
                logic-not-delete-value: 0 # 逻辑未删除值（默认为0）
        configuration:
            jdbc-type-for-null: 'null'
        mapper-locations: classpath*:mapper/*.xml   #注意：一定要对应mapper映射XML文
            件的所在路径
        type-aliases-package: io.transaction.notifymsg.account.entity.*   # 注意：
            对应实体类的路径
```

至此，账户微服务的项目就搭建完成了。

17.4.2　持久层的实现

账户微服务的持久层包含实体类的创建和 MyBatis Mapper 接口的创建与实现，具体步骤如下所示。

第一步：在 io.transaction.notifymsg.account.entity 包下分别创建 AccountInfo 类和 PayInfo 类。AccountInfo 类表示账户信息，AccountInfo 类的字段与 account_info 数据表的字段一一对应。PayInfo 类表示充值信息，PayInfo 类的字段与 pay_info 数据表的字段一一对应。具体代码如下所示。

创建 AccountInfo 类，代码如下。

```
public class AccountInfo implements Serializable {
    private static final long serialVersionUID = 3159662335364762944L;

    /**
```

```
     * 主键id
     */
    private Long id;

    /**
     * 账户
     */
    private String accountNo;

    /**
     * 账户名
     */
    private String accountName;

    /**
     * 账户余额
     */
    private BigDecimal accountBalance;

   //********省略构造方法和get/set方法**************//
}
```

创建 PayInfo 类，代码如下。

```
public class PayInfo implements Serializable {
    private static final long serialVersionUID = -1971185546761595695L;
    /**
     * 充值记录主键
     */
    private String txNo;

    /**
     * 账户
     */
    private String accountNo;

    /**
     * 充值金额
     */
    private BigDecimal payAmount;

    /**
     * 充值时间
     */
    private Date payTime;

    /**
     * 充值结果
     */
    private String payResult;

   //********省略构造方法和get/set方法**************//
}
```

第二步：在 io.transaction.notifymsg.account.mapper 包下分别创建 AccountInfoMapper 接口和 PayInfoMapper 接口。AccountInfoMapper 接口中定义了操作 account_info 数据表的方法，PayInfoMapper 接口中定义了操作 pay_info 数据表的方法，具体代码如下所示。

创建 AccountInfoMapper 接口，代码如下。

```
public interface AccountInfoMapper {
    /**
     * 更新指定账户下的余额
     */
int updateAccoutBalanceByAccountNo(@Param("payBalance") BigDecimal payBalance,
                                   @Param("accountNo") String accountNo);
}
```

PayInfoMapper 接口代码如下。

```
public interface PayInfoMapper  {

    /**
     * 查询是否存在充值记录
     */
    Integer isExistsPayInfo(@Param("txNo") String txNo);

    /**
     * 保存充值记录
     */
    void savePayInfo(@Param("payInfo")PayInfo payInfo);

    /**
     * 查询指定的充值信息
     */
    PayInfo getPayInfoByTxNo(@Param("txNo") String txNo);
}
```

第三步：在项目 src/main/resources/mapper 目录下分别创建 AccountInfoMapper.xml 文件和 PayInfoMapper.xml 文件。AccountInfoMapper.xml 文件是对 AccountInfoMapper 接口定义的方法的实现，PayInfoMapper.xml 文件是对 PayInfoMapper 接口定义的方法的实现，具体代码如下所示。

创建 AccountInfoMapper.xml 文件，代码如下。

```
<?xml version="1.0" encoding="UTF-8"?>
<!DOCTYPE mapper PUBLIC "-//mybatis.org//DTD Mapper 3.0//EN" "http://mybatis.org/
    dtd/mybatis-3-mapper.dtd">
<mapper namespace="io.transaction.notifymsg.account.mapper.AccountInfoMapper">

    <update id="updateAccoutBalanceByAccountNo">
        update account_info set account_balance = account_balance + #{payBalance}
            where account_no = #{accountNo}
    </update>

</mapper>
```

创建 PayInfoMapper.xml 文件，代码如下。

```
<?xml version="1.0" encoding="UTF-8"?>
<!DOCTYPE mapper PUBLIC "-//mybatis.org//DTD Mapper 3.0//EN" "http://mybatis.org/
    dtd/mybatis-3-mapper.dtd">
<mapper namespace="io.transaction.notifymsg.account.mapper.PayInfoMapper">
    <select id="isExistsPayInfo" resultType="java.lang.Integer">
        select 1 from pay_info where tx_no = #{txNo} limit 1
    </select>

    <select id="savePayInfo">
        insert into pay_info
            (tx_no, account_no, pay_amount, pay_result, pay_time)
        values
            (#{payInfo.txNo}, #{payInfo.accountNo}, #{payInfo.payAmount},
                #{payInfo.payResult}, #{payInfo.payTime})
    </select>

    <select id="getPayInfoByTxNo" resultType="io.transaction.notifymsg.account.
        entity.PayInfo">
        select
            tx_no as txNo, account_no as accountNo, pay_amount as payAmount, pay_
                result as payResult, pay_time as payTime
        from
            pay_info
        where
            tx_no = #{txNo}
    </select>
</mapper>
```

至此，账户微服务的持久层就实现完毕了。

17.4.3 业务逻辑层的实现

账户微服务的业务逻辑层主要是实现订阅 RocketMQ 的充值消息，实现相应的业务逻辑处理，同时提供了查询充值结果的接口。在查询充值结果的方法中，调用充值微服务的接口查询充值结果，并根据返回的结果状态判断是否更新账户余额，具体的实现步骤如下所示。

第一步：在 io.transaction.notifymsg.account.service 包下创建 AccountInfoService 接口。AccountInfoService 接口中主要定义了更新账户余额和查询充值结果的方法，具体代码如下所示。

```
public interface AccountInfoService {

    /**
    * 更新账户余额
    */
    void updateAccountBalance(PayInfo payInfo);
```

```
    /**
     * 查询充值结果
     */
    PayInfo queryPayResult(String txNo);
}
```

第二步：在 io.transaction.notifymsg.account.service.impl 包下新建 AccountInfoServiceImpl 类，实现 AccountInfoService 接口，具体代码如下所示。

```
@Service
public class AccountInfoServiceImpl implements AccountInfoService {
    @Autowired
    private AccountInfoMapper accountInfoMapper;
    @Autowired
    private PayInfoMapper payInfoMapper;

    private String url = "http://192.168.175.101:8083/pay/query/payresult/";

    @Override
    @Transactional(rollbackFor = Exception.class)
    public void updateAccountBalance(PayInfo payInfo) {
        if(payInfoMapper.isExistsPayInfo(payInfo.getTxNo()) != null){
            log.info("账户微服务已经处理过当前事务...");
            return;
        }
        //更新账户余额
        accountInfoMapper.updateAccoutBalanceByAccountNo(payInfo.getPayAmount(),
            payInfo.getAccountNo());
        //保存充值记录
        payInfoMapper.savePayInfo(payInfo);
    }

    @Override
    public PayInfo queryPayResult(String txNo) {
        String getUrl = url.concat(txNo);
        try{
            String payData = HttpConnectionUtils.getPayData(getUrl, null, null,
                HttpConnectionUtils.TYPE_STREAM);
            if(!StringUtils.isEmptyWithTrim(payData)){
                JSONObject jsonObject = JSONObject.parseObject(payData);
                PayInfo payInfo = jsonObject.toJavaObject(PayInfo.class);
                if(payInfo != null && "success".equals(payInfo.getPayResult())){
                    this.updateAccountBalance(payInfo);
                }
                return payInfo;
            }
        }catch (Exception e){
            log.error("查询充值结果异常:{}", e);
        }
        return null;
    }
}
```

第三步：在 io.transaction.notifymsg.account.message 包下创建 NotifyMsgAccountListener 类，实现 RocketMQListener 接口，主要是监听 RocketMQ 的消息，当收到 RocketMQ 的消息时，调用 AccountInfoService 接口的方法处理业务逻辑，具体代码如下所示。

```
@Component
@RocketMQMessageListener(consumerGroup = "consumer_group_account",
topic = "topic_nofitymsg")
public class NotifyMsgAccountListener implements RocketMQListener<PayInfo> {
    @Autowired
    private AccountInfoService accountInfoService;
    @Override
    public void onMessage(PayInfo payInfo) {
        log.info("账户微服务收到RocketMQ的消息:{}", JSONObject.toJSONString(payInfo));
        //如果充值成功，则修改账户余额
        if("success".equals(payInfo.getPayResult())){
            accountInfoService.updateAccountBalance(payInfo);
        }
        log.info("更新账户余额完毕:{}", JSONObject.toJSONString(payInfo));
    }
}
```

至此，账户微服务的业务逻辑层实现完毕。

17.4.4 接口层的实现

账户微服务接口层的实现就比较简单了，即实现一个 AccountInfoController 类、对外提供一个 /query/payresult/{txNo} 接口、接收用户提交的参数、调用业务逻辑层的方法查询充值的结果信息，具体代码如下所示。

```
@Controller
public class AccountInfoController {
    @Autowired
    private AccountInfoService accountInfoService;

    //主动查询充值结果
    @GetMapping(value = "/query/payresult/{txNo}")
    public PayInfo result(@PathVariable("txNo") String txNo){
        return accountInfoService.queryPayResult(txNo);
    }
}
```

17.4.5 启动类的实现

账户微服务的启动类是账户微服务的启动入口，整个项目基于 Spring Boot 实现，项目的启动类也比较简单。在 io.transaction.notifymsg.account 包下新建 AccountServerStarter 类，具体代码如下所示。

```
@SpringBootApplication
```

```
@ComponentScan(basePackages = {"io.transaction.notifymsg"})
@MapperScan(value = { "io.transaction.notifymsg.account.mapper" })
@EnableTransactionManagement(proxyTargetClass = true)
public class AccountServerStarter {
    public static void main(String[] args) {
        SpringApplication.run(AccountServerStarter.class, args);
    }
}
```

至此，整个账户微服务的项目就开发完成了。

17.5 实现充值微服务

充值微服务充当最大努力通知型分布式事务的事务主动方，主要提供了充值接口和查询充值结果的接口。用户调用充值接口充值成功后，充值服务会向 RocketMQ 发送充值消息。用户查询充值结果时，账户微服务会调用充值微服务查询充值结果的接口，充值微服务再将查询到的结果信息返回给账户微服务。

17.5.1 项目搭建与持久层的实现

充值微服务的项目搭建过程和持久层的实现基本上与账户微服务的实现一致，只需要额外注意如下两点。

1）充值微服务中 MybatisPlusConfig 类上的注解为 @MapperScan(value = {"io.transaction.notifymsg.pay.mapper"})，而账户微服务中 MybatisPlusConfig 类上的注解为 @MapperScan(value = {"io.transaction.notifymsg.account.mapper"})。

2）充值微服务 YML 文件中配置的端口号为 8083，并且 context-path 路径为 /pay，数据库为 tx-notifymsg-pay。而账户微服务 YML 文件中配置的端口号为 8082，context-path 路径为 /account，数据库为 tx-notifymsg-account。

其他搭建步骤，读者可参见账户微服务的搭建过程和随书源码了解，笔者不再赘述。

17.5.2 业务逻辑层的实现

充值微服务的业务逻辑层主要完成充值的业务逻辑处理，当充值成功时，会向 RocketMQ 发送充值结果信息，同时提供业务逻辑层查询充值结果信息的接口，具体实现步骤如下所示。

第一步：在 io.transaction.notifymsg.pay.service 包下创建 PayInfoService 接口。PayInfoService 接口中提供了两个方法，分别为保存充值信息的 savePayInfo(PayInfo) 方法和查询充值结果信息的方法 getPayInfoByTxNo(String txNo)，具体代码如下所示。

```
public interface PayInfoService {
```

```
    /**
     * 保存充值信息
     */
    PayInfo savePayInfo(PayInfo payInfo);

    /**
     * 查询指定的充值信息
     */
    PayInfo getPayInfoByTxNo(String txNo);
}
```

第二步：io.transaction.notifymsg.pay.service.impl 包下创建 PayInfoServiceImpl 类，实现 PayInfoService 接口，并在实现的 savePayInfo(PayInfo) 方法中根据充值结果判断是否将消息发送到 RocketMQ，具体代码如下所示。

```
@Service
public class PayInfoServiceImpl implements PayInfoService {
    @Autowired
    private PayInfoMapper payInfoMapper;
    @Autowired
    private RocketMQTemplate rocketMQTemplate;

    @Override
    public PayInfo savePayInfo(PayInfo payInfo) {
        payInfo.setTxNo(UUID.randomUUID().toString());
        payInfo.setPayResult("success");
        payInfo.setPayTime(new Date());
        int count = payInfoMapper.savePayInfo(payInfo);
        //充值信息保存成功
        if(count > 0){
            log.info("充值微服务向账户微服务发送结果消息");
            //发送消息通知账户微服务
            rocketMQTemplate.convertAndSend("topic_nofitymsg", payInfo);
            return payInfo;
        }
        return null;
    }

    @Override
    public PayInfo getPayInfoByTxNo(String txNo) {
        return payInfoMapper.getPayInfoByTxNo(txNo);
    }
}
```

17.5.3 接口层的实现

充值微服务的接口层的实现比较简单，只有一个 PayInfoController 类，对外提供了充值接口和查询充值结果的接口。在 io.transaction.notifymsg.pay.controller 包下创建 PayInfoController 类，具体代码如下所示。

```
@RestController
```

```
public class PayInfoController {
    @Autowired
    private PayInfoService payInfoService;

    //充值
    @GetMapping(value = "/pay_account")
    public PayInfo pay(PayInfo payInfo){
        //生成事务编号
        return payInfoService.savePayInfo(payInfo);
    }

    //查询充值结果
    @GetMapping(value = "/query/payresult/{txNo}")
    public PayInfo payResult(@PathVariable("txNo") String txNo){
        return payInfoService.getPayInfoByTxNo(txNo);
    }
}
```

17.5.4 启动类的实现

充值微服务的启动类是充值微服务程序的入口，在 io.transaction.notifymsg.pay 包下新建 PayServerStarter 类，具体代码如下所示。

```
@SpringBootApplication
@ComponentScan(basePackages = {"io.transaction.notifymsg"})
@MapperScan(value = { "io.transaction.notifymsg.pay.mapper" })
@EnableTransactionManagement(proxyTargetClass = true)
public class PayServerStarter {
    public static void main(String[] args) {
        SpringApplication.run(PayServerStarter.class, args);
    }
}
```

至此，整个充值微服务项目的开发就完成了。

17.6 测试程序

开发完账户微服务和充值微服务后，需要对程序进行测试，看是否符合预期效果，测试程序的步骤如下所示。

第一步：查询 tx-notifymsg-account 数据库和 tx-notifymsg-pay 数据库各个数据表中的数据，如下所示。

tx-notifymsg-account 数据库代码如下。

```
mysql> use tx-notifymsg-account;
Database changed
mysql> select * from account_info;
+------+------------+--------------+-----------------+
| id   | account_no | account_name | account_balance |
```

```
+------+------------+-------------+-----------------+
| 1001 | 1001       | 冰河          |         1000.00 |
+------+------------+-------------+-----------------+
1 row in set (0.01 sec)

mysql> select * from pay_info;
Empty set (0.00 sec)
```

可以看到，tx-notifymsg-account 数据库的 account_info 数据表中存在一条账户编号为 1001 的记录，此时的余额为 1000 元，而 pay_info 数据表中的数据为空。

tx-notifymsg-pay 数据库代码如下。

```
mysql> use tx-notifymsg-pay;
Database changed
mysql> select * from pay_info;
Empty set (0.00 sec)
```

可以看到，在 tx-notifymsg-pay 数据库的 pay_info 数据表中数据为空。

第二步：分别启动账户微服务和充值微服务，然后调用充值微服务的接口 http://192.168.175.101:8083/pay/pay_account 为账户编号为 1001 的账户充值 1000 元。

充值微服务的日志文件中输出如下信息。

```
INFO 98880 --- [main] i.t.n.p.service.impl.PayInfoServiceImpl: 充值微服务向账户微服
    务发送结果消息
```

账户微服务的日志文件中输出如下信息。

```
INFO 98740 --- [MessageThread_1] i.t.n.a.m.NotifyMsgAccountListener: 账户微服务收到
    RocketMQ的消息:{"accountNo":"1001","payAmount":1000,"payResult":"success","pa
    yTime":1625984117711,"txNo":"803416ce-68dd-4b32-89b7-c77ab37a4961"}
INFO 98740 --- [MessageThread_1] i.t.n.a.m.NotifyMsgAccountListener: 更新账户余额完
    毕:{"accountNo":"1001","payAmount":1000,"payResult":"success","payTime":16259
    84117711,"txNo":"803416ce-68dd-4b32-89b7-c77ab37a4961"}
```

可以看到，充值微服务将充值结果信息成功发送到了 RocketMQ，并且账户微服务成功订阅了 RocketMQ 的消息并执行了本地事务。

第三步：再次查询 tx-notifymsg-account 数据库和 tx-notifymsg-pay 数据库各个数据表中的数据，如下所示。

tx-notifymsg-account 数据库代码如下。

```
mysql> use tx-notifymsg-account;
Database changed
mysql> select * from account_info;
+----------------+----------------+------------------+------------------+
| id   | account_no | account_name | account_balance |
+----------------+----------------+------------------+------------------+
| 1001 | 1001       | 冰河          |         2000.00 |
+----------------+----------------+------------------+------------------+
1 row in set (0.00 sec)
```

```
mysql> select * from pay_info;
+-----------------+----------------+------------------+-------------------+
| tx_no                    | account_no | pay_amount | pay_result | pay_time |
+-----------------+----------------+------------------+-------------------+
| 803416ce-68dd-4b32-89b7-c77ab37a4961 | 1001         |    1000.00 | success     |
2021-07-11 14:15:18 |
+-----------------+----------------+------------------+-------------------+
1 row in set (0.00 sec)
```

可以看到，在 tx-notifymsg-account 数据库中，account_info 数据表中账户编号为 1001 的余额已经由原来的 1000 元变成了 2000 元，并且 pay_info 数据表中记录了一条充值信息，事务编号为 803416ce-68dd-4b32-89b7-c77ab37a4961。

tx-notifymsg-pay 数据库代码如下。

```
mysql> use tx-notifymsg-pay;
Database changed
mysql> select * from pay_info;
+-----------------+----------------+------------------+-------------------+
| tx_no                     | account_no | pay_amount | pay_result | pay_time|
+-----------------+----------------+------------------+-------------------+
| 803416ce-68dd-4b32-89b7-c77ab37a4961 | 1001         |    1000.00 | success     |
2021-07-11 14:15:18 |
+-----------------+----------------+------------------+-------------------+
1 row in set (0.00 sec)
```

可以看到，在 tx-notifymsg-pay 数据库中，pay_info 数据表中记录了一条充值信息，事务编号为 803416ce-68dd-4b32-89b7-c77ab37a4961，与 tx-notifymsg-account 数据库中 pay_info 数据表记录的事务编号一致，说明账户微服务与充值微服务实现了最大努力通知型分布式事务，符合项目的预期。

17.7　本章小结

本章主要以经典的账户充值业务场景为例，实现了一个完整的最大努力通知型分布式事务案例。首先对业务场景和程序模块进行了简单的说明，接下来简单说明了数据库表设计，随后重点实现了账户微服务和充值微服务，最后对案例程序进行了测试。

本章的随书源码已提交到如下代码仓库。

- GitHub：https://github.com/dromara/distribute-transaction。
- Gitee：https://gitee.com/dromara/distribute-transaction。